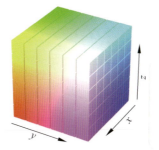 

图 3.2　RGB 颜色模型

(a) 原图　　　　　　　(b) regiongrowing()后　　　　(c) regiongrowing_mean()后

图 3.18　区域生长法程序执行结果图

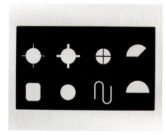  

(a) 原图　　　　　　　(b) 未分割XLD　　　　　　(c) 已分割XLD

图 5.8　XLD 分割示例

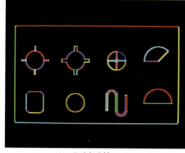 

(a) 分割后的XLD　　　　　　　(b) 合并后的XLD

图 5.9　合并相邻 XLD

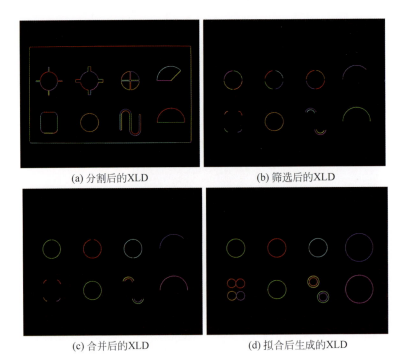

(a) 分割后的XLD (b) 筛选后的XLD

(c) 合并后的XLD (d) 拟合后生成的XLD

图 5.10　拟合示例 XLD

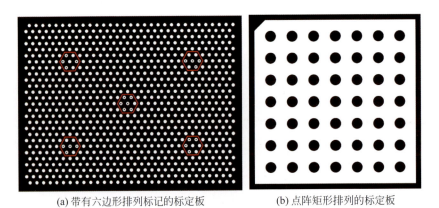

(a) 带有六边形排列标记的标定板　　(b) 点阵矩形排列的标定板

图 7.4　标定板样式

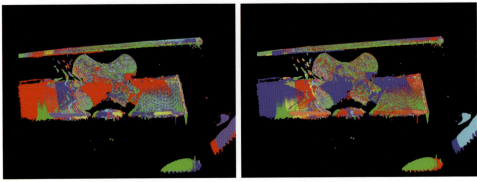

(a) 成对配准可视化　　(b) 全局配准可视化

图 7.15　成对配准和全局配准的可视化结果

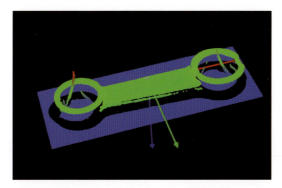

图 7.28 测量物体的 3D 物体模型

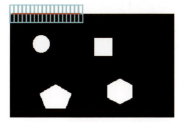

(a) 执行找直线并显示结果

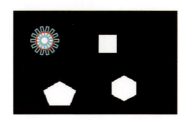

(b) 执行找圆并显示结果

(c) 执行找椭圆并显示结果

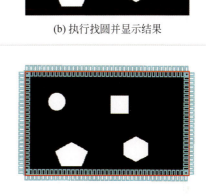

(d) 执行找矩形并显示结果

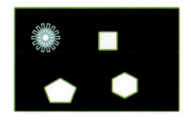

(e) 创建测量模型(以圆形为例)

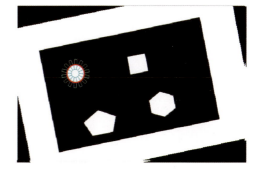

(f) 待测图进行模板匹配并测量参数

图 11.8 卡尺测量几何形状

图 14.8 DLT 图库界面

面向数字化时代高等学校计算机系列教材·大数据与人工智能

机器视觉技术

HALCON版·微课视频版

肖苏华 吴建毅 赖南英 林锐豪 编著

清华大学出版社
北京

内容简介

本书内容全面，分为基础部分、应用部分和扩展部分。基础部分系统地讲解了机器视觉基础和视觉系统设计的关键知识和技术，包括机器视觉概述、HALCON 基础和语法、图像、区域、XLD、几何变换和模板匹配、3D 视觉等。应用部分以 Qt 和 WinForm 为例讲解了 HALCON 与 C♯/C++语言的联合编程，并介绍了机器视觉的典型应用，包括 OCR、几何测量、缺陷检测、3D 视觉应用等。扩展部分的内容为机器视觉中的深度学习基本原理及应用。

本书以 HALCON 软件为基础，详细讲解了各个核心知识点和技能点，以实际应用案例贯穿其中，兼具理论性和实践性，便于读者充分理解并掌握机器视觉技术的相关基础知识。

本书可作为高等院校计算机类、机电类、自动化类等相关专业的"机器视觉"课程教材，也可作为感兴趣读者的自学读物，还可作为相关从业人员的参考用书。

版权所有，侵权必究。举报：010-62782989，beiqinquan@tup.tsinghua.edu.cn。

图书在版编目（CIP）数据

机器视觉技术：HALCON 版：微课视频版 / 肖苏华等编著. -- 北京：清华大学出版社，2025.2.（面向数字化时代高等学校计算机系列教材）. -- ISBN 978-7-302-68278-3

I. TP302.7

中国国家版本馆 CIP 数据核字第 20256TA916 号

策划编辑：魏江江
责任编辑：葛鹏程　薛　阳
封面设计：刘　键
责任校对：韩天竹
责任印制：宋　林

出版发行：清华大学出版社
　　网　　址：https://www.tup.com.cn，https://www.wqxuetang.com
　　地　　址：北京清华大学学研大厦 A 座　　邮　编：100084
　　社 总 机：010-83470000　　　　　　　　 邮　购：010-62786544
　　投稿与读者服务：010-62776969，c-service@tup.tsinghua.edu.cn
　　质量反馈：010-62772015，zhiliang@tup.tsinghua.edu.cn
　　课件下载：https://www.tup.com.cn，010-83470236
印 装 者：三河市科茂嘉荣印务有限公司
经　　销：全国新华书店
开　　本：185mm×260mm　　印　张：17.25　　插　页：2　　字　数：456 千字
版　　次：2025 年 4 月第 1 版　　　　　　　　　　　　印　次：2025 年 4 月第 1 次印刷
印　　数：1～1500
定　　价：59.80 元

产品编号：103698-01

前言

党的二十大报告指出：教育、科技、人才是全面建设社会主义现代化国家的基础性、战略性支撑。必须坚持科技是第一生产力、人才是第一资源、创新是第一动力，深入实施科教兴国战略、人才强国战略、创新驱动发展战略，这三大战略共同服务于创新型国家的建设。高等教育与经济社会发展紧密相连，对促进就业创业、助力经济社会发展、增进人民福祉具有重要意义。

伴随着科技的高速发展，自动化、智能化已经成为工程界的普遍趋势。一般而言，机器视觉技术是图像处理在工程界应用的技术，尤其是工业检测领域，要求具有准确度高、稳定性好、可靠性强的特点。作者长期从事机器视觉研究（尤其是产学研项目开发）和高校教学工作，在主编出版《机器视觉技术基础》后有意重新整理，旨在编写一本讲解深入浅出、理论知识简洁精练、应用技能与项目案例相结合的教材，以更好地服务于广大的高校师生和工程技术人员。

HALCON 是当前工程界广泛使用的机器视觉软件，具有上手简单、学习方便等众多优点。基于市场对机器视觉工程师的普遍要求，本书采用 HALCON 作为视觉软件进行编写。

本书内容全面，分为基础部分、应用部分和扩展部分。基础部分系统地讲解了机器视觉基础和视觉系统设计的关键知识和技术，包括机器视觉概述、HALCON 基础和语法、图像、区域、XLD、几何变换和模板匹配、3D 视觉等。应用部分以 Qt 和 WinForm 为例讲解了 HALCON 与 C♯/C++语言的联合编程，并介绍了机器视觉的典型应用，包括 OCR、几何测量、缺陷检测、3D 视觉应用等。扩展部分的内容为机器视觉中的深度学习基本原理及应用。

全书共 14 章，可作为机器人工程、机械电子工程、计算机科学、自动化、电子信息等专业的"机器视觉"课程教材，并可根据实际需要开设 2/3 学分的课程。对于 2 学分的课时安排，建议选修 1~9 章或 1~12 章。另外，建议至少有一半学时安排在机房授课，以提高学习效果。

为便于教学，本书提供丰富的配套资源，包括教学课件、教学大纲、程序源码、习题答案、在线作业和微课视频。

资源下载提示

课件资源：扫描目录上方的二维码获取下载方式。

在线作业：扫描封底的作业系统二维码，登录网站在线做题及查看答案。

微课视频：扫描封底的文泉云盘防盗码，再扫描书中相应章节的视频讲解二维码，可以在线学习。

本书由广东技术师范大学肖苏华教授团队主编,并得到肖苏华潜龙视觉实验室学生的大力协助,包括资料搜集、程序调试、案例优化、文字修订等。全书由团队成员集体完成,相互审校和修改,由肖苏华完成最终统稿。其中,第 1、2、10、11、12 章由肖苏华编写,第 5、7、13 章由吴建毅编写,第 3、14 章由赖南英编写,第 4、6、8、9 章由林锐豪编写。另外,林圣彬参与了 6.1 节的编写工作,朱春明参与了部分案例程序的调试。整个编写过程研究参阅了许多优秀的技术资料,包括相关的书籍、论文和网络资料,在此对原作者表示衷心的感谢。

由于作者水平有限,书中难免存在不妥之处,敬请读者批评指正。

作者

2025 年 1 月

目录

资源下载

第1章　机器视觉概述

1.1　什么是机器视觉 ┈┈┈┈┈┈┈┈┈┈┈┈┈┈┈┈┈┈┈┈┈┈┈┈┈┈┈┈┈┈┈┈┈ 1
1.2　机器视觉系统硬件构成 ┈┈┈┈┈┈┈┈┈┈┈┈┈┈┈┈┈┈┈┈┈┈┈┈┈┈┈ 2
1.3　硬件选型 ┈┈┈┈┈┈┈┈┈┈┈┈┈┈┈┈┈┈┈┈┈┈┈┈┈┈┈┈┈┈┈┈┈┈ 3
　　1.3.1　光源 ┈┈┈┈┈┈┈┈┈┈┈┈┈┈┈┈┈┈┈┈┈┈┈┈┈┈┈┈┈┈┈ 3
　　1.3.2　相机 ┈┈┈┈┈┈┈┈┈┈┈┈┈┈┈┈┈┈┈┈┈┈┈┈┈┈┈┈┈┈┈ 4
　　1.3.3　镜头 ┈┈┈┈┈┈┈┈┈┈┈┈┈┈┈┈┈┈┈┈┈┈┈┈┈┈┈┈┈┈┈ 6
　　1.3.4　图像采集卡 ┈┈┈┈┈┈┈┈┈┈┈┈┈┈┈┈┈┈┈┈┈┈┈┈┈┈┈ 9
1.4　机器视觉的应用现状及发展趋势 ┈┈┈┈┈┈┈┈┈┈┈┈┈┈┈┈┈┈┈┈ 11
习题 ┈┈┈┈┈┈┈┈┈┈┈┈┈┈┈┈┈┈┈┈┈┈┈┈┈┈┈┈┈┈┈┈┈┈┈┈┈ 12

第2章　HALCON 基础和语法

2.1　走进 HALCON ┈┈┈┈┈┈┈┈┈┈┈┈┈┈┈┈┈┈┈┈┈┈┈┈┈┈┈┈┈ 13
2.2　HDevelop 图形组件 ┈┈┈┈┈┈┈┈┈┈┈┈┈┈┈┈┈┈┈┈┈┈┈┈┈┈ 14
2.3　软件图像采集 ┈┈┈┈┈┈┈┈┈┈┈┈┈┈┈┈┈┈┈┈┈┈┈┈┈┈┈┈┈ 18
　　2.3.1　获取非实时图像 ┈┈┈┈┈┈┈┈┈┈┈┈┈┈┈┈┈┈┈┈┈┈┈┈ 18
　　2.3.2　获取实时图像 ┈┈┈┈┈┈┈┈┈┈┈┈┈┈┈┈┈┈┈┈┈┈┈┈┈ 19
2.4　数据结构 ┈┈┈┈┈┈┈┈┈┈┈┈┈┈┈┈┈┈┈┈┈┈┈┈┈┈┈┈┈┈┈ 22
　　2.4.1　Image ┈┈┈┈┈┈┈┈┈┈┈┈┈┈┈┈┈┈┈┈┈┈┈┈┈┈┈┈┈ 22
　　2.4.2　Region ┈┈┈┈┈┈┈┈┈┈┈┈┈┈┈┈┈┈┈┈┈┈┈┈┈┈┈┈ 23
　　2.4.3　XLD ┈┈┈┈┈┈┈┈┈┈┈┈┈┈┈┈┈┈┈┈┈┈┈┈┈┈┈┈┈ 23
　　2.4.4　Handle ┈┈┈┈┈┈┈┈┈┈┈┈┈┈┈┈┈┈┈┈┈┈┈┈┈┈┈┈ 24
　　2.4.5　Tuple ┈┈┈┈┈┈┈┈┈┈┈┈┈┈┈┈┈┈┈┈┈┈┈┈┈┈┈┈┈ 24
　　2.4.6　几个重要的语法 ┈┈┈┈┈┈┈┈┈┈┈┈┈┈┈┈┈┈┈┈┈┈┈┈ 25
习题 ┈┈┈┈┈┈┈┈┈┈┈┈┈┈┈┈┈┈┈┈┈┈┈┈┈┈┈┈┈┈┈┈┈┈┈┈┈ 26

第3章　图像

3.1　图像基础知识 ┈┈┈┈┈┈┈┈┈┈┈┈┈┈┈┈┈┈┈┈┈┈┈┈┈┈┈┈┈ 27
　　3.1.1　像素 ┈┈┈┈┈┈┈┈┈┈┈┈┈┈┈┈┈┈┈┈┈┈┈┈┈┈┈┈┈ 27

3.1.2 图像通道 ·· 29
3.1.3 域 ·· 30
3.2 图像的预处理 ··· 31
3.2.1 去噪 ·· 31
3.2.2 图像增强 ·· 37
3.3 图像分割 ·· 41
3.3.1 阈值分割 ·· 41
3.3.2 区域生长 ·· 44
3.3.3 分水岭分割 ··· 45
习题 ·· 46

第4章 区域

4.1 区域与像素的关系 ··· 47
4.2 基础形状区域的创建 ·· 47
4.3 区域的集合操作 ··· 49
4.4 形态学运算 ··· 50
4.4.1 腐蚀 ·· 50
4.4.2 膨胀 ·· 53
4.4.3 开运算、闭运算 ·· 55
4.5 区域的特征 ··· 59
4.5.1 区域特征的类型 ·· 60
4.5.2 区域的特征筛选 ·· 60
习题 ·· 63

第5章 XLD

5.1 XLD 的获取 ·· 64
5.1.1 亚像素级边缘提取 ··· 64
5.1.2 亚像素阈值 ··· 66
5.2 XLD 的特征 ·· 67
5.2.1 特征类型 ·· 67
5.2.2 特征筛选 ·· 71
5.3 XLD 的处理 ·· 72
5.3.1 创建 ·· 73
5.3.2 分割 ·· 73
5.3.3 合并 ·· 74
5.3.4 拟合 ·· 75

5.3.5　其他 ··· 77
习题 ·· 78

第 6 章　几何变换和模板匹配

6.1　几何变换 ··· 79
　　6.1.1　几何变换基础知识 ·· 79
　　6.1.2　重要算子 ·· 79
6.2　模板匹配 ··· 83
　　6.2.1　图像金字塔 ··· 83
　　6.2.2　基于形状的图像模板匹配 ··· 85
　　6.2.3　Matching 助手介绍 ··· 89
习题 ·· 93

第 7 章　3D 视觉

7.1　相机模型的成像原理 ·· 95
　　7.1.1　3D 世界坐标到二维图像像素坐标的映射 ···································· 95
　　7.1.2　面阵相机成像原理及其标定参数 ·· 97
　　7.1.3　线阵相机的标定参数 ··· 99
7.2　相机标定实现 ··· 100
　　7.2.1　标定板 ··· 100
　　7.2.2　相机标定流程 ·· 102
7.3　3D 物体模型处理 ··· 106
　　7.3.1　3D 物体模型的获取 ·· 106
　　7.3.2　3D 物体模型的属性信息 ·· 108
　　7.3.3　3D 物体模型的修改 ·· 109
　　7.3.4　3D 物体模型的特征提取 ·· 112
　　7.3.5　3D 物体模型的可视化 ··· 114
7.4　3D 匹配 ··· 117
　　7.4.1　3D 配准 ·· 117
　　7.4.2　基于形状的 3D 匹配 ··· 121
　　7.4.3　基于表面的 3D 匹配 ··· 123
　　7.4.4　基于可变形表面的 3D 匹配 ·· 124
7.5　3D 重建 ··· 126
　　7.5.1　双目立体视觉 ·· 126
　　7.5.2　激光三角测量 ·· 133
习题 ·· 138

第 8 章　HALCON 联合 C# 编程

- 8.1 WinForm 入门 ··· 139
  - 8.1.1 WinForm 安装 ································· 139
  - 8.1.2 WinForm 项目结构 ···························· 141
  - 8.1.3 案例学习 ······································· 142
- 8.2 HALCON 联合 WinForm ······························ 149
  - 8.2.1 HALCON 代码导出 ··························· 149
  - 8.2.2 环境配置及添加窗口控件 ····················· 150
  - 8.2.3 案例学习 ······································· 151
  - 8.2.4 常用的开发技巧 ······························· 155
- 习题 ·· 157

第 9 章　HALCON 联合 C++

- 9.1 Qt 入门 ··· 158
  - 9.1.1 Qt 的安装 ······································ 158
  - 9.1.2 创建 Qt 项目 ·································· 159
  - 9.1.3 Qt 项目介绍 ·································· 159
  - 9.1.4 案例学习 ······································· 161
- 9.2 HALCON 联合 Qt ···································· 170
  - 9.2.1 HALCON 代码导出 ··························· 171
  - 9.2.2 项目环境配置 ·································· 171
  - 9.2.3 案例学习 ······································· 171
- 习题 ·· 175

第 10 章　OCR

- 10.1 基本流程 ··· 176
- 10.2 OCR 助手使用 ······································· 176
- 10.3 编程实现 OCR 识别 ································· 179
- 10.4 汉字识别 ··· 180
- 10.5 一维码识别 ·· 182
- 10.6 二维码识别 ·· 184
- 习题 ·· 185

第 11 章　几何测量

- 11.1 一维测量 ··· 186

11.1.1　创建测量区域 …………………… 186
  11.1.2　应用测量 ………………………… 188
11.2　二维测量 📹 ……………………………… 192
  11.2.1　图像或区域预处理 ……………… 192
  11.2.2　提取特征 ………………………… 193
  11.2.3　像素级精确的边缘和线条 ……… 193
  11.2.4　亚像素级的边缘和线条 ………… 194
  11.2.5　抑制不相关轮廓 ………………… 194
  11.2.6　合并轮廓 ………………………… 194
  11.2.7　用已知形状近似提取轮廓段的特征 … 195
11.3　卡尺测量 📹 ……………………………… 197
  11.3.1　创建测量模型 ……………………… 197
  11.3.2　设置测量对象的图像大小 ……… 197
  11.3.3　创建测量模型 ROI ……………… 197
  11.3.4　修改模型/对象参数 ……………… 198
  11.3.5　对齐测量模型 …………………… 199
  11.3.6　应用测量 ………………………… 199
  11.3.7　获取测量结果 …………………… 199
  11.3.8　清除测量对象 …………………… 199
习题 ………………………………………………… 204

第 12 章　缺陷检测

12.1　差分法 📹 ………………………………… 205
12.2　差分模型法 📹 …………………………… 206
  12.2.1　基础原理 ………………………… 206
  12.2.2　详细流程 ………………………… 207
  12.2.3　核心算子 ………………………… 207
  12.2.4　例子精读 ………………………… 209
  12.2.5　总结 ……………………………… 211
12.3　快速傅里叶变换 📹 ……………………… 211
  12.3.1　基础原理之时域、频域、空间域 …… 211
  12.3.2　基础原理之快速傅里叶变换 …… 212
  12.3.3　一般流程 ………………………… 213
  12.3.4　核心算子 ………………………… 214
  12.3.5　例子精读 ………………………… 215
习题 ………………………………………………… 217

第 13 章　3D 视觉应用

13.1 基于 3D 物体模型的筛选处理应用 ································ 218
13.1.1 应用解析 ································ 218
13.1.2 核心算子 ································ 219
13.1.3 例子精读 ································ 221

13.2 基于表面 3D 匹配的定位应用 ································ 222
13.2.1 应用解析 ································ 222
13.2.2 核心算子 ································ 224
13.2.3 例子精读 ································ 225

13.3 基于 3D 物体模型的平面度和高度测量应用 ································ 227
13.3.1 应用解析 ································ 227
13.3.2 核心算子 ································ 229
13.3.3 例子精读 ································ 230

习题 ································ 232

第 14 章　机器视觉中的深度学习

14.1 基础入门 ································ 233
14.1.1 基础概念 ································ 233
14.1.2 深度学习术语 ································ 237
14.1.3 深度学习步骤 ································ 239

14.2 HALCON 深度学习 ································ 240
14.2.1 HALCON 深度学习助手 ································ 240
14.2.2 HALCON 深度学习推理案例 ································ 248

14.3 HALCON 深度学习与 C# 联合编程案例 ································ 257

习题 ································ 262

参考文献 ································ 263

第 1 章 机器视觉概述

人眼与大脑的协作使得人们可以获取、理解及处理视觉信息。人类利用视觉感知外界环境信息的效率很高,事实上,人类获取的环境信息中有 80% 左右是通过视觉得到的。近年来,随着计算机技术和数字信号处理技术的迅猛发展,人们学会了使用摄像机获取环境图像并将其转换成数字信号,用计算机实现对视觉信息的处理,这样就形成了一门新兴的学科——计算机视觉。计算机视觉是一门研究如何使机器"看"的科学。机器视觉则是建立在计算机视觉理论基础上,关注图像的处理结果,使机器感知环境中物体的形状、位置、姿态、运动等几何信息并控制接下来的行为。机器视觉和计算机视觉可以说是属于图像处理派生的双胞胎兄弟。机器视觉和计算机视觉最大的区别是应用场景的区别,即机器视觉主要面向工业应用,计算机视觉主要面向民用。

1.1 什么是机器视觉

提起视觉,自然而然就联想到人眼,眼睛是人获知外界事物多元信息的一个重要渠道,将获得的信息传入大脑,由大脑结合人类知识经验处理分析信息,完成信息的识别。通俗地讲,机器视觉是机器的"眼睛",但其功能又不仅局限于模拟视觉对图像信息的接收,还包括模拟大脑对图像信息的处理与判断。例如,通过检测产品表面的划痕、裂纹、磨损、粗糙度、纹理等,进而划分产品质量,从而达到质量控制的目的。

由于机器视觉涉及的领域非常广泛且非常复杂,因此目前还没有明确的定义。美国制造工程师协会(Society of Manufacturing Engineers,SME)机器视觉分会和美国机器人工业协会(Robotic Industries Association,RIA)自动化视觉分会对机器视觉下的定义为:"机器视觉是研究如何通过光学装置和非接触式传感器自动地接收、处理真实场景的图像,以获得所需信息或用于控制机器人运动的学科。"机器视觉系统通常通过各种软硬件技术和方法,对反映现实场景的二维图像信息进行分析、处理后,自动得出各种指令数据,以控制机器的动作。

与人类视觉相比,机器视觉具备很多优势。

(1) 安全可靠。观测者与被观测者之间无接触,不会产生任何损伤,所以机器视觉可以广泛应用于不适合人工操作的危险环境或者是长时间恶劣的工作环境中,十分安全可靠。

(2) 生产效率高,成本低。机器视觉能够更快地检测产品,并且适用于高速检测场合,大大提高了生产效率和生产的自动化程度,加上机器不需要停顿、能够连续工作,这也极大地提高了生产效率。机器视觉早期投入高,但后期只需要支付机器保护、维修费用即可。随着计算机处理器价格的下降,机器视觉的性价比也越来越高,而人工和管理成本则逐年上升。从长远来看,机器视觉的成本会更低。

(3) 精度高。机器视觉的精度已达到千分之一英寸(1 英寸≈2.54 厘米),且随着硬件的更新,精度会越来越高。

(4) 准确性高。机器检测不受主观控制,具有相同配置的多台机器只要保证参数设置一致,即可保证相同的精度。

(5) 重复性好。人工产品重复检测时,即使是同一种产品的同一特征,检测结果也可能会得到不同的结果,而机器由于检测方式的固定性,因此可以一次次地完成检测工作并且得到相同的结果,重复性强。

(6) 检测范围广。除肉眼可见的物质外,还可以检测红外线、超声波等,扩展了视觉检测范围。

机器视觉系统的应用领域越来越广泛。在工业、农业、国防、交通、医疗、金融甚至体育、娱乐等行业都获得了广泛的应用,可以说已经深入人们的生活、生产和工作的方方面面。

1.2 机器视觉系统硬件构成

本节所指的均为 2D 机器视觉。随着技术的演进,在实际工作中机器视觉系统的工作流程如图 1.1 所示。

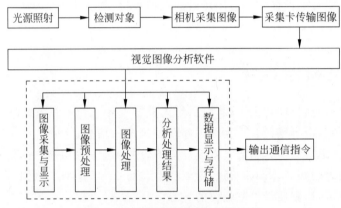

图 1.1 机器视觉系统的工作流程

光照环境准备好后,检测目标开始进入相机视野范围,此时图像采集卡开始工作,相机开始扫描并输出。接着图像采集卡将接收到的图像模拟信号或数字信号转换成数据流并传输到图像处理单元,视觉软件中的图像采集部分将图像存储到计算机内存中,并对图像进行识别、分析、处理,以完成检测、定位、测量等任务。最后将处理结果进行显示,并将结果或控制信号发送给外部单元,以完成对机器设备的运动控制。

典型的机器视觉硬件系统一般包括光源、镜头、相机、图像采集模块、图像处理单元、交互界面等,如图 1.2 所示。

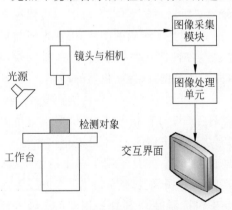

图 1.2 机器视觉系统的组成

(1) 光源。光源作为辅助成像设备,是机器视觉系统的重要组成部分,它为机器视觉系统的图像获取提供足够的光线。在机器视觉系统中,光源的作用有:①显现被测物的重要特征;②消隐不感兴趣区域;③保证成像效果有利于图像处理;④保证图像的稳定等。因此,光源会直接影响相机成像质量,进而影响视觉系统性能。

(2) 镜头。镜头的主要作用是将目标成像在图像传感器的光敏面上。如果将机器视觉系统与人类视觉系统进行类比,那么镜头类似于人眼的晶状体。有了镜头,相机才可以输出清晰的图像。在机器视觉系统中镜头和相机常作为一个整体出现,其质量直接影响机器视觉系统的整体性能,合理地选择和安装镜头是决定机器视觉成像子系统成败的关键。

(3) 相机。工业相机又俗称摄像机,是一种将影像转换成数字信号或模拟信号的工具,相比于传统的民用相机(摄像机)而言,它具有高的图像稳定性、高传输能力和高抗干扰能力等,是机器视觉系统中的一个关键组件。相机的选用要考虑检测产品的精度要求、检测物体的速度、是动态检测还是静态检测,相机的类型、参数、价格等。

(4) 图像采集模块。通常是用图像采集卡的模式,图像采集卡的功能是将图像信号采集到计算机中,以数据文件的形式保存在硬盘上。实际上,图像采集卡并不是在任何情况下都会使用,需要考虑工业相机的接口问题,一般来说,CameraLink 接口是一定需要图像采集卡的,而网口和 USB 2.0、USB 3.0 接口由于采集卡已集成到计算机主板上,因此基本都不需要采集卡。

(5) 图像处理单元。信息主要通过计算机及图像处理软件处理后再输入控制机构进行具体操作,本书主要介绍运用 HALCON 图像处理软件对图像进行分割 ROI、图像增强、平滑、分割、特征提取、识别与理解等功能。

(6) 交互界面。交互界面是人和计算机进行信息交换的通道,用户通过交互界面向计算机输入信息、进行操作,计算机则通过交互界面向用户提供信息,以供阅读、分析和判断。软件的交互界面是用户直接看到的内容,也是使用软件操作的平台,因此,交互界面的设计应以简洁易做、可操作性强为主。

1.3 硬件选型

硬件的选型将关系图像的质量和传输的速率,也会间接影响视觉软件算法的工作效率,本节将介绍机器视觉硬件系统的 4 个主要硬件选型。

▶ 1.3.1 光源

照明系统是机器视觉应用重要的部分之一,其主要目标是以合适的方式将光线投射到被测物体上,获得高品质、高对比度的图像。合适的光源能够改善整个系统的分辨率,简化软件的运算;不合适的照明则会引起很多问题,例如,花点和过度曝光会隐藏很多重要信息。所以,有时需要屏蔽一些光线变化,有时需要增加照明或调整打光方式。

光源的种类很多,根据光源的发光机理不同,可以分为高频荧光灯、卤素灯(光纤光源)、发光二极管(LED)光源、气体放电灯、激光二极管;按形状分为环形光源、背光源、点光源等。选择光源时,应根据检测的目标物体和检测要求决定如何打光以及选择何种光源。例如,如果要突出被测物体的结构细节,可以使用正面或者正侧面光源;如果要凸显物体的轮廓,可以使用背面光源。在选择和布置光源时,应根据检测的对象和希望呈现出的画面效果进行设计。除了可见光外,某些情况下也需要使用红外光源。例如,某眼球追踪项目需要捕捉瞳孔位置,这时就应该选择红外光源,这样光线不可见,不会对测试者造成干扰。总体来说,要根据实际需求进行光源选择。

在实际工程中,一般有专门开发和销售图像处理专用光源的公司,视觉系统搭建好之后,可以找公司直接进行配置。

▶ 1.3.2 相机

图1.3 MV-SUA33GM-T 工业相机

机器视觉项目的第一步就是图像输入。而图像的输入离不开相机，如图1.3所示。相机是一种将现场的影像转换成数字信号或模拟信号的工具，是采集图像的重要设备。本节将对相机的参数、分类等进行阐述。

1. 相机的分类

作为机器视觉系统中的核心部件，对于机器视觉系统的重要性是不言而喻的。按照分类的不同，相机又分为很多种：

（1）按色彩分，可以分为彩色相机和黑白相机。黑白相机直接将光强信号转换成图像灰度值，生成的是灰度图像。而彩色相机能获得景物中红、绿、蓝三个分量的光信号，输出彩色图像。一般来说，除了需要检测颜色的情况外，通常情况下都是选黑白相机，因为黑白相机更加高效，即使采集了彩色图像，输入软件中也是先转为黑白图像再进行后续处理。

（2）按感光芯片的技术分，可以分为 CCD 相机和 CMOS 相机。它们的芯片的主要差异在于将光转换为电信号的方式。对于 CCD 传感器，光照射到像元上，像元产生电荷，电荷通过少量的输出电极传输并转换为电流、缓冲、信号输出。对于 CMOS 传感器，每个像元自己完成电荷到电压的转换，同时产生数字信号。在大多数情况下，CCD 相机的成像质量优于 CMOS 相机，需要根据项目的需求进行选择。例如，在弱光低速的检测环境下可以选择 CCD，以获得更丰富的图像细节；若追求高性价比、高成像速度和高成像质量，则可以选择新式的 CMOS。

（3）按传感器的像素排列方式进行分类，可以分为面阵相机和线阵相机。面阵相机是将图像以整幅画面的形式输出，因此其可以应用到面积、形状、尺寸、位置等的测量。而线阵相机则是将图像逐行输出，可应用于图像区域是条形或者高速运动物体成像等。此外，二者在价格上也不同，线阵相机主要应用于一些需要高精度扫描数据领域，而面阵相机则广泛应用于一些不需要太高精度的扫描场合，因此线阵相机的市场价格相对同一类型的面阵相机高很多。

（4）按输出模式分类，可以分为模拟相机和数字相机。模拟相机输出模拟信号，数字相机输出数字信号。模拟相机通用性好，成本低，缺点为一般分辨率较低、采集速度慢，且在图像传输过程中容易受到噪声干扰，大多用于对图像质量要求不高的机器视觉系统。数字相机内部集成了 A/D 转换电路，可以直接将模拟量的图像信号转换为数字信号，具有图像传输抗干扰能力强、分辨率高、视频信号格式多样、视频输出-接口丰富等特点，因此目前机器视觉系统一般选用数字相机。

2. 相机的主要参数

在选择相机前，首先要对相机有基本的了解，相机参数信息一般在各厂商提供的产品信息中都有详细介绍，接下来介绍与机器视觉相关的相机的主要参数。

（1）分辨率：相机每次采集图像的像素点数。主要用于衡量相机对物像中明暗细节的分辨能力，一般用 $W×H$ 的形式表示，W、H 分别表示图像水平方向/垂直方向上每一行/列的像素数。例如，30 万像素的相机，其分辨率一般为 $640×480$，总像素数为 307 200 像素，即 30.72 万像素。就同类相机而言，分辨率越高，相机的档次也就越高。但选相机时并不是分辨率越高越好，一般来讲，相机像素精度大于或等于项目测量精度。

（2）像素尺寸：指每一个像素的实际大小，单位一般是 μm。在分辨率一样的情况下，像素尺寸越小,得到的图像越大。

(3) 像素深度:每位像素数据的位数。一般来说,8b 表示黑白图像,24b 表示彩色 RGB 图像。总体来说,像素的深度越大,图像的颜色信息越丰富,但相应的图像文件也越大。

(4) 帧率:相机每秒拍摄的帧数。帧率越大,每秒捕捉到的图像越多,图像显示就越流畅。对于面阵相机一般为每秒采集的帧数(Frames/Sec.),对于线阵相机为每秒采集的行数(Hz)。通常一个系统要根据被测物的运动速度大小、视场的大小、测量精度计算而得出需要什么速度的相机。

(5) 曝光方式(Exposure)和快门速度(Shutter):线阵相机都是逐行曝光的方式,可以选择固定行频和外触发同步的采集方式,曝光时间可以与行周期一致,也可以设定一个固定的时间;面阵相机有帧曝光、场曝光和滚动行曝光等常见方式,数字相机一般都提供外触发采图的功能。快门速度一般可达到 $10\mu s$,高速相机还可以更快。

(6) 数字接口:相机的接口是用来输出相机数据的,一般有 GigE、USB 2.0/3.0、FireWare、CameraLink 等类型。

3. 智能相机

典型的机器视觉系统图像的采集功能由相机及图像采集卡完成,图像的处理则是由在图像采集/处理卡的支持下,由软件在 PC 中完成。智能相机是一个同时具有图像采集、图像处理和信息传递功能的小型机器视觉系统,是一种嵌入式计算机视觉系统(Embedded Machine Vision System)。它将图像传感器、数字处理器、通信模块和其他外设集成到一个单一的相机之内,使相机能够完全替代传统的基于 PC 的计算机视觉系统,独立地完成预先设定的图像处理和分析任务。采用一体化设计,可降低系统的复杂度,并可提高系统的可靠性,同时使系统的尺寸大为缩小。

4. 相机的选型

相机的选型步骤可参考如下。

(1) 确定系统精度要求和相机分辨率,当进行尺寸测量时,通过其测量精度作为其精度要求;当进行缺陷检测时,将检出的最小缺陷的尺寸作为其精度要求,可以通过式(1-1)~式(1-3)进行计算。

$$X \text{ 方向系统精度}(X \text{ 方向像素值}) = \text{视野范围}(X \text{ 方向})/\text{CCD 芯片像素数量}(X \text{ 方向}) \tag{1-1}$$

$$Y \text{ 方向系统精度}(Y \text{ 方向像素值}) = \text{视野范围}(Y \text{ 方向})/\text{CCD 芯片像素数量}(Y \text{ 方向}) \tag{1-2}$$

$$\text{分辨率} = \left(\frac{\text{视野的高}}{\text{精度}}\right) \times \left(\frac{\text{视野的宽}}{\text{精度}}\right) \times 3 \tag{1-3}$$

(2) 根据被测物是否运动,选择相机的快门方式。若物体处于运动状态,则采用全局快门;若物体处于静止状态,则采用卷帘快门。

(3) 确定相机的帧率。根据物体的运动速度以确定相机的帧率:

$$\text{最低速率} = \frac{\text{运动速度}}{\text{视野}} \tag{1-4}$$

(4) 确定相机的图像色彩。一般情况下,基本选用黑白相机,由于黑白图像检测精度优于彩色相机,包括对比度和锐度。在进行色彩识别或色彩缺陷检测等处理时,则选择彩色相机。

(5) 确定相机与图像采集卡的匹配问题。①分辨率的匹配:每款板卡都只支持某一分辨率范围内的相机。②特殊功能的匹配:如果要使用相机的特殊功能,应先确定所用板卡是否支持此功能,例如,项目需要多部相机同时拍照时,这个采集卡就必须支持多通道;如果相机是逐行扫描的,那么采集卡就必须支持逐行扫描。③接口的匹配:确定相机与板卡的接口是否相匹配,如CameraLink、GigE、CoXPress、USB 3.0等。④视频信号的匹配:对于黑白模拟信号相机来说有两种格式——CCIR和RS170(EIA),通常采集卡都同时支持这两种相机。

(6)在满足对检测的必要需求后,最后才是价格的比较。

1.3.3 镜头

图1.4 工业镜头

镜头是与相机配套使用的一种成像设备,如图1.4所示。选择相机之后,就可以考虑选择合适的镜头了。镜头的主要作用是将成像目标聚焦在图像传感器的光敏面上。在机器视觉系统中,镜头常和相机作为一个整体出现,它的质量和技术指标直接影响成像子系统的性能,合理地选择和安装镜头是决定机器视觉成像子系统成败的关键。

1. 镜头分类

(1)按焦距能否调节,可分为定焦镜头和变焦镜头两大类。机器视觉系统中常用定焦镜头,一般来说,定焦镜头的光学品质更出众,其缺点是当拍摄距离确定,其拍摄视角也就固定了,要想改变视角画面,需要移动拍摄者位置。依据焦距的长短,定焦距镜头又可分为鱼眼镜头、短焦镜头、标准镜头、长焦镜头4大类。需要注意的是,焦距的长短划分并不是以焦距的绝对值为首要标准,而是以像角的大小为主要区分依据,所以当靶面的大小不等时,其标准镜头的焦距大小也不同。变焦镜头涵盖了从超广角镜头到超望远镜头的各种焦段选择,目前专业级的变焦镜头在光学品质方面几乎能够和定焦镜头相媲美。

(2)根据镜头接口类型划分。镜头和摄像机之间的接口有许多不同的类型,物镜的接口有三种国际标准:F接口、C接口和CS接口。其中,C接口和CS接口是工业相机最常见的标准接口,适用于物镜焦距小于25mm且物镜的尺寸不大的情况。F接口是通用型接口,一般适用于焦距大于25mm的镜头。接口类型的不同和镜头性能及质量并无直接关系,只是接口方式不同,一般也可以找到各种常用接口之间的转接口。

(3)特殊用途的镜头。

① 显微镜头。一般是指成像比例大于10:1的拍摄系统所用,但由于现在的摄像机的像元尺寸已经做到3μm以内,所以一般成像比例大于2:1时也会选用显微镜头。

② 微距镜头(Macro)。一般是指成像比例为2:1~1:4的特殊设计的镜头。在对图像质量要求不是很高的情况下,一般可采用在镜头和摄像机之间加近摄接圈的方式或在镜头前加近拍镜的方式达到放大成像的效果。

③ 远心镜头(Telecentric)。主要是为纠正传统镜头的视差而特殊设计的镜头,它可以在一定的物距范围内,使得到的图像放大倍率不会随物距的变化而变化,这对被测物不在同一物面上的情况是非常重要的应用。

④ 紫外镜头和红外镜头。一般镜头是针对可见光范围内的使用设计的,由于同一光学系统对不同波长的光线折射率不同,导致同一点发出的不同波长的光成像时不能会聚成一点,产生色差。常用镜头的消色差设计也是针对可见光范围的,紫外镜头和红外镜头即是专门针对紫外线和红外线进行设计的镜头。

2. 镜头的参数

(1) 分辨率。镜头分辨率表示它的空间极限分辨能力,常用拍摄正弦光栅的方法来测试。镜头的分辨率越高,成像越清晰。分辨率的选择,关键看对图像细节的要求。同时,镜头的分辨率应当不小于相机的分辨率。

(2) 物距与焦距。物距是目标对象距离相机的距离。焦距是指目标对象在镜头的像方所成像位置到像方主面的距离。焦距体现了镜头的基本特性,即在不同物距上,目标的成像位置和成像大小由焦距决定。对于相同的感光元件,搭配的镜头焦距越长,视场角越小,反之也成立(排除枕形畸变的影响)。可以根据图1.5直观地感受一下使用同款感光芯片的焦距概念。

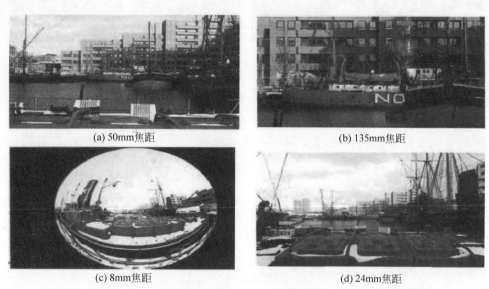

图 1.5 同款感光芯片的不同焦距(图片来自海康机器视觉工业镜头应用技术)

(3) 最大像面。最大像面是指镜头能支持的最大清晰成像范围(常用可观测范围的直径表示),超出这个范围所成的像对比度会降低而且会变得模糊不清。由于机器视觉成像系统中的传感器多制作成长方形或正方形,因此镜头的最大像面常用它可以支持的最大传感器尺寸(单位为英寸,靶面1英寸表示对角线16mm)来表示。相应地,镜头的视场也可以用最大像面所对应的横向和纵向观测距离或视场角来表示,如图1.6所示。

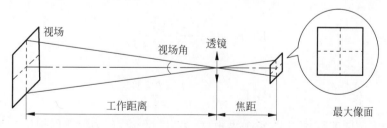

图 1.6 机器视觉系统中镜头的视场和最大像面

(4) 视场/视场角。镜头的视场就是镜头最大像面所对应的观测区域。视场角为以光学仪器的镜头为顶点,被测目标的物像可通过镜头的最大范围的两条边缘构成的夹角。也就是说,目标物体如果超过视场角就不会被收在镜头中。在远距离成像系统中,如望远镜、航拍镜头等场合,镜头的成像范围均用视场角来衡量。而近距离成像中,常用实际物面的直径(即幅面）来表示。

（5）光圈。光圈是镜头相对孔径的倒数,它是一个用来控制光线透过镜头,进入机身内感光面光量的装置,一般用F来表示这一参数。例如,如果镜头的相对孔径是1∶2,光圈就是F2.0,也就是说,光圈系数的标称值数字越小,表示其实际光圈就越大。当相机曝光时间、增益等参数恒定时,光圈越大,进入相机的光线也越多,画面就越亮,如图1.7所示。因此对于光线比较暗的场合,可选用大一点的光圈。

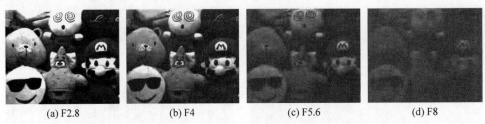

(a) F2.8　　　　(b) F4　　　　(c) F5.6　　　　(d) F8

图1.7　F变化

（6）景深。景深是指在镜头前方沿着光轴所测定的能够清晰成像的范围,与镜头和成像系统关系十分密切。可成清晰像的最远的物平面称为远景平面,它与对准平面的距离称为后景深DOF_2；能成清晰像的最近物平面称为近景平面,它与对准平面的距离称为前景深DOF_1；景深＝前景深＋后景深。如图1.8所示,与景深有关的计算公式如式(1-5)～式(1-7)所示。

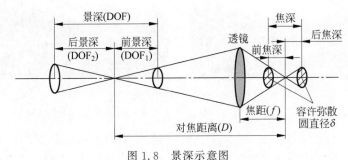

图1.8　景深示意图

前景深：

$$DOF_1 = \frac{F \cdot \delta \cdot D^2}{f^2 + F \cdot \delta \cdot D} \tag{1-5}$$

后景深：

$$DOF_2 = \frac{F \cdot \delta \cdot D^2}{f^2 - F \cdot \delta \cdot D} \tag{1-6}$$

景深：

$$DOF = \frac{2f^2 \cdot F \cdot \delta \cdot D^2}{f^4 - F^2 \cdot \delta^2 \cdot D^2} \tag{1-7}$$

其中,δ为容许弥散圆的直径,f为镜头焦距,D为对焦距离,F为镜头的拍摄光圈值。

（7）对比度。对比度用来形容图像最亮处和最暗处的差别。

（8）镜头倍率。镜头倍率即放大倍数,这个值与被测物体的工作距离有关,要根据放大需求决定。

（9）接口。接口是镜头与相机的机械连接方式。镜头的接口应与相机的物理接口相匹配。例如,如果相机的接口是C口,镜头也应选择C口。还有F口、CS口、S口等接口,不同的接口是为了适应不同的相机芯片尺寸。

3. 镜头选择步骤

选择镜头时,可以参考以下步骤。

(1) 确定镜头的工作波长和是否需要变焦。变焦与定焦镜头的选择由成像过程需要改变放大的倍率决定。

(2) 确定镜头的景深效果(DOF)。DOF 是指由于物体移动导致的模糊,是保持理想对焦状态下物体允许的移动量(从最佳焦距前后移动)。当物体的放置位置比工作距离近或者远时,它就位于焦外了,这样分辨率和对比度都会受到不好的影响。由于这个原因,DOF 同指定的分辨率和对比度相配合。在景深一定的情况下,DOF 可以通过缩小镜头孔径来变大,同时也需要光线增强。

(3) 确定焦距。首先测量工作距离和目标物体的大小,得到图像的宽或高。然后确定相机的安装位置,从相机的拍摄角度推测视角,最后根据二者的几何关系计算相机的焦距。镜头的焦距是和镜头的工作距离、系统分辨率(及 CCD 像素尺寸)相关的。

(4) 根据现场的拍摄要求,考虑光圈、价格等其他因素。

▶ 1.3.4 图像采集卡

图像采集卡(见图 1.9),又称图像捕捉卡。其功能主要是将来自相机的模拟信号或数字信号转换为所需的图像数据流并发送到计算机端,是相机和计算机之间的重要连接组件。并不是所有情况都需要用到图像采集卡,只是在接口传输速度要求很高的项目中往往需要应用图像采集卡方可满足需求。

图 1.9 图像采集卡

1. 图像采集卡的种类

(1) 图像采集卡按接收信号的种类,可以分为模拟信号图像采集卡和数字信号采集卡。

(2) 按接口的适用性可以分为专用接口(如 CameraLink、模拟视频接口等)采集卡和通用接口(如 GigE、USB 3.0 等)采集卡。

(3) 按支持的颜色可以分为彩色图像采集卡和黑白图像采集卡。

(4) 图像采集卡按照其性能作用,可以分为电视卡、图像采集卡、DV 采集卡、计算机视频卡、监控采集卡、多屏卡、流媒体采集卡、分量采集卡、高清采集卡、笔记本采集卡、DVR 卡、VCD 卡、非线性编辑卡(简称非编卡)。

2. 图像采集卡的技术参数

(1) 图像传输接口与数据格式。图像采集卡的传输接口需与所选用相机一致。大多数摄像机采用 RS 422 或 EIA 644(LVDS)作为输出信号格式。在数字相机中,IEEE 1394、USB 2.0 和 CameraLink 几种图像传输形式则得到了广泛应用。若选用数字制式还必须考虑相机的数字位数。

(2) 图像格式(像素格式)。

① 黑白图像:通常情况下,图像灰度等级可分为 256 级,即以 8 位表示。在对图像灰度有

更精确的要求时,可用 10 位、12 位等来表示。

② 彩色图像:可由 RGB(YUV)三种色彩组合而成,根据其亮度级别的不同,有 8-8-8、10-10-10 等格式。

(3) 传输通道数。当摄像机以较高速率拍摄高分辨率图像时,会产生很高的输出速率,这一般需要多路信号同时输出,图像采集卡应能支持多路输入。一般情况下,有 1 路、2 路、4 路、8 路输入等。随着科技的不断发展和行业的多种需求,路数更多的采集卡也出现在市面上。

(4) 分辨率。采集卡能支持的最大点阵反映了其分辨率的性能。一般采集卡能支持 768×576 点阵,而性能优异的采集卡其支持的最大点阵可达 $64k \times 64k$。单行最大点数和单帧最大行数也可反映采集卡的分辨率性能。同三维推出的采集卡能达到 1920×1080 分辨率。

(5) 采样频率。采样频率反映了采集卡处理图像的速度和能力。在进行高速图像采集时,需要注意采集卡的采样频率是否满足要求。高档的采集卡其采样频率可达 65MHz。

(6) 传输速率。主流图像采集卡与主板间都采用 PCI,其理论传输速度为 132MB/s。

【例 1-1】 大小为 $17mm \times 12mm$,精度要求为 $0.01mm$ 的零件的几何测量硬件选型。

(1) 选择面阵相机还是线阵相机?

因为拍摄的是全局物体,所以选择面阵相机。

(2) 选择彩色相机还是黑白相机?

因为只需要测量零件的尺寸值,所以选择黑白相机。

(3) 选择 CCD 相机还是 CMOS 相机?

因为拍摄的是静止物体,所以选择高性价比、高成像速度和高成像质量的 CMOS 相机。

(4) 选择多大的相机分辨率?

由于零件大小为 $17mm \times 12mm$,视野范围要大于零件尺寸,选定视野为 $20mm \times 15mm$,所以相机最低分辨率为

$$(20/0.01) \times (15/0.01) = 2000 \times 1500 = 300(万像素)$$

考虑像素误差,系统稳定性,一般选用 3~4 倍或以上像素,实际相机最低分辨率为

$$300 \times 3 = 900(万像素)$$

所以选用相机分辨率要大于 900 万像素。

(5) 选择什么样的光源?

测量项目选用背光源,背光源能很好地凸显零件的外形轮廓,有利于提取零件的边缘用于测量。

(6) 选择什么样的镜头?

测量项目对图像畸变较为敏感,高的畸变率会影响测量的精度,应该选择畸变低的镜头,远心镜头的畸变低,适合用于测量项目。假定选择的相机靶心为 $6.4mm \times 4.6mm$,则远心镜头的放大倍率为

$$6.4 \div 20 = 0.32(倍)$$

因此应该选择放大倍率在 0.32 左右的远心镜头。

(7) 其他需求。

帧率、数据接口、相机镜头接口等按照实际需求选取。

1.4 机器视觉的应用现状及发展趋势

机器视觉近几年随着人工智能技术的发展而逐渐得到应用，对比人工，其精度、质量和速度都拥有极大的优势，在如今我国的众多领域，其关键技术在现代化智能装备以及自动化领域得到广泛的应用。

(1) 在工业领域的应用。机器视觉在工业检测领域的应用比较广泛，在保证了产品的质量和可靠性的同时，大幅度提高了生产的速度。例如，在对食品进行包装加工、饮料行业的各种质量检测，以及半导体集成块封装质量检测时，机器视觉极大地提高了其生产速度。此外，其在装配机器人视觉检测、搬运机器人视觉导航方面也有广泛应用。

(2) 在医学领域的应用。随着对药品以及医疗器械安全性问题的逐渐重视，在医学领域，许多医院利用机器视觉技术辅助医生进行医学影像的分析。在医学领域主要运用在医学疾病的诊断方面，例如，基于X射线图像、超声波图像、显微镜图像、核磁共振图像、CT图像、红外图像、人体器官三维图像等的病情诊断和治疗，病人的检测与看护。另外，机器视觉技术可以应用在自动细胞计数与统计，通过利用数字图像的边缘提取与图像分割技术，对细胞的医学图像数据进行检测，节省了人力与物力，提高了工作效率。

(3) 在交通领域的应用。随着计算机技术的不断普及，国内外许多科研机构、高校以及汽车厂商将机器视觉技术大量运用于汽车辅助驾驶系统，包括视频检测系统、安全保障系统、车牌识别系统等。在视频检测时，主要运用图像处理技术与计算机视觉技术，通过对图像的分析来对车辆、行人等交通目标的运动进行识别与跟踪。通过识别系统对交通行为进行理解与分析，从而完成各种交通数据的采集、交通事件的检测等。机器视觉技术在汽车辅助驾驶方面的应用在于车流量监控、车辆违规判断及车牌照识别和汽车自动导航等。

(4) 在农业领域的应用。当前，在农业领域，机器视觉主要应用于果蔬采摘、果蔬分级、农田导航以及各种作物生长因素检测。中国作为传统的农业生产大国，视觉技术在农业生产上的广泛应用前景不言而喻，对农产品进行自动升级，实行优质优价，以产生更好的经济效益，其意义十分重大。

(5) 生活领域的应用。机器人视觉技术在生活中获得了广泛的应用。在大数据、物联网的时代背景下，智能家居正走入寻常百姓家。无论是自动感知光强的智能窗帘，还是能自动避障的扫地机器人，都离不开机器人视觉技术。随着高科技的不断发展，无人驾驶技术的实用化进程将再一次加快，相信在不久的未来，曾经出现在科幻电影中的场景，会成为人们期盼已久的现实。此外，定位导航也成为人们生活中不可或缺的一部分，为了增加其定位的准确性，机器人视觉技术则发挥着重要作用。

经过近几年的迅速发展，当前，机器视觉软件越来越趋向于框架集成，采用拖拉式设置参数即可完成普通视觉项目的实施。但机器视觉面临的检测对象千差万别，并存在环境、光照等各种影响，因此机器视觉软件很难做到标准化，只能在细分领域做到相对的标准化。

机器视觉的发展趋势如下。

(1) 软硬件性能的提升。伴随相关技术的发展，机器视觉相关的软硬件在性能指标等方面逐步提升，同样在实际应用中能解决更快速度、更高精度的现场需求。同时，伴随机器视觉框架软件的不断优化，其集成运动控制、机器人等外围设备，会越来越广泛地应用在普通的视觉项目实施中。

（2）3D机器视觉的升级。随着对精确度要求的提高，3D机器视觉检测应用范围愈发广阔。相比2D视觉检测，3D视觉检测可以获取物体的三维图像，提供更丰富的数据采集。它具有高测量稳定性、高精度及可重复性等优势，并可以持续存储产品缺陷的相关测量数据，对数据进行量化分析以优化和改进前端的制造工艺，提高生产效率。

（3）AI技术的融合。未来的机器视觉技术将更加注重智能性和准确性，能够快速聚合大量信息并可靠地识别目标。这有助于提高生产效率和质量，减少人工干预和误差。例如，利用深度学习针对工业产品表面缺陷进行检测的效果愈发理想，会越来越多地应用到部分细分领域。

在线测试

习题

1.1　什么是机器视觉？说说你的理解。

1.2　机器视觉系统主要由哪几部分组成？每一部分分别起什么作用？

1.3　选择相机时需要考虑什么因素？

1.4　镜头的主要参数有哪些？

1.5　如何搭建机器视觉硬件系统？

第 2 章　HALCON基础和语法

对硬件系统和数字图像有了一定基础后,接下来要选择合适的软件进行图像采集等操作。目前适用于机器视觉的算法包中比较主流的有 OpenCV、HALCON、VisionPro、MIL 等。其中,OpenCV 为开源开发库,主要针对图像处理应用;VisionPro 简单易用,最容易上手;HALCON 提供了一个综合视觉库,用户可以利用其开放式结构快速开发图像处理和机器视觉软件。HALCON 以其强大的功能、算法集成度高而占有相当大的优势。此外,HALCON 官网每个月都提供免费 license 供个人学习者使用,是一款非常适合初学者快速入门机器视觉的软件。本书介绍 HALCON 的使用,版本为 HALCON 23.05。

2.1　走进 HALCON

HALCON 源自学术界,是一套图像处理库,由一千多个各自独立的函数,以及底层的数据管理核心构成。函数包含各种功能,下面介绍 HALCON 中常用的几种功能。

(1) 图像数据类型转换。HALCON 可快速转换成 Region/XLD 类型进行处理。

(2) 图像的变换与校正。HALCON 可对畸变的图像进行变换与校正,方便后续处理。

(3) 图像的增强处理。图像增强是通过一定手段对原图像附加一些信息或变换数据,有选择地突出图像中感兴趣的特征或者抑制(掩盖)图像中某些不需要的特征,HALCON 中包括基于空域和基于频域两大类算法。

(4) BLOB 分析。BLOB 分析就是对前景/背景分离后的二值图像,进行连通域提取和标记。HALCON 中包括全局阈值分割、局部阈值分割、自动阈值分割以及其他的一些图像分割算子。

(5) 特征提取。在 HALCON 中可运用任意结构进行特征提取。

(6) 形态学。HALCON 可以使用任意结构对 Region 和 Image 进行腐蚀、膨胀、开/闭运算处理,以获取想要的 Region 和 Image。

(7) 匹配。匹配功能包括基于点匹配、基于灰度值匹配、基于描述符匹配、基于相关性匹配、基于形状匹配等。利用匹配技术可高效地进行检测,即使目标发生旋转、放缩、局部变形、部分遮挡或者光照有非线性变化,HALCON 利用 XLD 匹配技术也可实时、有效、准确地找到目标。

(8) 标定。HALCON 中的标定功能可以建立二维图像的点与三维空间中的点的对应关系,将相机与现实世界进行联系。

(9) 双目立体视觉(三维立体视觉匹配)。

(10) 测量。HALCON 提供 1D 测量、2D 测量和 3D 测量。

(11) 深度学习。HALCON 提供异常检测、分类、目标检测和语义分割等。

正是由于 HALCON 具有庞大的功能体系,其应用范围几乎没有限制,涵盖半导体业、遥感探测包装行业、监控玻璃生产与加工、钢铁与金属业等。换句话说,只要是用到图像处理的地方,就可以用 HALCON 强大的计算分析能力来完成工作。HALCON 主要具有以下 4 个优点。

(1) HALCON 包含一套交互式的程序设计界面 HDevelop,在该界面中可直接编写、修改、执行程序,设计完成后,可直接导出 C、C++、C♯、VB 等程序代码,使用者能用最短的时间开发出视觉系统。此外,HDevelop 拥有数百个范例程序,学习者可依据不同的类别找到相应的范例进行学习参考。

(2) HALCON 可支持多种取像设备,原厂已提供了 60 余种相机的驱动链接,即使是尚未支持的相机,除了可以通过指针轻易地抓取影像,还可以利用 HALCON 开放性的架构,自行编写 DLL 文件和系统连接。另外,对于相机的各接口,在 HALCON 开发环境下提供了许多助手工具,可以方便开发人员进行快速仿真。

(3) 设计人机接口时没有特别限制,可以完全使用开发环境下的程序语言,如 Visual Studio、.NET、Mono 等,架构自己的接口,并且在执行作业的机器上,只需要很小的资源套件。

(4) HALCON 可支持多种操作系统,如 Windows、Linux 等。当开发出一套系统后,可以根据需求任意转换平台。

2.2　HDevelop 图形组件

HDevelop 是类似于 VC、VB、Delphi 的一个编译环境,是建立机器视觉应用的工具箱。对于开发和测试机器视觉应用,HDevelop 通过提供高度交互的编程环境,有助于快速的原型设计。HDevelop 基于 HALCON 库,它是一个能够满足产品开发、科研和教育的通用机器视觉包。

1. HDevelop 预览

HALCON 安装完成后,打开软件便进入开发环境界面,整个界面分为标题栏、菜单栏、工具栏、状态栏和 4 个活动窗口,4 个活动窗口分别是图形窗口、算子窗口、变量窗口和程序窗口,如图 2.1 所示。如果窗口排列不整齐,则可以单击菜单栏中的"窗口"→"排列窗口",重新排列窗口。

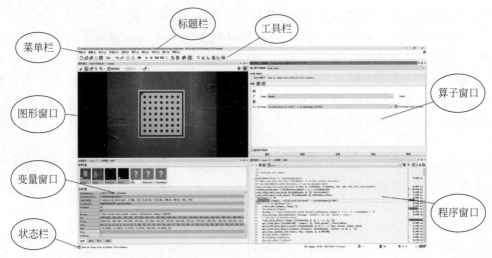

图 2.1　HALCON 主界面

菜单栏中包含所有的功能命令,如图 2.2 所示。

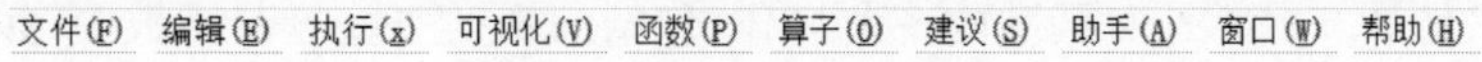

第 2 章　HALCON基础和语法

文件(F)　编辑(E)　执行(x)　可视化(V)　函数(P)　算子(O)　建议(S)　助手(A)　窗口(W)　帮助(H)

图 2.2　菜单栏的功能命令

（1）"文件"菜单。"文件"菜单中主要是对整个程序文件的一些操作，包括打开、保存程序等。"文件"中有一个很重要的功能"导出程序"，可生成需要的 C++、C♯代码等，如图 2.3 所示。

（2）"编辑"菜单。包括编辑程序时的一些操作，如剪切、复制、粘贴等，如图 2.4 所示。

图 2.3　"文件"菜单　　　　　　　　图 2.4　"编辑"菜单

（3）"执行"菜单。包括对程序运行时的一些操作，如运行、运行到指针插入位置等，如图 2.5 所示。

（4）"可视化"菜单。包括对一些窗口的尺寸调整，以及对颜色、线条粗细等的设置，如图 2.6 所示。

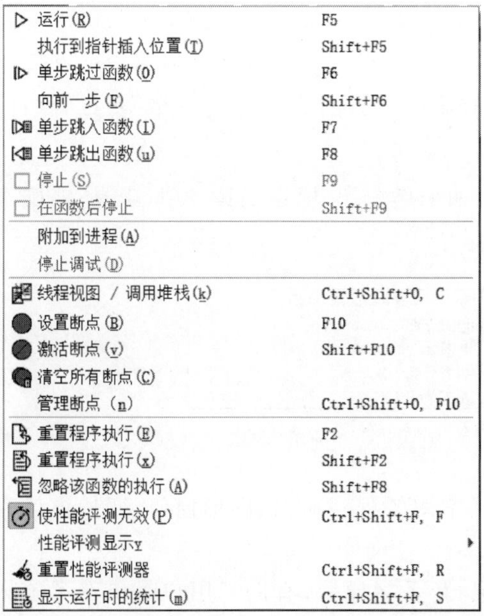

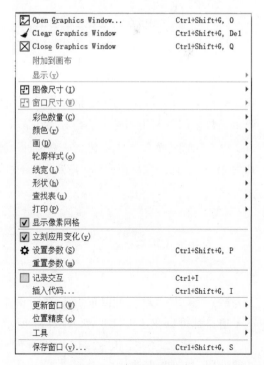

图 2.5　"执行"菜单　　　　　　　　图 2.6　"可视化"菜单

(5)"函数"菜单。主要是对函数的一些操作,包括编辑、管理、复制函数等,如图2.7所示。

(6)"算子"菜单。包括全部的算子函数,可以快速找到需要调用的函数并且添加到程序编辑器中进行编辑,如图2.8所示。

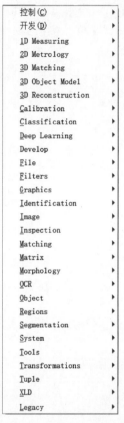

图2.7 "函数"菜单　　　　图2.8 "算子"菜单

(7)"建议"菜单。主要提供一些帮助建议,如图2.9所示。"替代函数"提供当前调用函数的替换函数;"参考"主要包括与当前调用函数有关联的一些函数;"前趋函数"可推荐当前调用函数之前的调用函数,"后继函数"提示的函数仅作参考。

(8)"助手"菜单。主要包括一些辅助编辑工具,如采集图像、标定工具、测量工具、匹配工具与OCR工具,可以方便快速开发,如图2.10所示。

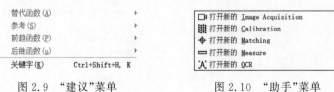

图2.9 "建议"菜单　　　　图2.10 "助手"菜单

(9)"窗口"菜单。可以根据需要打开各种窗口,常用的程序窗口、图形窗口、变量窗口和算子窗口都可以在这里打开,如图2.11所示。

(10)"帮助"菜单。包括HALCON的一些介绍、新手指导等,有助于用户尽快熟悉该软件的使用,如图2.12所示。

图 2.11 "窗口"菜单　　　　　　　　　　图 2.12 "帮助"菜单

2. 图形窗口

图形窗口主要显示图像，可以显示处理前的原始图像，也可以显示处理后的 Region 等，如图 2.13 所示。

3. 算子窗口

算子窗口显示算子的重要数据，包含所有的参数、各个变量的形态以及参数数值。这里会显示参数的默认值以及可以选用的数值。每一个算子都有联机帮助。常用的功能是算子名称的查询显示，在一个下拉框里，只要输入部分字符串甚至开头的字母，即可显示所有符合名称的算子供选用，如图 2.14 所示。

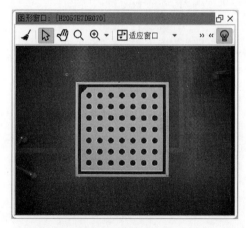

图 2.13 图形窗口　　　　　　　　　　图 2.14 算子窗口

4. 变量窗口

变量窗口显示程序在执行时产生的各种变量，包括图像变量和控制变量，双击变量即可显示变量值，如图 2.15 所示。

5. 程序窗口

程序窗口用来显示一个 HDevelop 程序。它可以显示整个程序或是某个运算符，执行过程可以通过程序窗口查看，如图 2.16 所示。

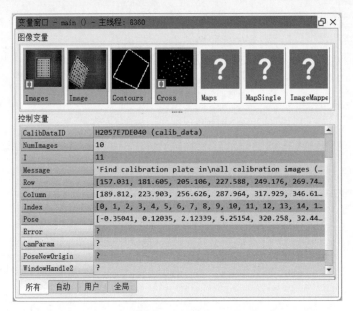

图 2.15 变量窗口

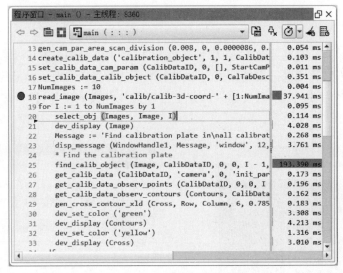

图 2.16 程序窗口

2.3 软件图像采集

熟悉了 HALCON 界面之后,接下来就要考虑怎样进行采集图像。图像采集是图像处理的基础,采集图像的速度和质量会直接影响后续图像处理的效率。本节主要介绍如何获取输入图像。

▶ 2.3.1 获取非实时图像

当不能在检测现场进行实时调试时,可以选择拍摄好的一些图像或者视频作为测试素材,进行算法测试与处理。

(1) 利用 read_image()算子读取图像,程序如下。

```
read_image(Image, 'D:/patras.png')
```

以上程序可读取单张图像,若要读取文件夹中的全部图像,则可以利用 for 循环来实现,代码如下。

```
* 列出指定路径下的文件
list_files('D:/picture', ['files','follow_links'], ImageFiles)
* 选择符合条件的文件
tuple_regexp_select(ImageFiles,['\\.(tif|tiff|gif|bmp|jpg|jpeg|jp2|png|pcx|pgm|ppm|pbm|xwd|ima|hobj) $ ','ignore_case'], ImageFiles)
* 循环读取文件夹中的文件
for Index : = 0 to |ImageFiles| - 1 by 1
    read_image (Image, ImageFiles[Index])
endfor
```

(2) 利用快捷键。按住 Ctrl+R 组合键打开"读取图像"对话框,在"文件名称"下拉列表框中选择图像所在的文件路径,在"语句插入位置"下单击"确定"按钮,即可获得图像,如图 2.17 所示。

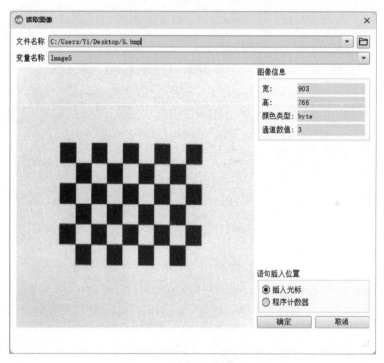

图 2.17　使用快捷键获取图像

(3) 利用采集助手批量读取文件夹下的所有图像。单击菜单栏中的"助手"→"打开新的 Image Acquisition",单击"资源"选项卡下的"图像文件"单选按钮,再单击"选择文件"或"选择路径"按钮选择文件或路径,如图 2.18 所示。单击"代码生成"选项卡下的"插入代码"按钮即可插入读取图片代码,如图 2.19 所示。

▶ 2.3.2　获取实时图像

实时图像采集是利用现代化技术进行实时图像信息获取的手段,在现代多媒体技术中占有重要的地位。在日常生活中,以及生物医学、航空航天等领域都有着广泛的应用。图像采集

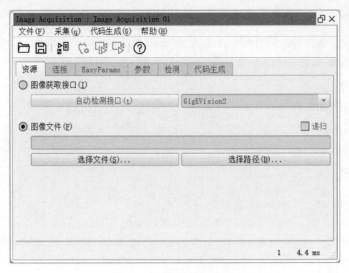

图 2.18 选择文件路径

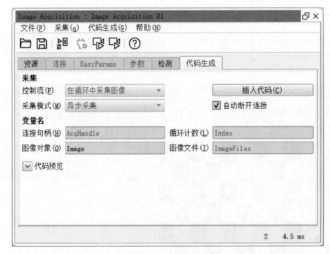

图 2.19 插入代码

的速度、质量直接影响产品的整体效果。在 HALCON 中,获取实时图像主要有两种方式:①通过 HALCON 自带的采集接口获取;②通过相机配套的 SDK 获取。本节主要介绍第一种方式。

HALCON 的采集功能非常强大,它支持的相机种类非常丰富,为市面上常见的多种机型提供了统一的公用接口。如果系统选择的相机支持 HALCON,就可以直接使用 HALCON 自带的接口库实现连接。

实时图像的 HALCON 实时图像采集可分为以下三步,如图 2.20 所示。

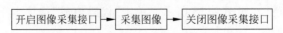

图 2.20 HALCON 实时图像采集流程图

1. 连接相机

在 HALCON 中,调用 open_framegrabber()算子可以连接相机,同时设置一些基本的采集参数,如选择相机类型和指定采集设备,也可以设置和图像相关的参数,算子原型如下。

```
open_framegrabber(: : Name, HorizontalResolution, VerticalResolution, ImageWidth, ImageHeight,
StartRow, StartColumn, Field, BitsPerChannel, ColorSpace, Generic, ExternalTrigger, CameraType,
Device, Port, LineIn : AcqHandle)
```

- Name：图像采集接口的名称。
- HorizontalResolution、VerticalResolution：图像采集接口的水平分辨率和垂直分辨率，默认为 1，表示采集的图宽高和原图一样大。
- ImageWidth、ImageHeight：图像的宽和高，即行和列的像素数，均默认为 0，表示原始图的宽和高。
- StartRow、StartColumn：采集图像在原始图像上的起始坐标，均默认为 0。
- Field：相机的类型，默认为 default。
- BitsPerChannel：像素的位数，默认为-1。
- ColorSpace：颜色空间，默认为 default，也可以选择 Gray 或 RGB，分别表示灰度和彩色。
- Generic：具有设备特定含义的通用参数，默认为-1。
- ExternalTrigger：外触发。
- CameraType：相机的类型，默认为 default。
- Device：HALCON 所连接的采集设备的编号，默认为 default，如果不确定相机的编号，可使用 info_framegrabber()算子进行查询。
- Port：图像获取识别连接的端口，默认为-1。
- LineIn：多路复用器的摄像头输入线（如果可用）。
- AcqHandle：打开的图像采集设备的句柄。

这个算子执行完后会返回一个图像采集的连接句柄 AcqHandle，该句柄就如同 HALCON 和硬件进行交互的一个接口。使用该句柄可以实现图像捕获、采集参数设置等。

2．设置采集参数

open_framegrabber()算子是针对大部分相机的公用接口，但相机的种类繁多，功能各异，因此公用接口中只包含通用的几种简单操作的参数。如果想要充分地利用相机的全部功能，则可以使用 set_framegrabber_param()设置其他的特殊参数。

具体的参数种类或值的含义可参考 HALCON 的算子文档，如果想要查看 HALCON 具体支持哪些可修改的参数，可以使用 info_framegrabber()算子。

如要修改其中的某项参数，可使用 set_framegrabber_param()算子，该算子原型如下。

```
set_framegrabber_param(::AcqHandle, Param,Value:)
```

- AcqHandle：图像采集设备句柄。
- Param：参数名称，可以设置 'color_space'（颜色空间）、'continuous_grabbing'（连续获取图像）、'external_trigger'（外部获取触发器）等。
- Value：要修改的参数值。

值得注意的是，如果某个参数在 open_framegrabber()中设定过，那么该参数将不可在相机工作过程中被修改。如果要查询某一个参数的值，可以用 get_framegrabber_param()算子。

3．采集图像

与相机建立联系后，可以调用 grab_image()或 grab_image_async()算子进行图像采集。

（1）grab_image()用于相机的同步采集，算子原型如下。

grab_image(: Image : AcqHandle :)

- Image：采集的图像。
- AcqHandle：图像采集设备句柄。

其工作流程是先获取图像，等图像转换等处理流程完成之后再获取下一帧图像，图像的获取和处理是两个顺序执行的环节。因此，下一帧图像的获取要等待上一帧图像的处理完成才开始，这样采集图像的速率会受处理速度的影响。

（2）grab_image_async()用于相机的异步采集，异步采集不需要等到上一帧图片处理完成再开始捕获下一帧，图像的获取和处理是两个独立的环节，算子原型如下。

grab_image_async(: Image : AcqHandle, MaxDelay :)

- Image：采集的图像。
- AcqHandle：图像采集设备句柄。
- MaxDelay：异步采集时可以允许的最大延时。

4. 关闭图像采集接口

采集完图像后可用 close_framegrabber() 关闭图像采集设备。

【例2-1】 采集图像实例。

```
*打开笔记本电脑摄像头
open_framegrabber('DirectShow', 1, 1, 0, 0, 0, 0, 'default', 8, 'rgb', -1, 'false', 'default', '[0] HD Camera', 0, -1, AcqHandle)
*准备采集图像
grab_image_start(AcqHandle, -1)
*循环采集图像
while (true)
    grab_image_async(Image, AcqHandle, -1)
Endwhile
*关闭相机
close_framegrabber(AcqHandle)
```

2.4 数据结构

在研究机器视觉算法之前，需要先了解机器视觉应用中涉及的基本数据结构。因此，本节中先介绍一下表示图像、区域、亚像素轮廓、句柄以及数组的数据结构。

▶ 2.4.1 Image

Image 指 HALCON 的图像类型。在机器视觉中，图像是基本的数据结构，它所包含的数据通常是由图像采集设备传送到计算机的内存中的。

图像通道可以被简单看作一个二维数组，这也是程序设计语言中表示图像时所使用的数据结构。因此在像素 (r,c) 处的灰度值可以被解释为矩阵 $g=f_{r,c}$ 中的一个元素。更正规的描述方式为：视某个宽度为 w、高度为 h 的图像通道 f 为一个函数，该函数表述从离散二维平面 Z^2 的一个矩形子集 $r=\{0,1,\cdots,h-1\}\times\{0,1,\cdots,w-1\}$ 到某一个实数的关系 $f:r\to \mathbf{R}$，像素位置 (r,c) 处的灰度值 g 定义为 $g=f(r,c)$。同理，一个多通道图像可被视为一个函数 $f:r\to \mathbf{R}^n$，这里的 n 表示通道的数目。

在上面的讨论中，已经假定了灰度值是由实数表示的。在几乎所有的情况下，图像采集设备不但在空间上把图像离散化,同时也会把灰度值离散化到某一固定的灰度级范围内。多数情况下,灰度值被离散化为 8 位(1 字节),也就是说,所有可能的灰度值所组成的集合是 0~255。

简单地说,图像的通道是图像的组成像素的描述方式,如果图像内像素点的值能用一个灰度级数值描述,那么图像有一个通道。例如灰色图像,每个像素的灰度值为 0~255;如果像素点的值能用三原色描述,那么图像有三个通道。例如,RGB 是最常见的颜色表示方式,它的每个像素拥有 R(Red,红色)、G(Green,绿色)、B(Blue,蓝色)三个通道,各自的取值范围都是 0~255。

▶ 2.4.2 Region

Region 指图像中的一块区域。机器视觉的任务之一就是识别图像中包含某些特性的区域,如执行阈值分割处理。因此至少还需要一种能够表示一幅图像中一个任意的像素子集的数据结构。这里把区域定义为离散平面的一个任意子集:

$$R \subset Z^2 \tag{2-1}$$

这里选用 R 来表示区域是有意与前一节中用来表示矩形图像的 R 保持一致。在很多情况下,将图像处理限制在图像上某一特定的感兴趣区域(Region Of Interest,ROI)内是极其有用的。就此而论,可以视一幅图像为一个从某感兴趣区域到某一数据集的函数:

$$f: R \rightarrow \mathbf{R}^n \tag{2-2}$$

这个感兴趣区域有时也被称为图像的定义域,因为它是图像函数 f 的定义域。将上述两种图像表示方法统一:对任意一幅图像,可以用一个包含该图像所有像素点的矩形感兴趣区域来表示。所以,从现在开始,默认每幅图像都有一个用 R 来表示的感兴趣区域。

很多时候需要描述一幅图像上的多个物体,它们可以由区域的集合来简单地表示。从数学角度出发,可以把区域描述成用集合表示,如式(2-3)所示。

$$X_R(r,c) = \begin{cases} 1, & (r,c) \in R \\ 0, & (r,c) \notin R \end{cases} \tag{2-3}$$

这个定义引入了二值图像来描述区域。一个二值图像用灰度值 0 表示不在区域内的点,用 1(或其他非 0 的数)表示被包含在区域内的点。简单言之,区域就是某种具有结构体性质的二值图。

▶ 2.4.3 XLD

XLD(eXtended Line Description,亚像素精度轮廓)指图像中某一块区域的轮廓。图像中 Image 和区域 Region 这些数据结构是像素精度的,像素越多,分辨率越大,图像就越清晰。点与点之间的最小距离就是一个像素的宽度,在实际工业应用中,可能需要比图像像素分辨率更高的精度,这时就需要提取亚像素精度数据,亚像素精度数据可以通过亚像素阈值分割或者亚像素边缘提取来获得。在 HALCON 中,XLD 代表亚像素边缘轮廓和多边形,XLD 轮廓如图 2.21 所示。

通过图 2.21 的 XLD 轮廓可以看出:

(1) XLD 轮廓可以描述直线边缘轮廓或多边形,即一组有序的控制点集合,排序是用来说明哪些控制点是彼此相连的关系。这样就可以理解 XLD 轮廓由关键点构成,但并不像像素坐标那样一个点紧挨一个点。

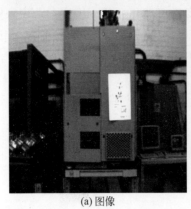 

(a) 图像　　　　　　　　　　(b) XLD轮廓

图 2.21　XLD 轮廓

（2）典型的轮廓提取是基于像素网格的，所以轮廓上的控制点之间的距离平均为一个像素。

（3）轮廓只是用浮点数表示 XLD 各点的行、列坐标。提取 XLD 并不是沿着像素与像素交界的地方，而是经过插值之后的位置。

▶ 2.4.4　Handle

Handle（句柄）是一个标识符，是用来标识对象或者项目的。它就像车牌号一样，每一辆注册过的车都会有一个确定的号码，不同的车号码各不相同，但是也可能会在不同的时期出现两辆号码相同的车，只不过它们不会同时处于使用之中。从数据类型上来看，它只是一个 32 位（或 64 位）的无符号整数。应用程序几乎总是通过调用一个 Windows 函数来获得一个句柄，之后其他的 Windows 函数就可以使用该句柄，以引用相应的对象。在 Windows 编程中会用到大量的句柄，如 HINSTANCE（实例句柄）、HBIT-MAP（位图句柄）、HDC（设备描述表句柄）、HICON（图标句柄）等。

Windows 之所以要设立句柄，根本上源于内存管理机制的问题，即虚拟地址。简而言之，数据的地址需要变动，变动以后就需要有人来记录、管理变动，因此系统用句柄来记载数据地址的变更。在程序设计中，句柄是一种特殊的智能指针，当一个应用程序要引用其他系统（如数据库、操作系统）所管理的内存块或对象时，就要使用句柄。句柄与普通指针的区别在于，指针包含的是引用对象的内存地址，而句柄则是由系统所管理的引用标识，该标识可以被系统重新定位到一个内存地址上。这种间接访问对象的模式增强了系统对引用对象的控制。

▶ 2.4.5　Tuple

Tuple 可以理解为 C/C++ 语言中的数组，数组是编程语言中常见的一种数据结构，可用于存储多个数据，每个数组元素存放一个数据，通常可通过数组元素的索引来访问数组元素，包括为数组元素赋值和取出数组元素的值。C/C++ 语言中数组的操作大都可以在 Tuple 中找到对应的操作。

1. 数组的数据类型

（1）变量类型：int、double、string 等。

（2）变量长度：如果长度为 1 则可以作为正常变量使用。第一个索引值为 0，最大的索引为变量长度减 1。

2. Tuple 数组定义和赋值

(1) 定义空数组。

```
Tuple := [ ]
```

(2) 指定数据定义数组。

```
Tuple := [1, 2, 3, 4, 5, 6]
Tuple2 := [1, 8, 9,'hello']
*创建一个具有 100 个元素且每个元素都为 50 的数组
tuple:= gen_tuple_const(100, 50)
```

(3) 更改指定位置的元素值(数组下标从 0 开始)。

```
Tuple[2] = 10
Tuple[3] = 'unsigned'
* Tuple 数组元素为 Tuple:= [1, 2, 10,'unsigned', 5, 6]
```

(4) 求数组的个数。

```
Number := |Tuple|
* Number = 6
```

(5) 合并数组。

```
Union := [Tuple,Tuple2]
* Union := [1, 2, 3, 4, 5, 6, 1, 8, 9,'hello']
```

(6) 生成 1~100 的数。

```
*数据间隔为 1
Num1 := [1, 100]
*数据间隔为 2
Num1:= [1,2,100]
```

(7) 提取指定下标的元素。

```
T := Num1[2]
* T = 5
```

(8) 已知数组生成子数组。

```
T := Num2[2, 4]
* T = [5, 7, 9]
```

2.4.6 几个重要的语法

1. 控制语法

这部分内容和高级语言里的逻辑基本类似,差别仅在于关键字的名字。因此,下面仅简单地对条件语句进行描述。

(1) if-endif 语句。在程序中需要先判断某些条件是否满足,再去执行指定任务时,就可以使用 if-endif 语句。例如:

```
In:= 1
if (In > 0)
    message:= 'if 被执行了'
endif
```

(2) if-else-endif 语句。当条件满足的时候,执行一个任务;当条件不满足时执行另一个任务。这时可以使用 if-else-endif 语句。例如:

```
In: = -1
if (In > 0)
    message: = 'if 被执行了'
else
    message: = 'else 被执行了'
endif
```

(3) if-elseif-else-endif 语句。有时对一个业务处理不仅有两种情况,可能会遇到多种情况分别处理,这时需要多条件分别判断。例如:

```
In: = -10
if (In > 2)
    message: = 'if 被执行了'
elseif(In < 0)
    message: = 'elseif 被执行了'
else
    message: = 'else 被执行了'
endif
```

2. 循环语法

(1) for 循环。for 循环为 HALCON 中的常用循环,其基本语法结构如下。

```
for Index : = Start to End by Step
    *执行的循环体
endfor
```

- Index 表示循环变量。
- Start 表示循环变量的起始值。
- End 表示循环变量的结束值。
- Step 表示循环变量的增量值。

for 语句启动一个运行固定次数的迭代循环,循环变量 Index 依次获取从起始值 Start 到结束值 End 的值,其增量为 Step。当循环变量 Index 超过结束值 End 时,循环结束,每个 for 循环结束于相应的 endfor 语句。

(2) while 循环。while 循环为 HALCON 中最简单且直接的循环,只需满足给定的判断条件,便一直循环执行循环体内的算子,每个 while 循环结束于相应的 endwhile 语句。例如:

```
In: = 100
while (In > 0)
    In: = In - 1
endwhile
```

在线测试

习题

2.1 熟悉 HALCON 的编程环境,并概述 HALCON 在图像处理应用上的特点。

2.2 使用 HALCON 采集助手读取某一文件夹下的图像。

2.3 将一张 RGB 图像转换为灰度图像。

2.4 试通过编程实现以下求 Val_mean 的值。

```
Tuple: = [1,2,10]
Tuple[3]: = 10
T: = Tuple[1,3]
Val_mean: = mean(T)
```

第3章 图像

在前面的章节中,已经知道了图像是如何从硬件设备中获取的,也了解了 HALCON 软件环境以及相应的语法知识,本章将逐步进入 2D 视觉中图像处理的知识。首先,介绍图像的基础知识,包括对像素、图像通道、域的介绍;其次,介绍图像的预处理,包括去噪和图像增强;最后,介绍常见的图像分割方法,包括阈值分割、区域生长和分水岭分割。

3.1 图像基础知识

视频讲解

图像是指人在视觉系统中产生视觉印象的客观对象。计算机处理的图像称为数字图像,分为位图和矢量图,位图由数字阵列组成,常见的格式有 BMP、JPG、GIF;矢量图由矢量数据库表示,常见的格式有 PNG。在图像处理中,可以将图像概括为由像素、通道、域组成。

▶ 3.1.1 像素

像素是分辨率的单位,是构成图像的基本单元,可以用来表示各种信息,多数情况下采用点或者方块显示。而分辨率是单位英寸内的像素点个数,单位为 PPI(Pixels Per Inch)。假设一幅图像的分辨率是 1920×1080,那么可以简单理解为横向有 1920px,纵向有 1080px。不同像素类型以及对应的标准图像类型如表 3.1 所示。

表 3.1 不同像素类型以及对应的标准图像类型

像 素 类 型	标准图像类型
灰度图像(Gray Values)	byte,uint2
差异图(Difference)	int1,int2
2D 直方图(2D Histogram)	int4
边缘方向图(Edge Directions)	direction
导数图(Derivatives)	real
傅里叶变换(Fourier Transformer)	complex
色相值(Hue Values)	cyclic
矢量场(Vector Field)	vector_field

(1) 灰度图像:由 byte(8 位无符号,0~255)或者 uint2(16 位无符号,0~65 535)组成,通常是代表光在传感器上的局部光强度。

(2) 差异图:表示两幅图之间的差异,由 int1(8 位有符号,-127~128)和 int2(16 位有符号,-32 767~32 768)组成。

(3) 2D 直方图:使用 2D 直方图可以根据两幅图像中灰度值的出现情况来检查图像特征,其类型为 int4(32 位带符号,-2 147 483 637~2 147 483 648)。2D 直方图的每个轴表示的是输入图像的灰度值,特定灰度值的组合频率越高,输出图像中的灰度值就越高。

(4) 边缘方向图:表示边缘梯度的方向,图像类型为 direction(8 位无符号),是一个存储方向的数据类型,用来存储角度方向,上限是180°,保存的角度信息一般是该角度的一半。

(5) 导数图:32位浮点型的实数数据类型,代表导数图像,用于提取边缘。

(6) 傅里叶变换:图像类型为complex(复数),每个像素有两个真实值,包含实部和虚部。使用傅里叶变换检查图像的频域,频率的幅值和相位都用复数表示。

(7) 色相值:由循环数据类型cyclic(8位无符号)编码,像素表示色相值,当一个像素值超过255时,会被移动到光谱的另一端,即255+1=0。

(8) 矢量场:表示绝对/相对光流的一种特殊图像类型,可以表示像素的相对运动。

在HALCON中,像素类型是可以通过convert_image_type()算子转换的,算子原型如下:

`convert_image_type(Image : ImageConverted : NewType : )`

- Image:输入的图像。
- ImageConverted:输出的转换后的图像。
- NewType:所需要的图像类型。

小技巧 在HALCON中,可以在右下角看到当前显示图像的图像类型,如图3.1所示。

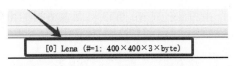

图3.1 HALCON软件中当前图像类型

经过上述介绍,已经认识了图像像素,而像素的灰度值可以认为是当前像素值,在HALCON中可以使用get_grayval()算子获得指定坐标处的像素值,使用set_grayval()算子设置指定坐标处的像素值,也可以使用min_max_gray()算子获取一张图像内指定区域灰度的最大值和最小值,使用intensity()算子计算图像灰度值的均值和标准差。其算子原型分别如下。

`get_grayval(Image : : Row, Column : Grayval)`

- Image:输入图像。
- Row:指定位置的纵坐标。
- Grayval:输出指定坐标的灰度值。

`set_grayval(Image : : Row, Column, Grayval : )`

- Image:输入图像。
- Column:指定位置的横坐标。
- Grayval:设定指定位置的灰度值。

`min_max_gray(Regions, Image : : Percent : Min, Max, Range)`

- Regions:需要计算的指定区域。
- Image:输入图像。
- Percent:低于(高于)绝对最大值(最小值)的百分比。
- Min、Max:最小、最大灰度值。
- Range:最大、最小灰度值之间的范围。

`intensity(Regions, Image : : : Mean, Deviation)`

- Regions:输入区域。

- Image：输入图像。
- Mean：输出均值。
- Deviation：输出标准差。

3.1.2 图像通道

除了不同的像素类型，还可以使用不同的通道来存储特定的信息。依据图像通道数的不同，可以分为单通道图像、三通道图像、多光谱图像、多通道图像。

单通道图像包含灰度图像和二值图像。灰度图像只能使用灰、白、黑来描述，像素值一般表示局部光照强度的值，即表示图像像素明暗程度的数值。灰度图像中点的颜色深度，范围一般为 0~255，黑色为 0，白色为 255。二值图像只有黑白颜色，0 表示黑色，1 表示白色。

RGB 图像即三通道图像，RGB 代表的是光学三原色，R 代表红色(Red)，G 代表绿色(Green)，B 代表蓝色(Blue)，RGB 图像也称为彩色图像。三通道图像一般存储三个通道的数值，分别表示红色、绿色和蓝色的强度。RGB 颜色模型(彩色图片见文前彩插)如图 3.2 所示，水平 x 轴表示红色，红色程度向左加深；y 轴表示蓝色，蓝色程度向右加深；z 轴表示绿色，绿色程度向上加深；原点为黑色。

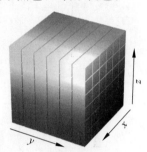

图 3.2　RGB 颜色模型(见彩插)

在机器视觉图像处理中，一般来说，当检测物的颜色对检测结果影响不大或者三原色中单个颜色对检测结果影响很大时，为了减少计算量，一般会将 RGB 图像转进行灰度化或者拆分成三通道的单通道图。在 HALCON 中，可以使用 decompose3()算子将 RGB 图像拆分成三张图，算子原型如下。

```
decompose3(MultiChannelImage : Image1, Image2, Image3 : :)
```

- MultiChannelImage：多通道图像。
- Image1：红色分量上的图。
- Image2：绿色分量上的图。
- Image3：蓝色分量上的图。

也可以使用 rgb1_to_gray()或 rgb3_to_gray()算子将 RGB 图像转换成灰度图。算子原型如下。

```
rgb1_to_gray(RGBImage : GrayImage : :)
```

- RGBImage：输入的彩色图像。
- GrayImage：输出的灰度图像。

```
rgb3_to_gray(ImageRed, ImageGreen, ImageBlue : ImageGray : :)
```

- ImageRed：输入的红色通道图像。
- ImageGreen：输入的绿色通道图像。
- ImageBlue：输入的蓝色通道图像。
- ImageGray：输出的灰度图像。

多光谱图像，是一种多通道图像。利用特殊的相机，可以在一幅图像中存储多种光谱波段，包括来自可见光光谱之外的波段。例如，卫星相机通常会获取多光谱数据，并将其分别存储在多个不同的通道中。

多通道图,除了可以表示光照强度的通道之外,还可以表示其他信息的通道。例如,可以将灰度图与包含图像像素各自深度值的额外通道相结合,那么就可以在3D场景中将其进行可视化。

【例 3-1】 RGB 图像二值化与灰度化处理示例。

```
read_image (image, 'image/patras')
get_image_size (image, Width, Height)
*1.直接灰度化图像
rgb1_to_gray (image, GrayImage)
*2.将 RGB 图像拆分成三种单通道图像,再转换成灰度图像
*2.1 将 RGB 图像转换成三通道的单通道图像
decompose3 (image, ImageR, ImageG, ImageB)
*2.2 将三个通道的图像转换成灰度图像
rgb3_to_gray (ImageR, ImageG, ImageB, ImageGrayB)
write_image (GrayImage, 'jpg', 0, 'image/patras_grayImage')
*二值化图像
binary_threshold (GrayImage, Region, 'max_separability', 'light', UsedThreshold)
region_to_bin (Region, BinImage, 255, 0, Width, Height)
write_image (BinImage, 'jpg', 0, 'image/patras_binImage')
```

程序执行的结果如图 3.3 所示。

(a) 原图　　　　　　　(b) 灰度图　　　　　　(c) 二值图

图 3.3　RGB 图像二值化与灰度化处理执行结果图

▶ 3.1.3　域

域,也称区域,决定了图像在后续操作中使用的图像的面积。为了将处理重点放在感兴趣的区域或加快操作速度,可以将域缩小到图像的相关部分。假设只对图像中的灰度值为 128~200 的图像域感兴趣,则可以选取灰度值为 128~200 的图像域作为研究对象,使其余域的灰度值为 0,如图 3.4 所示。

(a) 阈值图　　　　　　(b) 相应图像区域

图 3.4　灰度值为 128~200 的图像域

域中有一个重要概念——ROI(Region Of Interest,感兴趣区域),是指从被处理的图像中以方框、圆等方式选中需要处理的区域,这个区域就是图像分析所关注的重点。通过这样的方式可以减少计算量,提高效率。

【例 3-2】 ROI 提取示例。

```
read_image(Clip, 'image/clip.png')
*画一个矩形区域
```

```
gen_rectangle1(ROI_0, 39.5585, 62.8354, 211.81, 307.959)
* 将 ROI 之外的区域屏蔽(不改变图像大小)
reduce_domain(Clip, ROI_0, ImageReduced)
* 显示 ROI
dev_display(ImageReduced)
* 将 ROI 裁剪成一幅新的图像(改变了图像大小)
crop_domain(ImageReduced, ImagePart)
```

3.2 图像的预处理

图像的预处理就是在提取目标物之前对图像进行处理,使得提取目标物更为容易。预处理一般包含两个方向:去噪和图像增强。

3.2.1 去噪

由于受到诸如系统噪声、曝光不足等内外部因素的影响,图片中易存在噪声或者不清晰,加大了图像信息处理的难度,因此有必要对图像进行去噪处理。简单地说,去噪就是在尽可能地保留目标特征的条件下对噪声进行抑制。去噪方法分为两大类:空间域方法和频域方法。空间域方法在空间域对图像进行处理,频域方法在频域空间中对图像进行处理。空间域就是把图像看成二维矩阵形式[nWidth,nHeight],或者用二维函数 $f(x,y)$ 表示。空间域也称为时域或图像空间。空间域方法以对图像的像素值直接进行处理为基础,包含均值滤波、中值滤波、高斯滤波等。频域是以空间域频率为自变量描述图像的特征,将一幅图像的像素值在空间上的变化分解成具有不同振幅、空间频率和相位进行表示。频域方法需要将空间域进行傅里叶变换到傅里叶变换空间,再对其值进行处理,最后转换回空间域,包含低通滤波、高通滤波等。

1. 空间域滤波

根据不同的功能可以将空间域方法分为两大类:一类是图像平滑,本质上是通过模糊来消除噪声,包含均值滤波、中值滤波;另一类是图像锐化,本质上是增强被模糊的图像细节信息,包含高斯滤波。

1) 均值滤波

均值滤波是一种线性平滑滤波,其基本原理是在图像中选择一个邻域,用邻域范围内的像素灰度的平均值来代替该邻域中心点像素的灰度值。经过均值滤波可以减小图像灰度的尖锐变化。在认识均值滤波之前,先了解一下邻域的概念。简单地说,邻域就是目标对象的邻居,如图 3.5 所示,P 的邻域为阴影的方格,分别为四邻域和八邻域。

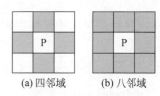

图 3.5 邻域示意图

在理解邻域之后,假设一幅图像 $f(x,y)$ 为 $N \times N$ 阵列,均值滤波后的图像为 $g(x,y)$,滤波后每个像素的灰度值由包含 (x,y) 点邻域的几个像素的灰度值的平均值所决定,因此有

$$g(x,y) = \frac{1}{M} \sum_{(i,j) \in S} f(x,y) \quad (3-1)$$

式(3-1)中,$x,y=0,1,\cdots,N-1$,S 是 $h(x,y)$ 中以点 (x,y) 为中心的邻域的集合,M 是 S 内坐标点的总数。如图 3.6 所示,这里的点 (x,y) 的值为 90,M 为 9(邻域半径 3×3 的矩阵),那么通过均值滤波之后对应的值为 37。

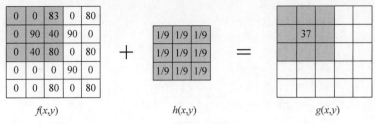

图 3.6 均值滤波示意图

均值滤波的优点是速度快；缺点是均值滤波处理后的图像会变得相对模糊，尤其是边缘和细节部分，其模糊程度与邻域半径有关，半径越大，模糊程度也越大。

在 HALCON 中 mean_image() 算子用于实现均值滤波，其原型如下。

`mean_image(Image : ImageMean : MaskWidth, MaskHeight :)`

- Image：输入的带噪声的图像。
- ImageMean：输出的均值滤波的图像。
- MaskWidth，MaskHeight：掩膜宽度，掩膜高度。即邻域 S 中包含像素的横纵坐标的尺寸，一般选用奇数，如 3、5、7、9、11 等，奇数可以保证中心像素处于邻域的中心。

2）高斯滤波

高斯滤波就是对整幅图像进行加权平均的过程，每个像素点的值都由其本身和邻域的其他像素值进行加权平均计算后得到，适用于消除高斯噪声。HALCON 中 gauss_filter() 算子用于实现高斯滤波，其原型为

`gauss_filter(Image : ImageGauss : Size :)`

- Image：输入的图像。
- ImageGauss：输出经过高斯滤波的图像。
- Size：高斯的尺寸，推荐 3、5、7、9、11。

3）中值滤波

均值滤波和高斯滤波都属于邻域平均法，在对噪声抑制的同时会致使图像边缘模糊。中值滤波属于统计排序滤波方法，其本质是将邻域内的像素灰度值进行排序，用其中值代替中心点像素灰度值的图像平滑方法，适用于处理图像中噪声为孤立点或线段的情况（如椒盐噪声），而且对图像边缘能较好地保护。HALCON 中 median_image() 算子用于实现中值滤波的功能，其原型为

`median_image(Image : ImageMedian : MaskType, Radius, Margin :)`

- Image：输入图像。
- ImageMedian：中值滤波后的图像。
- MaskType：掩膜类。
- Radius：掩膜尺寸。
- Margin：边界处理。

【例 3-3】 空间域滤波示例。

```
dev_close_window()
dev_open_window(0, 0, 400, 400, 'black', WindowHandle)
*读取图像
```

```
read_image(image, 'image/patras')
* 将图像灰度化
rgb1_to_gray(image, GrayImage)
* 添加高斯噪声
gauss_distribution(20, Gs_Distribution)
add_noise_distribution(GrayImage, Gs_ImageNoise, Gs_Distribution)
* 均值滤波
mean_image(Gs_ImageNoise, ImageMean, 5, 5)
* 高斯滤波
gauss_filter(Gs_ImageNoise, ImageGauss, 5)
* 添加椒盐噪声
sp_distribution(3, 3, Sp_Distribution)
add_noise_distribution(GrayImage, Sp_ImageNoise, Sp_Distribution)
* 中值滤波
median_image(Sp_ImageNoise, ImageMedian, 'circle', 3, 'mirrored')
* 关闭窗口,打开窗口并对比显示滤波后的图片
dev_close_window()
dev_open_window(0, 0, 400, 400, 'black', WindowHandle1)
dev_display(ImageMean)
dev_open_window(0, 400, 400, 400, 'black', WindowHandle2)
dev_display(ImageGauss)
dev_open_window(0, 800, 400, 400, 'black', WindowHandle3)
dev_display(ImageMedian)
```

程序执行结果如图 3.7 所示。

(a) 带有高斯噪声　　　(b) 均值滤波后　　　(c) 高斯滤波后

(d) 带有椒盐噪声图　　　(e) 中值滤波后

图 3.7　空间域滤波

2. 频域滤波

一幅数字图像可以定义为 $f(x,y)$,其中,x、y 为平面空间中的坐标值。如果 $f(x,y)$ 的值表示图像在该点的灰度值或者强度值,那么这幅数字图像称为时域图。而在频域中,$f(x,y)$ 的值表示的是图像在该点的灰度变化的剧烈程度,因此,图像灰度均匀的平滑区域主要对应低频部分,而图像中的噪声、边缘、细节等则对应高频部分。在频域中,通过滤除高频或低频成分来达到图像增强的效果。当对图像进行频域滤波时,需要先将图像中时域转换到频域,再在频域中做处理,最后将处理的结果转换回时域。HALCON 中通过 fft_image()算子将图像从时域转换到频域,通过 fft_image_inv()算子将频域转换到时域,还可以使用 fft_generic()算子实现从时域至频域或者从频域至时域的变换,其原型如下。

```
fft_generic(Image : ImageFFT : Direction, Exponent, Norm, Mode, ResultType :)
```

- Image：输入待变换的图像。
- ImageFFT：输出傅里叶变换之后的图像。
- Direction：变换方向，'to_freq'为时域到频域变换；'from_freq'为频域到时域变换。
- Exponent：指数符号。
- Norm：归一化方法。
- Mode：直流分量在频谱中的位置，'dc_center'为频谱中间；'dc_edge'为频谱边缘。
- ResultType：输出的图像类型。

下面介绍常见的低通滤波和高通滤波。

1）低通滤波

噪声主要集中在高频部分，低通滤波的本质是通过低频成分抑制高频成分，进而实现去噪。设原图像为 $f(x,y)$，选择低通滤波器传递函数 $H(u,v)$，通过衰减 $F(u,v)$ 的高频部分来生成 $G(u,v)$，最后进行傅里叶反变换，即可得到低通滤波后的图像 $g(x,y)$。其核心工作原理可表示为式(3-2)：

$$G(u,v) = H(u,v)F(u,v) \tag{3-2}$$

对于同一幅图像来说，采用不同的 $H(u,v)$ 平滑效果也不同，下面介绍三种常见的低通滤波器。

(1) 理想低通滤波器：最简单的低通滤波器，直接"截断"傅里叶变换中所有与变换原点距离比指定距离远 D_0 的高频成分，其变换函数为式(3-3)：

$$H(u,v) = \begin{cases} 1, & D(u,v) \leqslant D_0 \\ 0, & D(u,v) > D_0 \end{cases} \tag{3-3}$$

其中，D_0 为截止频率，$D(u,v)$ 是点 (u,v) 到频率域原点的距离，即

$$D(u,v) = \sqrt{u^2 + v^2} \tag{3-4}$$

其幅频特性曲线如图 3.8 所示。在图像处理中，用理想低通滤波器对图像进行滤波处理，会使滤波后的图像产生"振铃"现象，即在图像灰度剧烈变化处产生振荡。

在 HALCON 中，可以使用 gen_lowpass()算子创建理想的低通滤波器，其具体原型如下。

```
gen_lowpass(: ImageLowpass : Frequency, Norm, Mode, Width, Height :)
```

- ImageLowpass：输入的图像。
- Frequency：截断频率。
- Norm：滤波器归一化因子。
- Mode：直流分量在频域的位置。
- Width：输入图像的宽。
- Height：输入图像的高。

(2) 巴特沃斯低通滤波器：巴特沃思低通滤波器被称为最大平坦滤波器，一个 n 阶巴特沃斯低通滤波器的传递函数为

$$H = \frac{1}{1 + \left(\frac{D(u,v)}{D_0}\right)^{2n}} \tag{3-5}$$

式中，n 为滤波器的阶数，其大小决定了衰减。与理想低通滤波器直接截断不同，巴特沃斯低通滤波器带阻和带通之间有一个平滑的过渡带，因此传递函数是平滑过渡的，其幅频特

性曲线如图 3.9 所示。n 越大,该滤波器越接近理想滤波器,"振铃"现象也越明显。

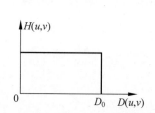
图 3.8　理想低通滤波器幅频特性曲线

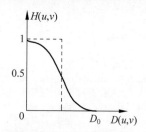
图 3.9　巴特沃斯低通滤波器幅频特性曲线

(3) 高斯低通滤波器:高斯低通滤波器的变换函数可以表示为

$$H(u,v) = e^{\frac{-D^2(u,v)}{2D_0^2}} \tag{3-6}$$

高斯函数的傅里叶变换仍然是高斯函数,所以高斯型滤波器不会产生"振铃"现象。图 3.10 为高斯低通滤波器的幅频特性曲线。

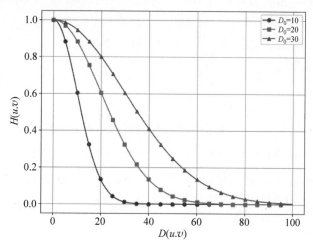
图 3.10　高斯低通滤波器的幅频特性曲线

在 HALCON 中可以通过 gen_gauss_filter()算子来生成高斯滤波器,其算子原型如下。

```
gen_gauss_filter(: ImageGauss : Sigma1, Sigma2, Phi, Norm, Mode, Width, Height :)
```

- ImageGauss:输出的高斯滤波器。
- Sigma1:高斯滤波器在空间域主方向的标准差。
- Sigma2:与主方向垂直方向的标准差。
- Phi:空间域的主方向。
- Norm:滤波器的归一化因子。
- Mode:直流分量在频域的位置。
- Width,Height:输入图像的宽和高。

【例 3-4】　低通滤波示例。

```
dev_close_window()
dev_open_window(0, 0, 400, 400, 'black', WindowHandle)
*读取图片
read_image(GsImagenoise, 'image/Gs_ImageNoise.jpg')
```

```
* 获取图像尺寸大小
get_image_size(GsImagenoise, Width, Height)
*************** 对图像进行低通滤波处理 *******************
* 生成高斯低通滤波器
gen_gauss_filter(ImageGauss, 2, 2, 0, 'none', 'rft', Width, Height)
* 对图像进行傅里叶变换
rft_generic(GsImagenoise, ImageFFT, 'to_freq', 'none', 'complex', Width)
* 用高斯低通滤波器对图像进行平滑滤波
convol_fft(ImageFFT, ImageGauss, ImageConvol)
* 将图像进行傅里叶反变换回时域图
rft_generic(ImageConvol, ImageFFT1, 'from_freq', 'sqrt', 'real', Width)
```

2）高通滤波

图像的边缘信息对应图像频谱的高频部分，高频部分的削弱会致使图像模糊，所以采用高通滤波法使图像中高频分量顺利通过，同时抑制低频分量，就可以突出图像的边缘信息，实现图像的锐化。在频域中实现高通滤波法的表达式与低通滤波法一致。下面介绍三种经典的高通滤波器：理想高通滤波器、巴特沃斯高通滤波器、高斯高通滤波器。

(1) 理想高通滤波器：理想高通滤波器的变换函数为式(3-7)，其中，D_0 为截止频率，$D(u,v)$ 是点 (u,v) 到频率域原点的距离，其幅频特性曲线如图 3.11 所示。

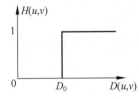

图 3.11 理想高通滤波器
幅频特性曲线

$$H(u,v) = \begin{cases} 0, & D(u,v) \leqslant D_0 \\ 1, & D(u,v) > D_0 \end{cases} \quad (3\text{-}7)$$

HALCON 中使用 gen_highpass() 算子生成理想高通滤波器，其算子原型如下。

```
gen_highpass(: ImageHighpass : Frequency, Norm, Mode, Width, Height :)
```

- ImageHighpass：输入的图像。
- Frequency：截断频率。
- Norm：滤波器归一化因子。
- Mode：直流分量在频域的位置。
- Width：输入图像的宽。
- Height：输入图像的高。

(2) 巴特沃斯高通滤波器：巴特沃斯高通滤波器的转移函数为式(3-8)，其幅频特性曲线如图 3.12 所示。

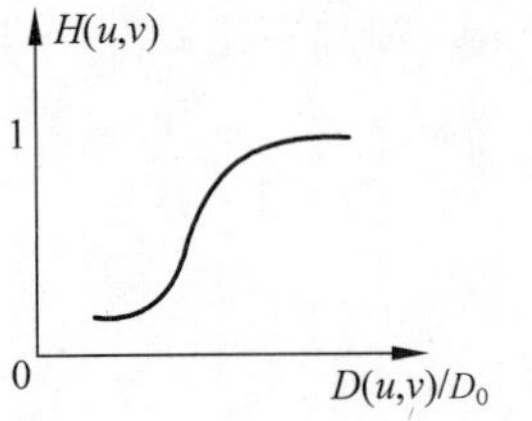

$$H = \frac{1}{1+\left(\dfrac{D_0}{D(u,v)}\right)^{2n}} \quad (3\text{-}8)$$

图 3.12 巴特沃斯高通滤波器
幅频特性曲线

(3) 高斯高通滤波器：高斯高通滤波器的变换函数如式(3-9)所示，其幅频特性曲线如图 3.13 所示。

$$H(u,v) = 1 - e^{\frac{-D^2(u,v)}{2D_0^2}} \quad (3\text{-}9)$$

在 HALCON 中，没有直接生成高斯高通滤波器的算子，但是从式(3-9)中可以发现，高斯高通滤波器就是一幅图像像素值为 1 的图与高斯低通滤波器相减的结果，具体应用可以参考案例 3-5。

【例 3-5】 高斯高通滤波示例。

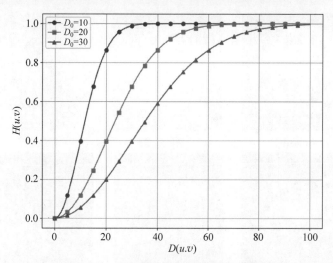

图 3.13 高斯高通滤波器幅频特性曲线

```
dev_close_window ()
* 读取图像
read_image(Image, 'image/brake_disk_bike_01.png')
* 获取图像尺寸大小
get_image_size(Image, Width, Height)
dev_open_window(0, 0, Width, Height, 'black', WindowHandle)
dev_display(Image)
* 构造一个高斯低通滤波器
gen_gauss_filter(ImageGauss, 0.1, 0.1, 0, 'none', 'dc_center', Width, Height)
* 构造一个值为1的实数型图
gen_image_const(Image1, 'real', Width, Height)
paint_region(Image1, Image1, ImageResult, 1, 'fill')
* 实数型图与高斯低通滤波器相减得到高斯高通滤波器
sub_image(ImageResult, ImageGauss, ImageSub, 1, 0)
* 傅里叶变换,得到所需要高斯高通处理图像在频域里的图
fft_generic(Image, ImageFFT, 'to_freq', -1, 'none', 'dc_center', 'complex')
* 用高通滤波器实现滤波
convol_fft(ImageFFT, ImageSub, ImageConvol)
* 从频域反变换回时域
fft_generic(ImageConvol, ImageFFT1, 'from_freq', 1, 'sqrt', 'dc_center', 'byte')
```

程序执行结果如图 3.14 所示。

3.2.2 图像增强

图像增强的目的是让检测物与非检测物有更为明显的区别,在 HALCON 中有以下几种方法可以实现图像增强。

1. 灰度线性变换

在 HALCON 中,scale_image()算子用于实现灰度线性变换,其算子原型为

```
scale_image(Image : ImageScaled : Mult, Add :)
```

- Image:输入的图像。
- ImageScaled:经过灰度线性变换后输出的图像。
- Mult:缩放因子。
- Add:偏移量。

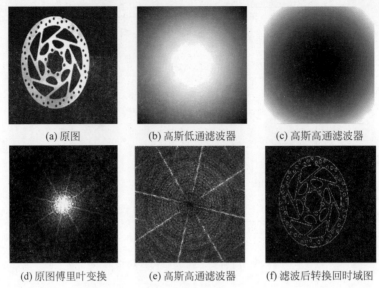

(a) 原图　　(b) 高斯低通滤波器　　(c) 高斯高通滤波器

(d) 原图傅里叶变换　　(e) 高斯高通滤波器　　(f) 滤波后转换回时域图

图 3.14　高斯高通滤波检测过程

实现原理如式(3-10)所示。

$$g' = g \times \mathrm{Mult} + \mathrm{Add} \tag{3-10}$$

实际上就是将输入图像的像素值缩放 Mult 倍,然后偏移一定量,在缩放和偏移的过程中会放大像素之间的差异性,进而达到增强的效果。

HALCON 也可以使用 scale_image_max()算子计算图像像素的最大值和最小值,按照最大值比例化各个像素,将灰度值拉伸到 0~255。

在 HALCON 中,也可以使用 invert_image()算子反转图像像素值,如像素值 0 为黑色反转为白色,像素值 255 为白色反转为黑色。

2. 灰度非线性变换

对图像进行灰度非线性变换主要有两种方法,一种是进行对数变换,另一种是进行指数变换。在 HALCON 中,可以使用 log_image()算子对图像进行对数变换,用于提高暗部的像素值;使用 exp_image()对图像进行指数变换,用于提高亮部的像素值。其算子原型分别为

`log_image(Image : LogImage : Base :)`

- Image:输入图像。
- LogImage:输出图像。
- Base:底数,默认为'e',还可以是 2、10。

`exp_image(Image : ExpImage : Base :)`

- Image:输入图像。
- ExpImage:输出图像。
- Base:指数,默认为'e',还可以是 2、10。

3. 图像对比度与照明度的增强

在 HALCON 中,还可以对图像的高频区域(如拐角和边缘)进行增强,使得图像看起来更为清晰。可以使用 emphasize()算子增强图像的对比度;使用 illuminate()算子增强图像的照明度。它们的算子原型分别为

```
emphasize(Image : ImageEmphasize : MaskWidth, MaskHeight, Factor :)
```

- Image:输入图像。
- ImageEmphasize:输出图像。
- MaskWidth:低通掩模的宽度。
- MaskHeight:高通掩模的宽度。
- Factor:对比度强调的强度。

```
illuminate(Image : ImageIlluminate : MaskWidth, MaskHeight, Factor :)
```

- Image:输入图像。
- ImageIlluminate:输出图像。
- MaskWidth:低通掩模的宽度。
- MaskHeight:低通掩模的高度。
- Factor:缩放添加到原始灰度值的"校正灰度"。

小技巧 emphasize()算子的低通掩模的宽度和高通掩模的宽度设置为背景与目标物灰度值差值的2倍加1,即假设背景与目标物的灰度差值为10,那么低通掩模的宽度和高通掩模的宽度设置为21,可以达到较好的增强效果。

4. 直方图均衡化

通过直方图的线性化,可以增强图像的对比度,HALCON中使用equ_histo_image()算子实现,原理为:

$$f(x) = 255 \sum_{x=0\ldots g} h(x) \tag{3-11}$$

算子原型为

```
equ_histo_image(Image : ImageEquHisto : :)
```

- Image:输入图像。
- ImageEquHisto:输出图像。

5. 灰度图像的形态学

形态学的运算主要包含腐蚀、膨胀、开运算、闭运算、顶帽变换等。在HALCON中可以使用gray_erosion_rect()算子进行灰度腐蚀,降低亮度,消除白点;使用gray_dilation_rect()算子进行灰度膨胀,增加亮度,消除黑点;使用gray_opening()算子进行灰度开运算,灰度先腐蚀再膨胀,用于去除孤立的白点;使用gray_closing()算子进行灰度闭运算,灰度先膨胀再腐蚀,用于去除孤立的黑点。

6. 图像之间的加减乘除操作

图像之间的加减乘除操作也可以达到图像增强的效果。HALCON中对图像进行加减乘除的算子原型如下。

```
add_image(Image1, Image2 : ImageResult : Mult, Add :)
```

- Image1:输入图像1,加数。
- Image2:输入图像2,加数。
- ImageResult:加法操作后的输出图像。
- Mult:灰度值适应因子,范围为-255~255。
- Add:灰度值范围自适应值,值为0~512。

sub_image(ImageMinuend, ImageSubtrahend : ImageSub : Mult, Add :)

- ImageMinuend：输入图像 1，被减数。
- ImageSubtrahend：输入图像 2，减数。
- ImageSub：相减后的输出图像。
- Mult：修正系数，范围为 -255~255。
- Add：校正值，值为 0~512。

mult_image(Image1, Image2 : ImageResult : Mult, Add :)

- Image1：输入图像 1，乘数。
- Image2：输入图像 2，乘数。
- ImageResult：两图像相乘之后的输出图像。
- Mult：灰度值适应因子，范围为 -255~255。
- Add：灰度值范围自适应值，值为 0~512。

div_image(Image1, Image2 : ImageResult : Mult, Add :)

- Image1：输入图像 1，被除数。
- Image2：输入图像 2，除数。
- ImageResult：两图像相除之后的输出图像。
- Mult：灰度值适应因子，范围为 -1000~1000。
- Add：灰度值范围自适应值，值为 -1000~1000。

【例 3-6】 图像增强示例。

```
dev_close_window ()
read_image(Image, 'image/alpha1.png')
get_image_size(Image, Width, Height)
dev_open_window(0, 0, Width, Height, 'black', WindowHandle)
dev_display(Image)
*灰度线性变换-方式 1
scale_image(Image, ImageScaled, 1.5, 30)
*灰度线性变换-方式 2
scale_image_max(Image, ImageScaleMax)
*反转像素值
invert_image(Image, ImageInvert)
*灰度非线性变换-对数
log_image(ImageInvert, LogImage, 'e')
*灰度非线性变换-指数
exp_image(Image, ExpImage, 2)
*增强图像的对比度和照明度
*增强对比度
emphasize(Image, ImageEmphasize, 101, 101, 10)
*增强照明度
illuminate(ImageInvert, ImageIlluminate, 101, 101, 3)
*直方图均衡化
equ_histo_image(Image, ImageEquHisto)
```

程序执行结果如图 3.15 所示。

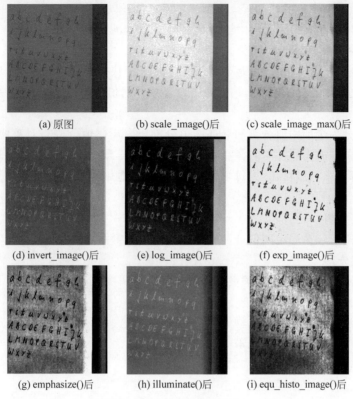

(a) 原图　　(b) scale_image()后　　(c) scale_image_max()后
(d) invert_image()后　　(e) log_image()后　　(f) exp_image()后
(g) emphasize()后　　(h) illuminate()后　　(i) equ_histo_image()后

图 3.15　图像增强过程图

3.3　图像分割

一般来说,在图像处理中,并不是一整幅图像的所有像素都是人们感兴趣的像素,人们往往只是对某一部分的区域感兴趣,那么为了得到这部分区域,就需要对图像进行分割。图像分割的方法包含阈值分割、区域生长、分水岭分割。

▶ 3.3.1　阈值分割

阈值分割法是一种传统的图像分割方法,是基于区域的图像分割技术,不仅可以极大地压缩数据量,而且大大简化了分析和处理步骤。

阈值分割本质上是设定一个最大阈值和最小阈值,在这个阈值范围内的像素就被提取,不在范围内的就被忽略。图像的阈值分割主要利用检测目标与背景在灰度上的差异,选取一个或多个灰度阈值,然后把每个像素点的灰度值和确定的阈值相比较,对比比较结果进行分类,用不同的数值分别标记不同类别的像素,从而生成二值图像。

阈值分割操作被定义为

$$S = \{(r,c) \in R \mid g_{\min} \leqslant f_r,\ c \leqslant g_{\max}\} \tag{3-12}$$

由式(3-12)可知,阈值分割将图像内灰度值处于某一指定灰度值范围内的像素值选中到区域 S 中。如果光照能保持恒定,系统设置好阈值 $g_{\min}$ 和 $g_{\max}$ 后就可以永远不用再进行调整了。

阈值分割可总结为以下三步。

（1）确定阈值。
（2）将阈值与像素灰度值进行比较。
（3）将符合条件的像素进行归类。

阈值分割的优点是计算简单、运算效率较高、速度快。阈值分割的难点主要是阈值的确定，阈值选取过高，容易把部分目标误判为背景；阈值选取过低，又容易将背景误判为目标。

阈值分割可分为全局阈值分割和局部阈值分割。全局阈值分割是对整幅图像进行分割，它适用于每一幅图像的光照都均匀分布，或多幅图像有一致照明的环境。局部阈值分割则基于邻域，通过局部像素灰度对比，为每个像素计算阈值，适用于图像背景灰度复杂或待测目标有阴影的情况。

1. 全局阈值分割

全局阈值分割法包括固定阈值分割和自适应阈值分割两大类。

1）固定阈值分割

固定阈值分割中，阈值选取是关键。在背景和前景灰度差异明显时，这样的图像一般具有明显谷底，可以使用直方图谷底法进行阈值分割。

直方图谷底法是从背景中提取物体的一种方法，它选择两峰之间的谷底对应的灰度值 T 作为阈值进行图像分割。T 值的选取如图 3.16 所示。

分割后的图像 $g(x,y)$ 如式(3-13)所示，$g(x)$ 为阈值运算后的图像。将像素点的灰度值小于 T 的像素点灰度值设为 0，将像素点的灰度值大于或等于 T 的像素点灰度值设为 255。

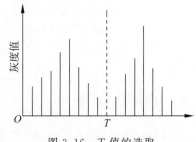

图 3.16 T 值的选取

$$g(x) = \begin{cases} 255, & f(x,y) \geqslant T \\ 0, & f(x,y) < T \end{cases} \quad (3\text{-}13)$$

固定阈值分割简单易操作，是在实际图像处理过程中最常用的方法。但是该方法只有在灰度值不变的情况下才有较好的效果，当光照发生变化时，图像的灰度值就会发生变化，此时使用固定阈值分割的效果就不太理想。

在 HALCON 中，通过 threshold()算子实现该方法，其原型如下。

```
threshold(Image : Region : MinGray, MaxGray :)
```

- Image：输入图像。
- Region：分割后的区域。
- MinGray：最小阈值。
- MaxGray：最大阈值。

2）自适应阈值分割

固定阈值是靠人对图像灰度的感知确定的，当图像灰度值在采集过程中发生轻微变化时，肉眼难以察觉。在连续采集图像时，图像的灰度也是动态变化的。为了能消除人工设定阈值的主观性，并且适应在采集过程中的环境变化，可以运用自适应阈值分割。自适应阈值分割是基于图像的灰度直方图来确定灰度阈值。在 HALCON 中使用 auto_threshold()算子进行自动阈值分割处理，该算子可以对单通道图像进行多重阈值处理，其原理是以直方图出现的谷底为分割点，对灰度直方图的波峰进行处理，算子原型如下。

```
auto_threshold(Image : Regions : Sigma : )
```

- Image：输入图像。
- Regions：分割后的输出区域。
- Sigma：对灰度直方图进行高斯平滑的核的大小。Sigma 的值越大，平滑效果越显著，直方图波峰越少，分割出的区域也越少；反之，Sigma 的值越小，直方图平滑的效果越不明显，分割的次数也越多。一般取 0.0、0.5、1.0、2.0、3.0、4.0、5.0，默认为 2.0。

除了 auto_threshold()算子外，还有 binary_threshold()算子对直方图波峰图像进行自适应阈值分割，适用于在比较亮的背景图像上提取比较暗的目标物。算子原型如下。

```
binary_threshold(Image : Region : Method, LightDark : UsedThreshold)
```

- Image：输入图像。
- Region：分割后的输出区域。
- Method：分割的方法，'max_separability'为最大类间方差法，'smooth_histo'为平滑直方图二分法。
- LightDark：选择提取的是前景还是背景，假如是前景，则选择'light'，否则选择'dark'。
- UsedThreshold：输出自动阈值分割使用的阈值。

2. 局部阈值分割

有时在一幅图像中找不到合适的阈值来全局分割背景和前景，但是在局部区域中，背景和前景又有较为明显的区别。此时，可以通过局部阈值分割来进行区域提取。局部阈值分割又称为局部自适应阈值分割或可变阈值处理。这种方法在像素的某一邻域内以一个或多个指定像素的特性(如灰度范围、方差、均值或标准差)为图像中的每一点计算阈值。一般来说，邻域的尺寸略大于要分割的最小目标即可。

在 HALCON 中通过 dyn_threshold()算子实现局部阈值分割。该算子利用邻域，通过局部灰度对比，找到一个合适的阈值进行分割，适用于灰度背景复杂，前景灰度与背景灰度不能明显区分的情况。

其应用步骤一般分为三步。首先，读取原始图像；然后，使用平滑滤波器对原始图像进行适当平滑；最后，使用 dyn_threshold()算子比较原始图像与均值处理后的图像局部像素差异，将差异大于设定值的点提取出来，如图 3.17 所示。

图 3.17 动态阈值分割流程图

算子原型如下。

```
dyn_threshold(OrigImage, ThresholdImage : RegionDynThresh : Offset, LightDark :)
```

- OrigImage：输入图像。
- ThresholdImage：输入的预处理后的图像，用于做局部灰度对比。
- RegionDynThresh：分割后的输出区域。
- Offset：输入的应用于阈值图像的偏移量，它是将原图与输入的预处理图像做对比后设定的值，灰度差异大于该值的将被提取出来。

- LightDark：确定提取的是哪部分区域的参数，有'dark'、'equal'、'light'和 'not_equal' 4个选择。
- light：原图中大于或等于预处理图像像素点值加上 offset 值的像素被选中。
- dark：原图中小于或等于预处理图像像素点值减去 offset 值的像素被选中。
- equal：原图中像素点大于预处理图像像素点值减去 offset 值，小于预处理图像像素点值加上 offset 值的点被选中。
- not equal：与 equal 相反，它的提取范围在 equal 范围以外。

▶ 3.3.2 区域生长

区域生长法的基本思想是将一幅图像中具有相似性质的像素聚集起来构成区域。首先在图像上选定一个"种子"像素或者"种子"区域，然后以种子像素为生长点，从邻域像素开始搜寻，接着比较种子周围像素与种子相邻像素的相似性，将有相同或相似性质的像素（根据某种事先确定的生长或相似准则来判断）合并到种子像素所在的区域中。最后将这些新像素作为新的种子像素继续进行上述操作，直到没有满足条件的像素为止，以此达到目标物体分割的目的。

区域生长法总结为以下三个步骤：①选择合适的种子像素；②确定区域生长准则；③确定区域生长的终止条件。区域生长法的关键是种子像素的选取，选择不同的种子像素会导致不同的分割结果。在 HALCON 中，使用 regiongrowing()算子和 regiongrowing_mean()算子实现区域生长法。其算子原型分别如下。

regiongrowing(Image : Regions : RasterHeight, RasterWidth, Tolerance, MinSize :)

- Image：输入图像。
- Regions：分割后的输出区域。
- RasterHeight，RasterWidth：矩形区域的宽、高，一般默认为奇数。
- Tolerance：灰度差值的分割标准，默认为 6.0。Tolerance 是指当像素点的灰度与种子区域的灰度值在该范围内时，则将它们合并为同一区域。
- MinSize：输出区域的最小像素数，默认为 100。

regiongrowing_mean(Image : Regions : StartRows, StartColumns, Tolerance, MinSize :)

- Image：输入图像。
- Regions：分割后的输出区域。
- StartRows，StartColumns：起始生长点的坐标。
- Tolerance：灰度差值的分割标准，默认为 5.0。
- MinSize：输出区域的最小像素值，默认为 100。

与 regiongrowing 不同，该算子指明了起始生长点坐标(x,y)，其生长终止条件有两种：一是区域边缘的灰度值与当前均值图中对应的灰度值的差小于 Tolerance 参数的值；二是区域包含的像素数应大于 MinSize 参数的值。

【例 3-7】 区域生长法示例。

```
*读取图像
read_image(Image, 'image/fabrik')
*对图像进行均值处理,选用 circle 类型的中值滤波器
```

```
median_image(Image, ImageMedian, 'circle', 2, 'mirrored')
* 使用 regiongrowing 算子寻找颜色相近的邻域
regiongrowing(ImageMedian, Regions, 1, 1, 2, 5000)
* 对图像进行区域分割,提取满足各个条件的各个独立区域
shape_trans(Regions, Centers, 'inner_center')
connection(Centers, SingleCenters)
* 计算出初步提取的区域的中心点坐标
area_center(SingleCenters, Area, Row, Column)
* 以均值灰度图像为输入,进行区域增长计算,计算的起始坐标为上一步的各区域中心
regiongrowing_mean(ImageMedian, RegionsMean, Row, Column, 25, 100)
```

程序执行结果(彩色图片见文前彩插)如图 3.18 所示。

(a) 原图　　　　　(b) regiongrowing()后　　　(c) regiongrowing_mean()后

图 3.18　区域生长法程序执行结果图(见彩插)

3.3.3　分水岭分割

"分水岭"这个名字与一种地貌特点有关,是一种基于拓扑理论的数学形态学的分割方法。它的思想是将图像的灰度看作起伏的地图,图像中的每一点像素的灰度值表示该点的海拔高度,高灰度值代表山脉,低灰度值代表盆地,每一个局部极小值及其影响区域称为集水盆,而集水盆的边界则形成分水岭。分水岭算法是一种典型的基于边缘的图像分割算法,将在空间位置相近并且灰度值相近的像素点互相连接起来构成一个封闭的轮廓,封闭性是分水岭算法的一个重要特征,对微弱的边缘有着良好的响应,但图像中的噪声会使分水岭算法产生过度分割的现象。

HALCON 中使用 watersheds()算子和 watersheds_threshold()算子实现图像的分水岭分割。其算子原型分别如下。

```
watersheds(Image : Basins, Watersheds : :)
```

- Image:输入图像,图像类型只能是 byte、uint2 和 real。
- Basins:盆地区域。
- Watersheds:分水岭区域(至少有一个像素宽度)。

```
watersheds_threshold(Image : Basins : Threshold :)
```

- Image:输入图像。
- Basins:盆地区域。
- Threshold:分割时的阈值。

【例 3-8】　分水岭分割示例。

```
* 获取图像
read_image(Br2, 'image/particle')
```

```
* 对单通道图像进行高斯平滑处理,去除噪声
gauss_filter(Br2, ImageGauss, 9)
* 将图像颜色进行反转
invert_image(ImageGauss, ImageInvert)
* 对高斯平滑后的图像进行分水岭处理与阈值分割,提取出盆地区域
watersheds(ImageInvert, Basins, Watersheds)
watersheds_threshold(ImageInvert, Basins1, 30)
```

程序执行结果如图 3.19 所示。

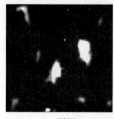
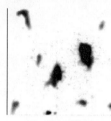

(a) 原图　　　　　(b) 反转后的图　　　　(c) 分水岭区域　　　　(d) 分割后的盆地

图 3.19　分水岭算法分割实例图

习题

3.1　什么是数字图像？常见的数字图像的格式有哪些？

3.2　什么是 ROI？

3.3　去噪的方法可以分为几类？常见有哪些方法？

3.4　图像分割有哪些方法？

第4章 区域

区域(Region)指的是图像中包含某些特性的部分,是图像的一个子集。本章主要介绍区域的特征、区域的形态学变换、区域的集合操作以及如何进行区域的特征筛选。涉及的知识点如下。

- 基础知识:区域与像素之间的关系。
- 区域的特征:区域的基础特征、形状特征和几何矩特征,如何获取这些特征信息。
- 形态学:腐蚀、膨胀、开运算和闭运算。
- 区域的集合操作:交集、差集、并集、补集和对称差异。
- 区域的特征筛选:如何使用工具"特征直方图"来进行特征的筛选。

4.1 区域与像素的关系

视频讲解

区域是一个二值化的结构,没有灰度的概念,只包含"选中"和"未选中"的像素点。具体来说,区域是离散平面的一个子集,包含的是图像中满足特定条件的像素点的坐标。这个连续的像素集合可以是任何形状,如矩形、圆形、任意形状的闭合曲线等。

图像是一个矩阵,矩阵中的各元素就是像素点,元素的值就是像素值,值的范围一般是0~255。而区域也是一个矩阵,但是其中的元素值只有0和1,0代表该像素点未被选中,反之就是被选中,区域矩阵中的元素与图像一一对应,所以说区域包含像素点的坐标信息。

打个比方,图像就是一个班级内坐在座位上的学生,像素值为学生考试的成绩,如果手上有一份A级学生的名单,这份名单就代表了一个区域,其内包含的学号也就是像素点的坐标,在名单内的学生都满足一个特性——成绩在A级区间内。当然,根据不同的特性得到的区间也不同,就好比数学成绩好的学生,语文成绩不一定好。

区域在图像处理中的作用主要有以下几方面。

(1) 目标检测和定位:通过识别和定位图像中的特定区域,可以确定目标对象的位置和大小。这对于后续的图像分析和处理非常重要。

(2) 特征提取:通过对区域进行特征提取,可以得到有关目标对象的更多信息,如颜色、纹理、形状等。这些特征可以用于分类、识别等任务。

(3) 图像分割:区域可以用于将图像分割成多个部分,每个部分代表一个特定的对象或特征。这种分割方法可以简化图像处理过程,提高处理效率。

(4) 目标跟踪和识别:通过识别和跟踪图像中的特定区域,可以对目标对象进行跟踪和识别,实现机器视觉的应用。

4.2 基础形状区域的创建

根据是否依据图像特征来区分,区域的获取方式一般分为两种,一是通过定义区域形状,给定参数来生成区域;二是通过图像的特征来进行提取,也就是图像分割,一般是使用

threshold()算子或者用灰度直方图工具来实现,前面部分有介绍,这里就不再赘述。本节主要介绍如何创建一个 ROI。

在 HALCON 中可以通过下面的操作来生成区域。

第一步:首先在想生成区域的图像显示窗口的上方找到"创建新的 ROI"按钮,如图 4.1 所示的①区域。

第二步:在弹出的窗口上方就可以选择区域的形状,如图 4.1 所示的②区域所示,选中其中的一种后,就可以在图 4.1 中③区域的显示窗口中进行区域的绘制,单击鼠标左键进行绘制,单击右键结束绘制。

第三步:完成区域的绘制后,就会发现图 4.1 的④处出现刚才所绘制的区域的参数,包含区域坐标、区域大小等信息。然后单击图 4.1 中⑤处的"在程序中插入代码"按钮,就会在代码区看到生成区域的代码。

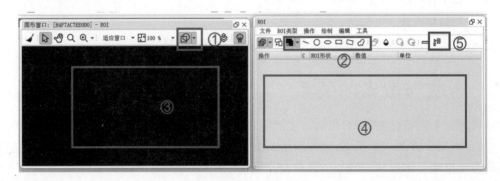

图 4.1 绘制 ROI

既然最终是要生成代码,所以也可直接通过代码来生成区域。下面是 HALCON 中常用的生成区域的算子。

* 生成圆形区域
gen_circle(: Circle : Row, Column, Radius :)

- Circle:输出的圆形区域。
- Row,Column:圆心坐标。
- Radius:圆的半径。

* 生成平行坐标轴的矩形区域
gen_rectangle1(: Rectangle : Row1, Column1, Row2, Column2 :)

- Rectangle:输出的矩形区域。
- Row1,Column1:矩形区域的第一个角点坐标。
- Row2,Column2:矩形区域的第二个角点坐标。

* 生成任意方向的矩形区域
gen_rectangle2(: Rectangle : Row, Column, Phi, Length1, Length2 :)

- Rectangle:输出的矩形区域。
- Row,Column:矩形区域的中心点坐标。
- Phi:矩形区域的第一边与水平线的角度,弧度制。
- Length1,Length2:矩形区域的一半长和一半宽。

* 生成椭圆形区域
gen_ellipse(: Ellipse : Row, Column, Phi, Radius1, Radius2 :)

- Ellipse：输出的椭圆区域。
- Row,Column：椭圆区域的中心坐标。
- Phi：椭圆区域较长半径轴的角度。
- Radius1：椭圆区域的长半径。
- Radius2：椭圆区域的短半径。

4.3 区域的集合操作

数字图像处理的形态学运算中常把一幅图像或者图像中一个感兴趣的区域称作集合。集合用 A、B、C 等表示，而元素通常是指单个像素，用该元素在图像中的整型位置坐标 $z=(z_1,z_2)$ 来表示，这里 $z\in Z^2$，其中，Z^2 为二元整数序偶对的集合。下面介绍一些集合论中重要的集合关系。

1. 集合与元素的关系

属于与不属于：对于某一个集合 A，若点 a 在 A 之内，则称 a 是属于 A 的元素，记作 $a\in A$；反之，若点 b 不在 A 内，称 b 是不属于 A 的元素，记作 $b\notin A$，如图 4.2 所示。

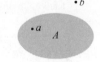

图 4.2 集合与元素的关系

2. 集合与集合的关系

并集：$C=\{z|z\in A$ 或 $z\in B\}$，记作 $C=A\cup B$，即 A 与 B 的并集 C 包含集合 A 与集合 B 的所有元素，如图 4.3(a)所示。

交集：$C=\{z|z\in A$ 且 $z\in B\}$，记作 $C=A\cap B$，即 A 与 B 的交集 C 包含同时属于 A 与 B 的所有元素，如图 4.3(b)所示。

补集：$A^c=\{z|z\notin A\}$，即 A 的补集是不包含 A 的所有元素组成的集合，如图 4.3(c)所示。

差集：$A-B=\{z|z\in A,z\notin B\}$，即 A 与 B 的差集由所有属于 A 但不属于 B 的元素构成，如图 4.3(d)所示。

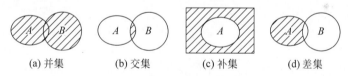

(a) 并集　　(b) 交集　　(c) 补集　　(d) 差集

图 4.3 集合与集合的关系

在 HALCON 中的关于集合的运算算子如表 4.1 所示，其中的对称差异含义与交集正好相反，交集是求两者相同的区域，对称差异是求两者不同的区域。

表 4.1 在 HALCON 中的关于集合的运算算子

名　称	相应算子	备　注
交集	intersection(Region1，Region2：RegionIntersection：) Region1：输入第一个区域 Region2：输入第二个区域 RegionIntersection：输出两者相交的区域	RegionIntersection＝Region1∩Region2
对称差异	symm_difference(Region1，Region2：RegionDifference：) Region1：输入的第一个区域 Region2：输入的第二个区域 RegionDifference：输出两者运算后的区域	RegionDifference＝(Region1∪Region2)－(Region1∩Region2)

续表

名称	相应算子	备注
差集	difference(Region, Sub : RegionDifference :) Region：被减区域 Sub：减去区域 RegionDifference：输出两者相减的区域	RegionDifference=Region－Sub
并集	union1(Region : RegionUnion :) Region：输入区域的集合 RegionUnion：输出集合内所有集合的并集	Region=［Region1,Region 2,…］ RegionUnion=Region1∪Region2∪…
并集	union2(Region1, Region2 : RegionUnion :) Region1：输入的第一个区域 Region2：输入的第二个区域 RegionUnion：输出两者合并的区域	RegionUnion=Region1∪Region2
补集	complement(Region : RegionComplement :) Region：输入的区域 RegionComplement：输出与输入区域互补的区域	RegionComplement=整个窗口的区域－Region

4.4 形态学运算

视频讲解

关于区域的一个重要知识点就是形态学变换。对于初学者来说，先了解腐蚀、膨胀、开运算和闭运算这4个相对基础的知识点就可以了，其中最基础的就是腐蚀和膨胀，开运算和闭运算是由腐蚀和膨胀组合而来的，而其他的像顶帽和黑帽，是由开运算和闭运算演变而来的，可以等以后有需要再进行学习。

▶ 4.4.1 腐蚀

腐蚀，字面理解就是让物体变小，在这里同样适用。腐蚀就是根据结构元素的形状大小及结构元素的参考点让区域从边缘向内变小的操作。

1. 理论基础

作为 Z^2 中的集合 A 和 B，集合 A 被集合 B 腐蚀表示为 $A\Theta B$，数学形式为

$$A\Theta B = \{z \mid (B_z) \subseteq A\} \tag{4-1}$$

式中，A 称为输入图像，B 称为结构元素。该式指出 B 对 A 的腐蚀是一个用 z 平移的 B 包含在 A 中所有点 z 的集合。腐蚀可以消除图像边界点，是边界向内部收缩的过程，原理如图4.4所示。

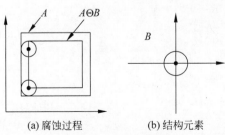

(a) 腐蚀过程　　(b) 结构元素

图 4.4　腐蚀示意图

二值图像的腐蚀过程如图 4.5 所示,依次将图 4.5(b)的参考点与图 4.5(a)上的每个像素对齐,如果结构元素上的所有点都与图 4.5(a)中黑色区域重合,则与参考点重合的位置的像素为黑;反之,只要有一个点没有重合,则与参考点重合的位置的像素为白。

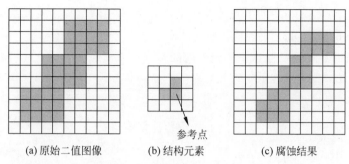

图 4.5 二值图像的腐蚀过程

2. HALCON 中的腐蚀运算

对区域进行腐蚀、膨胀操作时需要使用结构元素,它的形状和大小都可以根据操作的需求创建,形状可以是圆形、矩形、椭圆形,甚至可以是不规则的图形。可以用前面提到的创建区域的算子来生成结构元素。

在 HALCON 中关于腐蚀的相关算子如下。

(1) 使用圆形结构元素对区域进行腐蚀操作。

`erosion_circle(Region : RegionErosion : Radius :)`

- Region:要进行腐蚀操作的区域。
- RegionErosion:腐蚀后获得的区域。
- Radius:圆形结构元素的半径。

(2) 使用平行坐标轴的矩形结构元素对区域进行腐蚀操作。

`erosion_rectangle1(Region : RegionErosion : Width, Height :)`

- Region:要进行腐蚀操作的区域。
- RegionErosion:腐蚀后获得的区域。
- Width、Height:矩形结构元素的宽和高。

(3) 使用生成的结构元素对区域进行腐蚀操作。

`erosion1(Region, StructElement : RegionErosion : Iterations :)`

- Region:要进行腐蚀操作的区域。
- StructElement:生成的结构元素。
- RegionErosion:腐蚀后获得的区域。
- Iterations:迭代次数,即腐蚀的次数。

(4) 用生成的结构元素对区域进行腐蚀操作(可设置参考点位置)。

`erosion2(Region, StructElement : RegionErosion : Row, Column, Iterations :)`

- Region:要进行腐蚀操作的区域。
- StructElement:生成的结构元素。

- RegionErosion：腐蚀后获得的区域。
- Row、Column：设置参考点位置坐标。
- Iterations：迭代次数，即腐蚀的次数。

算子 erosion1 与 erosion2 的不同之处在于，erosion1 一般选择结构元素中心为参考点，而 erosion2 进行腐蚀的时候可以对参考点进行设置。

【例 4-1】 利用不同的腐蚀算子得到不同的腐蚀结果实例。

```
dev_close_window()
*获取图像
read_image(Image, 'image/腐蚀.png')
*将图像转换为灰度图像
rgb1_to_gray(Image, GrayImage)
*将图像通过阈值处理转换为二值化图像
threshold(GrayImage, Regions, 0, 239)
*使用半径为3的圆形结构腐蚀得到区域
erosion_circle(Regions, RegionErosionCircle, 3)
*使用长宽均为3的矩形结构元素腐蚀得到区域
erosion_rectangle1( Regions, RegionErosionRectangle, 3, 3)
*生成短轴2、长轴3的椭圆形区域，作为结构元素
gen_ellipse(Ellipse, 100, 100, 0, 2, 3)
*使用生成的椭圆形结构元素腐蚀得到区域
erosion1(Regions, Ellipse, RegionErosion1, 1)
*使用生成的椭圆形结构元素腐蚀得到区域(可设置参考点)
*参考点设置为椭圆中心往下偏移20px
erosion2(Regions, Ellipse, RegionErosion2, 120, 100, 1)
*设置不自动更新窗口
dev_update_window('off')
*获取图像的尺寸
get_image_size(Image, Width, Height)
*显示原图像
dev_open_window(0, 0, Width, Height, 'black', WindowHandle)
dev_display(Image)
dev_disp_text('原始图像', 'window', 'top', 'left', 'black', [], [])
*二值化结果
dev_open_window(0, Height + 10, Width, Height, 'black', WindowHandle1)
dev_display(Regions)
dev_disp_text('二值化结果', 'window', 'top', 'left', 'black', [], [])
*圆形结构腐蚀结果
dev_open_window(0, (Height + 10) * 2, Width, Height, 'black', WindowHandle2)
dev_display(RegionErosionCircle)
dev_disp_text('圆形结构腐蚀结果', 'window', 'top', 'left', 'black', [], [])
*矩形结构腐蚀结果
dev_open_window(Width + 70, 0, Width, Height, 'black', WindowHandle3)
dev_display(RegionErosionRectangle)
dev_disp_text('矩形结构腐蚀结果', 'window', 'top', 'left', 'black', [], [])
*生成的椭圆结构腐蚀结果
dev_open_window(Width + 70, Height + 10, Width, Height, 'black', WindowHandle4)
dev_display(RegionErosion1)
dev_disp_text('生成椭圆结构腐蚀结果', 'window', 'top', 'left', 'black', [], [])
*指定椭圆参考点腐蚀结果
dev_open_window(Width + 70, (Height + 10) * 2, Width, Height, 'black', WindowHandle5)
dev_display(RegionErosion2)
dev_disp_text('指定椭圆参考点腐蚀结果', 'window', 'top', 'left', 'black', [], [])
```

程序执行结果如图 4.6 所示。

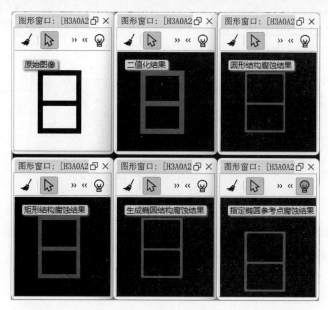

图 4.6 利用不同的腐蚀算子得到不同的腐蚀结果

4.4.2 膨胀

与腐蚀相反,膨胀就是让物体变大。膨胀是根据结构元素的形状大小以及结构元素的参考点让区域从边缘向外变大的操作。

1. 理论基础

膨胀是腐蚀运算的对偶运算,集合 A 被集合 B 膨胀表示为 $A \oplus B$,数学形式为

$$A \oplus B = \{z \,|\, (\hat{B})_z \cap A \neq \varnothing\} \tag{4-2}$$

其中,$\varnothing$ 为空集,B 为结构元素。A 被 B 膨胀是所有结构元素原点位置组成的集合,其中映射并平移后的 B 至少与 A 的某些部分重叠。膨胀可以填充图像内部的小孔及图像边缘处的小凹陷部分,并能够磨平图像向外的尖角,如图 4.7 所示。

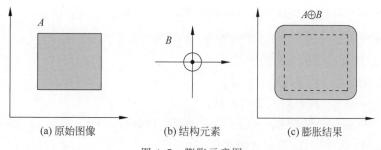

图 4.7 膨胀示意图

膨胀的基本过程如下。

依次将图 4.8(b)的参考点与图 4.8(a)的每个像素对齐,如果结构元素上有一个点落在图 4.8(a)的范围内,则与参考点重合的位置的像素为灰,反之,如果全都没有落在图 4.8(a)的灰色区域内,则与参考点重合的位置的像素为白。

2. HALCON 中的膨胀运算

在 HALCON 中关于膨胀的相关算子如下。

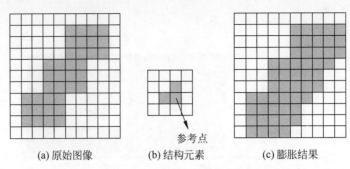

图 4.8 二值图像的膨胀过程

(1) 使用圆形结构元素对区域进行膨胀操作如下。

dilation_circle(Region : RegionDilation : Radius :)

- Region：要进行膨胀操作的区域。
- RegionDilation：膨胀后获得的区域。
- Radius：圆形结构元素的半径。

(2) 使用矩形结构元素对区域进行膨胀操作如下。

dilation_rectangle1(Region : RegionDilation : Width, Height :)

- Region：要进行膨胀操作的区域。
- RegionDilation：膨胀后获得的区域。
- Width、Height：矩形结构元素的宽和高。

(3) 使用生成的结构元素对区域进行膨胀操作如下。

dilation1(Region, StructElement : RegionDilation : Iterations :)

- Region：要进行膨胀操作的区域。
- StructElement：生成的结构元素。
- RegionDilation：膨胀后获得的区域。
- Iterations：迭代次数，即膨胀的次数。

(4) 使用生成的结构元素对区域进行膨胀操作(可设置参考点位置)如下。

dilation2(Region, StructElement : RegionDilation : Row, Column, Iterations :)

- Region：要进行膨胀操作的区域。
- StructElement：生成的结构元素。
- RegionDilation：膨胀后获得的区域。
- Row、Column：设置参考点位置，一般即原点位置。
- Iterations：迭代次数，即膨胀的次数。

算子 dilation2()与 dilation1()的不同类似于 erosion2()与 erosion1()的区别。

【例 4-2】 利用不同的膨胀算子得到不同的膨胀结果示例。

```
dev_close_window()
*获取图像
read_image(Image, 'image/膨胀.png')
*获取图像的尺寸
get_image_size(Image, Width, Height)
*创建新的显示窗口(适应图像尺寸)
```

```
dev_open_window(0, 0, Width, Height, 'black', WindowHandle)
* 显示图像
dev_display(Image)
* 将图像转换为灰度图像
rgb1_to_gray(Image, GrayImage)
* 将图像通过阈值处理转换为二值化图像
threshold(GrayImage, Regions, 0, 190)
* 使用半径为 5 的圆形结构膨胀得到区域
dilation_circle(Regions, RegionDilationCircle, 5)
* 使用长为 7、宽为 5 的矩形结构元素膨胀得到区域
dilation_rectangle1(Regions, RegionDilationRectangle, 7, 5)
* 生成短轴 5、长轴 7 的椭圆形区域,作为结构元素
gen_ellipse(Ellipse, 100, 100, 0, 7, 5)
* 使用生成的椭圆形结构元素膨胀得到区域
dilation1(Regions, Ellipse, RegionDilationEllipse, 1)
* 使用生成的椭圆形结构元素膨胀得到区域(可设置参考点)
* 参考点设置为椭圆中心往下偏移 30px
dilation2(Regions, Ellipse, RegionDilationEllipse1, 130, 100, 1)
* 设置不自动更新窗口
dev_update_window('off')
* 获取图像的尺寸
get_image_size(Image, Width, Height)
* 显示原图像
dev_open_window(0, 0, Width, Height, 'black', WindowHandle)
dev_display(Image)
dev_disp_text('原始图像', 'window', 'top', 'left', 'black', [], [])
* 二值化结果
dev_open_window(0, Height + 10, Width, Height, 'black', WindowHandle1)
dev_display(Regions)
dev_disp_text('二值化结果', 'window', 'top', 'left', 'black', [], [])
* 圆形结构膨胀结果
dev_open_window(0, (Height + 10) * 2, Width, Height, 'black', WindowHandle2)
dev_display(RegionDilationCircle)
dev_disp_text('圆形结构膨胀结果', 'window', 'top', 'left', 'black', [], [])
* 矩形结构膨胀结果
dev_open_window(Width + 70, 0, Width, Height, 'black', WindowHandle3)
dev_display(RegionDilationRectangle)
dev_disp_text('矩形结构膨胀结果', 'window', 'top', 'left', 'black', [], [])
* 生成的椭圆结构膨胀结果
dev_open_window(Width + 70, Height + 10, Width, Height, 'black', WindowHandle4)
dev_display(RegionDilationEllipse)
dev_disp_text('生成椭圆结构膨胀结果', 'window', 'top', 'left', 'black', [], [])
* 指定椭圆参考点膨胀结果
dev_open_window(Width + 70, (Height + 10) * 2, Width, Height, 'black', WindowHandle5)
dev_display(RegionDilationEllipse1)
dev_disp_text('指定椭圆参考点膨胀结果', 'window', 'top', 'left', 'black', [], [])
```

程序执行结果如图 4.9 所示。

▶ 4.4.3 开运算、闭运算

腐蚀与膨胀是形态学运算的基础,在实际检测的过程中,常常要组合运用腐蚀与膨胀对图像进行处理。开运算与闭运算是由腐蚀和膨胀复合而成的,开运算是先腐蚀后膨胀,闭运算是先膨胀后腐蚀,可以在保留图像主体部分的同时,处理图像中出现的各种杂点、空洞、小的间隙、毛糙的边缘等。合理地运用开运算与闭运算,能简化操作步骤,有效地优化目标区域,使提取出的范围更为理想。

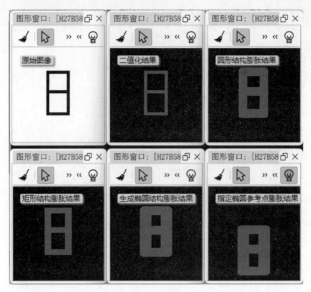

图 4.9 利用不同的膨胀算子得到不同的膨胀结果

1. 开运算

开运算的计算步骤是先腐蚀后膨胀。通过腐蚀运算能去除小的非关键区域,也可以把离得很近的区域分隔开,再通过膨胀填补过度腐蚀留下的空隙。因此,通过开运算能去除一些孤立的、细小的点,平滑毛糙的边缘线,同时原区域大小也不会有明显的改变,类似于一种"去毛刺"的效果。

2. 闭运算

闭运算与开运算的计算步骤相反,是先膨胀后腐蚀。通过膨胀运算可以填充区域内的细小的空洞,也可以把离得很近的区域进行连通,再通过腐蚀去除过度膨胀的区域,因此,通过闭运算可以填充区域内部的小空洞、连接相邻的区域和平滑较大区域的边缘并不明显改变其大小,类似于"填空洞"的效果。

3. HALCON 中的开、闭运算

结构元素的参考点的位置对于开运算和闭运算的结果没有影响。

在 HALCON 中关于开、闭运算的相关算子如下。

(1) 使用生成的结构元素对区域进行开运算操作如下。

`opening(Region, StructElement : RegionOpening : :)`

- Region:要进行开运算操作的区域。
- StructElement:生成的结构元素。
- RegionOpening:开运算后获得的区域。

(2) 用圆形结构元素对区域进行开运算操作如下。

`opening_circle(Region : RegionOpening : Radius :)`

- Region:要进行开运算操作的区域。
- RegionOpening:开运算后获得的区域。
- Radius:圆形结构元素的半径。

(3) 使用矩形结构元素对区域进行开运算操作如下。

```
opening_rectangle1(Region : RegionOpening : Width, Height : )
```

- Region：要进行开运算操作的区域。
- RegionOpening：开运算后获得的区域。
- Width、Height：矩形结构元素的宽和高。

(4) 使用生成的结构元素对区域进行闭运算操作如下。

```
closing(Region, StructElement : RegionClosing : :)
```

- Region：要进行闭运算操作的区域。
- StructElement：生成的结构元素。
- RegionClosing：闭运算后获得的区域。

(5) 使用圆形结构元素对图像进行闭运算操作如下。

```
closing_circle(Region : RegionClosing : Radius :)
```

- Region：要进行闭运算操作的区域。
- RegionClosing：闭运算后获得的区域。
- Radius：圆形结构元素的半径。

(6) 使用矩形结构元素对区域进行闭运算操作如下。

```
closing_rectangle1(Region : RegionClosing : Width, Height :)
```

- Region：要进行闭运算操作的区域。
- RegionClosing：闭运算后获得的区域。
- Width、Height：矩形结构元素的宽和高。

【例 4-3】 HALCON 开运算示例。

```
*读取图像
read_image(Image, 'image/开运算.png')
dev_close_window()
*灰度化
rgb1_to_gray(Image, GrayImage)
*打开一个与图像尺寸一致的窗口
get_image_size(GrayImage, Width, Height)
dev_open_window(0, 0, Width, Height, 'black', WindowID)
*二值化
threshold(GrayImage, Regions1, 0, 135)
*开运算
opening_circle(Regions1, RegionOpeningCircle,5)
opening_rectangle1(Regions1, RegionOpeningRectangle,5, 5)
*创建椭圆
gen_ellipse(Ellipse, 200, 200, 0, 5, 7)
*开运算
opening(Regions1, Ellipse, RegionOpeningEllipse)
*设置不自动更新窗口
dev_update_window('off')
*获取图像的尺寸
get_image_size(Image, Width, Height)
*显示原图像
dev_open_window(0, 0, Width, Height, 'black', WindowHandle)
dev_display(Image)
dev_disp_text('原始图像', 'window', 'top', 'left', 'black', [], [])
```

```
*二值化结果
dev_open_window(0, Height + 10, Width, Height, 'black', WindowHandle1)
dev_display(Regions1)
dev_disp_text('二值化结果', 'window', 'top', 'left', 'black', [], [])
*圆形结构开运算结果
dev_open_window(0, (Height + 10) * 2, Width, Height, 'black', WindowHandle2)
dev_display(RegionOpeningCircle)
dev_disp_text('圆形结构开运算结果', 'window', 'top', 'left', 'black', [], [])
*矩形结构开运算结果
dev_open_window(Width + 70, Height/2, Width, Height, 'black', WindowHandle3)
dev_display(RegionOpeningRectangle)
dev_disp_text('矩形结构开运算结果', 'window', 'top', 'left', 'black', [], [])
*生成的椭圆结构开运算结果
dev_open_window(Width + 70, Height/2 + Height + 10, Width, Height, 'black', WindowHandle4)
dev_display(RegionOpeningEllipse)
dev_disp_text('生成椭圆结构开运算结果', 'window', 'top', 'left', 'black', [], [])
```

程序执行结果如图 4.10 所示。

图 4.10 利用不同开运算算子得到的开运算结果

【例 4-4】 HALCON 闭运算示例。

```
*读取图片
read_image(Image, 'image/闭运算.png')
*关闭窗口
dev_close_window()
*灰度化
rgb1_to_gray(Image, GrayImage)
*打开一个与图像尺寸一样的窗口
get_image_size(GrayImage, Width, Height)
dev_open_window(0, 0, Width, Height, 'black', WindowID)
*二值化
threshold(GrayImage, Regions1, 0, 249)
*闭运算
closing_circle(Regions1, RegionClosingCircle, 7)
closing_rectangle1(Regions1, RegionClosingRectangle, 9, 9)
*创建椭圆结构元素
```

```
gen_ellipse(Ellipse, 200, 200, 0, 5, 7)
*闭运算
closing(Regions1, Ellipse, RegionClosingEllipse)
*设置不自动更新窗口
dev_update_window('off')
*获取图像的尺寸
get_image_size(Image, Width, Height)
*显示原图像
dev_open_window(0, 0, Width, Height, 'black', WindowHandle)
dev_display(Image)
dev_disp_text('原始图像', 'window', 'top', 'left', 'black', [], [])
*二值化结果
dev_open_window(0, Height + 10, Width, Height, 'black', WindowHandle1)
dev_display(Regions1)
dev_disp_text('二值化结果', 'window', 'top', 'left', 'black', [], [])
*圆形结构闭运算结果
dev_open_window(0, (Height + 10) * 2, Width, Height, 'black', WindowHandle2)
dev_display(RegionClosingCircle)
dev_disp_text('圆形结构闭运算结果', 'window', 'top', 'left', 'black', [], [])
*矩形结构闭运算结果
dev_open_window(Width + 70, Height/2, Width, Height, 'black', WindowHandle3)
dev_display(RegionClosingRectangle)
dev_disp_text('矩形结构闭运算结果', 'window', 'top', 'left', 'black', [], [])
*生成的椭圆结构闭运算结果
dev_open_window(Width + 70, Height/2 + Height + 10, Width, Height, 'black', WindowHandle4)
dev_display(RegionClosingEllipse)
dev_disp_text('生成椭圆结构闭运算结果', 'window', 'top', 'left', 'black', [], [])
```

程序执行结果如图 4.11 所示。

图 4.11 利用不同闭运算算子得到的闭运算结果

4.5 区域的特征

区域的特征包括两个方面：区域本身的几何特征和区域内图像的灰度特征。区域本身的几何特征包含基础特征、形状特征和几何矩特征；区域内图像的灰度特征包含基础灰度特征，可以通过算子来获取这些特征值，来参与计算或者直接输出为结果，也可以根据这些特征值对区域进行筛选，从而提取项目所需的区域部分。接下来介绍如何从区域中获取这些信息。

4.5.1 区域特征的类型

可以用 HALCON 自带的特征检测工具来对区域的特征进行检测。

第一步：选中想要检测的区域，然后单击图 4.12 中①区域的"特征检测"工具。

第二步：勾选图 4.12 中②处的 region 复选框，右边就会显示所选区域的所有特征的特征值。打开 region 下拉选项会发现有三部分，下面是三部分的简单介绍。

（1）基础特征：Region 的面积、中心、宽高、左上角与右下角坐标、长半轴、短半轴、椭圆方向、粗糙度、连通数、最大半径、方向等。

（2）形状特征：外接圆半径、内接圆半径、圆度、紧密度、矩形度、凸性、偏心率、外接矩形的方向等。

（3）几何矩特征：二阶矩、三阶矩、主惯性轴等。

第三步：在图 4.12 中③处右键单击数值，选择插入算子，就会在代码中插入获取对应特征值的代码。

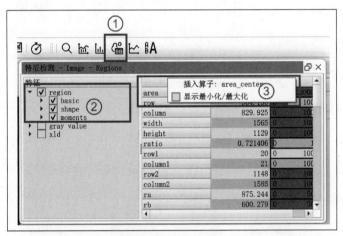

图 4.12 特征检测

4.5.2 区域的特征筛选

前面所介绍的区域的特征、形态学变换和集合操作等内容都是为了对区域的特征筛选做准备，由于根据图像进行的区域分割所获得的区域虽然过滤掉许多不需要的部分，但还是包含一些不需要的区域，这时就需要利用到区域的特征来进行筛选。可以使用 HALCON 提供的"特征直方图"工具来进行筛选。

【例 4-5】 提取图像 PCD 板的连接触点。

第一步：读入图片，并对图像进行二值化，初步获取目标区域，如图 4.13 所示。

第二步：区域拆分。将区域拆分为多个连通域，就是不相邻的区域拆成多个区域个体。在 HALCON 中可以使用 connection() 算子来实现。拆分结果如图 4.14 所示，不同颜色代表不同的连通域。

connection(Region : ConnectedRegions : :)

- Region：输入区域。
- ConnectedRegions：输出连通域集合。

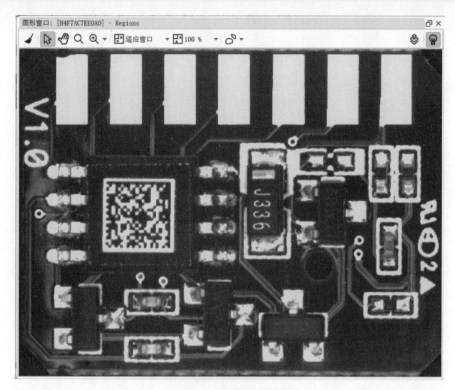

图 4.13　图像二值化

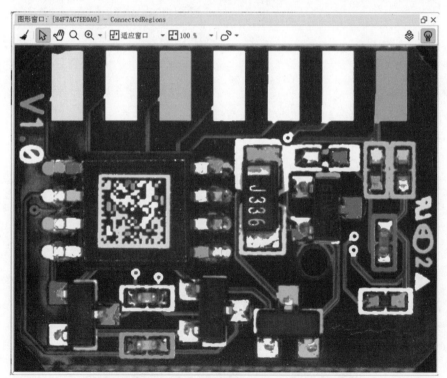

图 4.14　连通域拆分

第三步：特征筛选。使用工具栏中的"特征直方图"工具进行特征的筛选，如图 4.15 中的①所示。然后在②区域单击特征前的图标，单击后会显示绿色的打勾样式，说明应用了该特征进行筛选,根据所需选择特征来进行筛选,这里因为触点为矩形,所以用面积进行筛选。接着在③区域调整红线和绿线的位置,红线和绿线代表特征值的最大值和最小值,边调整边看显示窗口是否选中了所需区域,这里绿色为选中,可以在下方进行颜色的调整。在选中所需区域后,单击④区域的"插入代码"按钮,将筛选目标区域的代码插入自己的代码中。

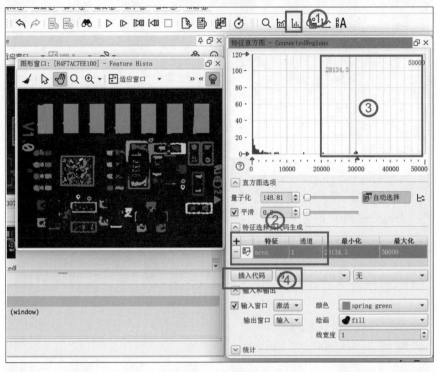

图 4.15　特征筛选

注意:在实际项目中,依靠单一的特征进行筛选往往不能提取到所需的区域,可以在②区域增加特征来进行筛选,特征之间支持与、或两种运算;也可以再次使用工具进行二次筛选。

第四步:显示结果。最后就是用代码显示筛选结果,结果如图 4.16 所示。

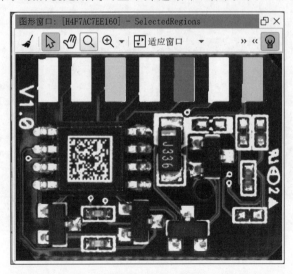

图 4.16　显示结果

完整代码如下。

```
* 关闭窗口
dev_close_window()
* 读入图片
read_image(Image, 'printer_chip/printer_chip_01')
* 获取图像尺寸
get_image_size(Image, Width, Height)
* 打开一个尺寸为图像尺寸一半的窗口
dev_open_window(0, 0, Width/4, Height/4, 'black', WindowHandle1)
* 二值化
threshold(Image, Regions, 116, 255)
* 拆分连通域
connection(Regions, ConnectedRegions)
* 利用面积特征值进行特征筛选
select_shape(ConnectedRegions, SelectedRegions, 'area', 'and', 28134.3, 50000)
* 显示
dev_display(Image)
dev_display(SelectedRegions)
```

习题

4.1　请概述区域与像素之间的关系。

4.2　使用 HALCON 的 ROI 绘制工具生成如图 4.17 所示的阴影区域。（注意：需要用到集合操作，图中的图形参数自定。）

4.3　根据形态学腐蚀和膨胀的原理，试着用 HALCON 实现如图 4.5 和图 4.8 所示的过程。

4.4　试着将图 4.18 中的圆形从原图像中筛选出来。

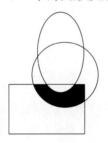

图 4.17　题 4.2 图

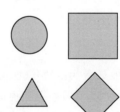

图 4.18　题 4.4 图

第 5 章 XLD

XLD 是 eXtended Line Description 的缩写,是 HALCON 中表示轮廓和多边形的数据结构。XLD 是由直线连接起来的一系列二维控制点,与图像点和区域点用像素坐标表示的不一样,XLD 中的二维点是以亚像素坐标表示的,亚像素坐标是一种将像素坐标细分从而得到更高分辨率的坐标,具有比像素坐标更高的精度,因此,XLD 常被理解为亚像素轮廓,是 HALCON 中非常重要的数据结构之一。

本章主要介绍 XLD 的获取、XLD 的特征和 XLD 的处理,涉及的知识点如下。
- XLD 的获取:亚像素级边缘提取、亚像素阈值等。
- XLD 的特征:基础特征、形状特征、点集特征、几何矩特征和特征筛选等。
- XLD 的处理:创建、分割、合并、拟合等。

5.1 XLD 的获取

因为 XLD 具有亚像素精度,因此使用 XLD 来测量是实现高精度测量的有效方法,用于测量的 XLD 通常由测量图像通过边缘提取获取,HALCON 支持像素级精度的边缘提取和亚像素级精度的边缘提取,如果像素级精度已经可以满足测量需求,则无须使用亚像素级精度的边缘提取,因为后者的运算需要消耗更多的时间。像素级的边缘提取不直接获取 XLD,而是获取边缘的轮廓区域,该轮廓区域可以转换为 XLD。亚像素级的边缘提取则可以直接获取 XLD。

▶ 5.1.1 亚像素级边缘提取

1. 边缘提取方法

亚像素级边缘提取最常用的算子是 edges_sub_pix()。edges_sub_pix()是针对单通道灰度图像的算子,其内部实现了多种边缘提取算法,在边缘检测算法参数中选择需要的方法即可实现相应的边缘提取算法,实际使用时可以根据不同算法的测试效果选择合适的边缘提取算法,该算子的原型如下。

```
edges_sub_pix(Image : Edges : Filter, Alpha, Low, High :)
```

- Image:输入的单通道灰度图像。
- Edges:输出的 XLD 轮廓。
- Filter:边缘检测的算法。
- Alpha:边缘检测的平滑参数。
- Low、High:滞后阈值操作的低阈值和高阈值。

edges_sub_pix()实现的边缘检测方法都可以在参数 Filter 中选择,Filter 包含使用递归实现的滤波器(根据 Deriche、Lanser、Shen 方法及其变体)和 Canny 提出的使用传统高斯导数的滤波器,默认值是 canny。Alpha 参数可以为边缘提取的滤波器设置平滑的程度(除了 sobel

相关的方法),对于使用递归实现的滤波器,Alpha 越大平滑越小,而 Canny 滤波器方法则与之相反,Alpha 越大平滑越大。平滑越大,滤波器的抗噪性越好,但是也降低了检测小细节的能力。edges_sub_pix()算子通过使用类似于滞后阈值操作的算法将边缘点链接到边缘,该操作通过参数 Low 和 High 设置实现,值低于 Low 的像素点则认为不是边缘,值高于 High 的像素点则认为是边缘,而介于 Low 和 High 之间的像素点则根据相邻像素点是否是边缘进行判断。

【例 5-1】 edges_sub_pix()实现亚像素级边缘提取示例。

```
* 关闭窗口
dev_close_window()
* 读取图像
read_image(Image, 'rings_and_nuts')
* 打开适应图像大小的窗口
dev_open_window_fit_image(Image, 0, 0, -1, -1, WindowHandle)
* 对图像进行亚像素边缘提取
edges_sub_pix(Image, Edges, 'canny', 1, 20, 40)
* 显示
dev_display(Image)
dev_display(Edges)
```

实例中使用默认的滤波器检测方法 canny,其检测的边缘 XLD 效果如图 5.1 所示,图 5.1(a)为检测原图,图 5.1(b)为检测出来的边缘轮廓。

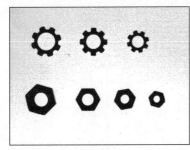

(a) 原图　　　　　　　　　(b) 边缘轮廓XLD图

图 5.1　edges_sub_pix()边缘检测效果

亚像素边缘提取除了使用 edges_sub_pix(),还有专门针对多通道彩色图像的 edges_color_sub_pix()算子,该算子与 edges_sub_pix()十分相似,此处不再详细解释。

2. 线条提取方法

除了边缘提取方法,HALCON 还可以通过线条提取实现亚像素精度 XLD 获取,线条提取获取的是曲线结构的线条,其最常用的算子是 lines_gauss()。lines_gauss()实现的也是单通道灰度图像的线条提取,与之对应的还有实现多通道彩色图像线条提取的算子 lines_color()。lines_gauss()算子的原型如下。

```
* 单通道图像的亚像素线条提取
lines_gauss(Image : Lines : Sigma, Low, High, LightDark, ExtractWidth, LineModel, CompleteJunctions :)
```

- Image:输入的单通道灰度图像。
- Lines:提取的线条 XLD。
- Sigma:要应用的高斯平滑量。
- Low、High:滞后阈值操作的低阈值和高阈值。
- LightDark:要提取暗的线条还是亮的线条。

- ExtractWidth：是否需要提取线宽。
- LineModel：用来调整线条位置的线条模型。
- CompleteJunctions：在线条不连续的地方是否添加连接。

lines_gauss()提取线条的方法是通过使用高斯平滑核的偏导数来确定图像中每个点在 x 和 y 方向上的二次多项式的参数来完成的，这是一个比较复杂的过程，相关参数选择可以做以下简单的参考：Sigma 参数决定了平滑量的大小，值越大平滑越大，但是较大的平滑可能会导致线条的定位产生偏差。Low 和 High 参数的原理类似于 edges_sub_pix()中相同的参数，只不过对比的对象不是像素点，而是二阶偏导数，选择的 Sigma 越大，二阶偏导数就越小，因此应该选择相应较小的 High 和 Low 值。LineModel 参数提供了三种不同的线条模型，用于调整线的位置和宽度，分别为条形线(LineModel = 'bar-shaped')、抛物线(LineModel = 'parabolic')和高斯线(LineModel = 'gaussian')，条形线可以适用大多数情况，背光场景可以考虑另外两种线型，抛物线适用于线条比较清晰的情况，高斯线适用于线条不是特别清晰的情况。这些线条模型的选择只有在 ExtractWidth 为'true'时才有效。

【例 5-2】 lines_gauss()实现亚像素级线条提取的示例，效果如图 5.2 所示。

```
*关闭窗口
dev_close_window()
*读取图像
read_image(Image, 'mreut4_3')
*打开适应图像大小的窗口
dev_open_window_fit_image(Image, 0, 0, -1, -1, WindowHandle)
*对图像进行亚像素线条提取
lines_gauss(Image, Lines, 1.5, 3, 8, 'light', 'true', 'bar-shaped', 'true')
*显示
dev_display(Image)
dev_display(Lines)
```

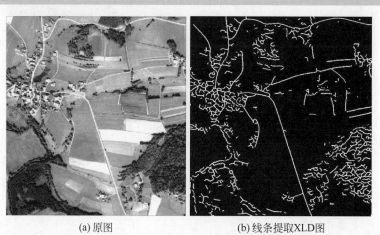

(a) 原图　　　　　　　(b) 线条提取XLD图

图 5.2　lines_gauss()线条提取效果

5.1.2　亚像素阈值

HALCON 提供了一个简单的通过阈值分割实现 XLD 提取的方法，该方法通过算子 threshold_sub_pix()实现，该算子通过单个阈值，将图像的灰度值分割为高于阈值和低于阈值两部分，边界线即为提取的 XLD，该算子适用于在照明条件稳定的情况下，作为快速边缘提取的替代方案，算子原型如下。

```
* 单通道图像的亚像素阈值边界提取
threshold_sub_pix(Image : Border : Threshold :)
```

- Image：输入的单通道灰度图像。
- Border：提取的阈值边界 XLD。
- Threshold：边界的阈值。

【例 5-3】 threshold_sub_pix()实现亚像素级阈值边界提取的示例，效果如图 5.3 所示。

```
* 关闭窗口
dev_close_window()
* 读取图像
read_image(Image, 'pcb')
* 打开适应图像大小的窗口
dev_open_window_fit_image(Image, 0, 0, -1, -1, WindowHandle)
* 对图像进行亚像素阈值边界提取
threshold_sub_pix(Image, Border, 50)
* 显示
dev_display(Image)
dev_display(Border)
```

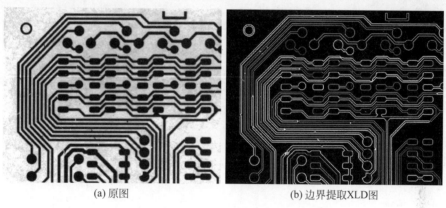

(a) 原图　　　　　　　　　(b) 边界提取XLD图

图 5.3　threshold_sub_pix()边界提取效果

5.2　XLD 的特征

　　XLD 的特征是 XLD 具有的基本内在属性，其包含基础特征、形状特征、点集特征和几何矩特征，可以计算这些特征值，作为测量结果输出，也可以根据这些特征值对 XLD 进行筛选，从而提取项目需要的 XLD 部分。

▶ 5.2.1　特征类型

　　HALCON 内置了检测 XLD 特征的工具，检测方法如图 5.4 中①～④步骤所示。第①步先选择一个 XLD 轮廓，单击选中该轮廓；第②步单击图标所示的"打开特征检测"工具；第③步在打开的特征检测工具中勾选 xld 选项，xld 选项下有 basic、shape、points 和 moments 四组特征，分别对应基础特征、形状特征、点集特征和几何矩特征，所有勾选的特征项都会在特征检测工具右侧的数值栏中显示；根据需要的特征，第④步可以右键单击数值栏中的特征项，选择"插入算子"项将代码插入程序中，便可在程序运行中获取需要的特征。但是这里需要注意，以

视频讲解

这种方法插入特征算子获取的是整个 XLD 中所有轮廓的相应特征,而并非第①步选中的那个轮廓的特征,因此插入特征算子的方法仅适用于快速找到对应的特征检测算子,在这之前必须先通过特征筛选或排序等方式定位到需要检测的 XLD 轮廓。

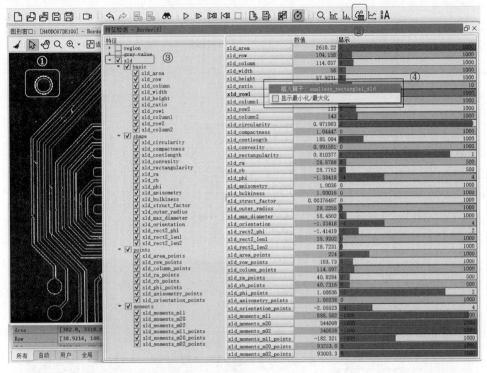

图 5.4 XLD 特征检测

1. 基础特征

XLD 的基础特征包含轮廓面积、质心坐标、宽高及宽高比和轴向外接矩形,相应的特征计算算子如下。

```
* XLD 面积和质心坐标的计算
area_center_xld(XLD : : : Area, Row, Column, PointOrder)
```

- XLD:输入的 XLD。
- Area:XLD 闭合区域的面积。
- Row、Column:XLD 的质心坐标。
- PointOrder:沿边界的点顺序(正/负)。

```
* XLD 宽高和宽高比的计算
height_width_ratio_xld(XLD : : : Height, Width, Ratio)
```

- XLD:输入的 XLD。
- Height、Width:XLD 的高和宽。
- Ratio:XLD 的宽高比。

```
* XLD 轴向外接矩形的计算,返回左上角和右下角的坐标
smallest_rectangle1_xld(XLD : : : Row1, Column1, Row2, Column2)
```

- XLD:输入的 XLD。
- Row1,Column1:XLD 轴向外接矩形左上角的行列坐标。

- Row2，Column2：XLD轴向外接矩形右下角的行列坐标。

2. 形状特征

XLD的形状特征包含轮廓圆度、紧密度、长度、凸度、矩形度、等效椭圆、等效椭圆特征、外接圆、最大点矩、方向、最小有向外接矩形，相应的特征计算算子如下：

* XLD 轮廓圆度的计算
`circularity_xld(XLD : : : Circularity)`

- XLD：输入的 XLD。
- Circularity：XLD 的轮廓圆度。

* XLD 紧密度的计算
`compactness_xld(XLD : : : Compactness)`

- XLD：输入的 XLD。
- Compactness：XLD 的紧密度。

* XLD 轮廓的长度计算
`length_xld(XLD : : : Length)`

- XLD：输入的 XLD。
- Length：XLD 轮廓的长度。

* XLD 凸度的计算
`convexity_xld(XLD : : : Convexity)`

- XLD：输入的 XLD。
- Convexity：XLD 的凸度。

* XLD 矩形度的计算
`rectangularity_xld(XLD : : : Rectangularity)`

- XLD：输入的 XLD。
- Rectangularity：XLD 的矩形度。

* XLD 等效椭圆的计算
`elliptic_axis_xld(XLD : : : Ra, Rb, Phi)`

- XLD：输入的 XLD。
- Ra、Rb：XLD 等效椭圆的长半轴和短半轴。
- Phi：长半轴与短半轴的夹角。

* XLD 等效椭圆特征的计算
`eccentricity_xld(XLD : : : Anisometry, Bulkiness, StructureFactor)`

- XLD：输入的 XLD。
- Anisometry：XLD 等效椭圆的长半轴和短半轴之比。
- Bulkiness：XLD 等效椭圆面积与轮廓面积之比。
- StructureFactor：XLD 的结构因子，StructureFactor = Anisometry * Bulkiness － 1。

* XLD 最小外接圆的计算
`smallest_circle_xld(XLD : : : Row, Column, Radius)`

- XLD：输入的 XLD。
- Row、Column：XLD 最小外接圆的圆心坐标。
- Radius：最小外接圆的半径。

* XLD 最大点距的计算
`diameter_xld(XLD : : : Row1, Column1, Row2, Column2, Diameter)`

- XLD：输入的 XLD。
- Row1、Column1：XLD 第一个极值点坐标。
- Row2、Column2：XLD 第二个极值点坐标。
- Diameter：两个极值点的距离。

* XLD 方向的计算
`orientation_xld(XLD : : : Phi)`

- XLD：输入的 XLD。
- Phi：XLD 的弧度方向。

* XLD 最小有向外接矩形的计算
`smallest_rectangle2_xld(XLD : : : Row, Column, Phi, Length1, Length2)`

- XLD：输入的 XLD。
- Row、Column：XLD 最小有向外接矩形的中心坐标。
- Phi：XLD 最小有向外接矩形的方向。
- Length1、Length2：XLD 最小有向外接矩形的半长和半宽。

3. 点集特征

由于 XLD 是由直线连接起来的一系列二维控制点，因此这些点集也有相关的特征，XLD 的点集特征包含轮廓点集的面积及质心、等效椭圆及半轴比和方向，相应的特征计算算子如下。

* XLD 中点集的面积及质心坐标的计算
`area_center_points_xld(XLD : : : Area, Row, Column)`

- XLD：输入的 XLD。
- Area：XLD 中点集的面积，面积为点的数量。
- Row、Column：XLD 中点集的质心坐标。

* XLD 中点集的等效椭圆的计算
`elliptic_axis_points_xld(XLD : : : Ra, Rb, Phi)`

- XLD：输入的 XLD。
- Ra、Rb：XLD 中点集的等效椭圆的长半轴和短半轴。
- Phi：XLD 中的点集的等效椭圆的长半轴与短半轴的夹角。

* XLD 中点集的等效椭圆的长短半轴之比计算
`eccentricity_points_xld(XLD : : : Anisometry)`

- XLD：输入的 XLD。
- Anisometry：XLD 中点集的等效椭圆的长短半轴之比。

* XLD 中点集的方向计算
`orientation_points_xld(XLD : : : Phi)`

- XLD：输入的 XLD。
- Phi：XLD 中点集的方向。

4. 几何矩特征

XLD 的几何矩包含两种类型，一种是 XLD 包围区域的几何矩，另一种是 XLD 点集的几何矩,相应的特征计算算子如下。

```
* XLD 包围区域的几何矩计算
moments_xld(XLD : : : M11, M20, M02)
```

- XLD：输入的 XLD。
- M11、M20、M02：XLD 包围区域的 M11、M20、M02 矩。
- 计算公式为 $M_{ij} = \sum_{(r,c) \in R}(r_0-r)^i(c_0-c)^j$，$(r_0,c_0)$ 为区域质心。

```
* XLD 点集的几何矩计算
moments_points_xld(XLD : : : M11, M20, M02)
```

- XLD：输入的 XLD。
- M11、M20、M02：XLD 点集的 M11、M20、M02 矩。
- 计算公式为 $M_{pq} = \sum_{i=0}^{n-1}(r_i-\bar{r})^p(c_i-\bar{c})^q$，$(\bar{r},\bar{c})$ 为点集质心。

▶ 5.2.2 特征筛选

XLD 的特征筛选是根据 XLD 的特征值,从 XLD 中提取出项目需要的那部分轮廓,HALCON 提供了快捷的特征筛选工具特征直方图,其使用方法与区域的特征筛选方法一致,核心是使用算子 select_shape_xld() 进行筛选。下面以一个实例介绍 XLD 特征筛选的使用方法。

第一步：读取检测图片,并提取检测图片的 XLD 轮廓,如图 5.5 所示,目标是通过特征筛选提取检测 XLD 中的圆孔。

 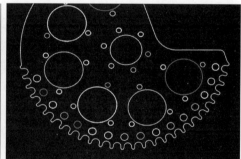

(a) 检测图片　　　　　　　　　　(b) 检测图片XLD轮廓

图 5.5　检测图片及其 XLD 轮廓

第二步：特征筛选。打开特征直方图,如图 5.6 中①图标位置的工具;然后在②位置的特征中选择需要的 XLD 特征,这里需要提取圆孔,所以可以选择 XLD 的圆度特征;接着在③的位置通过拖动限制范围的标线选择圆度的范围,可以根据图像中 XLD 的颜色变化观察是否选中需要的轮廓;最后单击④处的"插入代码"按钮即可将筛选结果的代码插入自己的程序中。

第三步：进一步筛选结果。通过圆度筛选的结果如图 5.7(a)所示,这时如果想进一步筛选其他轮廓,可以在第二步的图 5.6 的②位置添加一个特征属性,特征之间支持与、或两种运算;也可以继续打开特征直方图对 XLD 进行筛选。本例继续提取环形排列的圆孔,环形排列的圆孔的面积基本一致,因此可以通过 XLD 的面积特征,将环形排列的圆孔轮廓提取出来,其效果如图 5.7(b)所示。

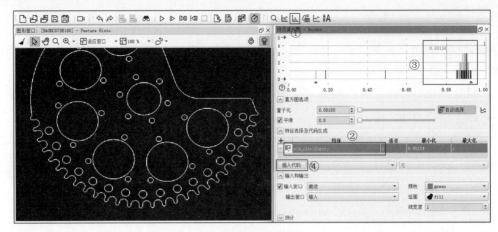

图 5.6 XLD 特征筛选

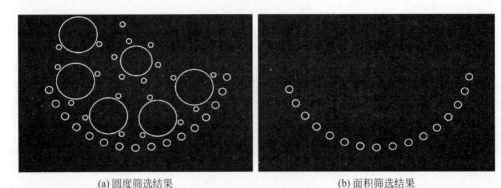

(a) 圆度筛选结果　　　　　　　(b) 面积筛选结果

图 5.7 特征筛选结果

【例 5-4】 XLD 特征筛选示例。

```
*关闭窗口
dev_close_window()
*读取图像
read_image(Image, 'tooth_rim')
*打开适应图像大小的窗口
dev_open_window_fit_image(Image, 0, 0, -1, -1, WindowHandle)
*对图像进行亚像素阈值提取
threshold_sub_pix(Image,Border,80)
*用圆度特征筛选圆孔
select_shape_xld(Border, SelectedXLD, 'circularity', 'and', 0.68629, 0.99031)
*用面积特征筛选环形排列的圆轮廓
select_shape_xld(SelectedXLD, SelectedXLD1, 'area', 'and', 260.8, 1661.7)
*显示
dev_display(Image)
dev_display(Border)
dev_display(SelectedXLD)
dev_display(SelectedXLD1)
```

5.3　XLD 的处理

视频讲解

　　使用 XLD 进行测量等任务通常需要对 XLD 进行一系列处理,才能得到需要的结果,这些处理过程通常包含创建、分割、合并和拟合等处理方法,根据测量需求的不同,这些处理方法应该灵活搭配使用才能获得理想的效果。

▶ 5.3.1 创建

XLD 处理的创建与 5.1 节 XLD 的获取内容有所不同，XLD 的获取是通过提取图像的亚像素边缘得到 XLD，而 XLD 处理的创建是通过已有的轮廓或多边形信息生成 XLD，如给出圆心和半径就可以创建圆形轮廓的 XLD，这种方式创建的 XLD 通常用于显示对比效果或为了方便程序的处理，以下是一些常用的创建 XLD 的算子。

```
* 创建圆或者圆弧的 XLD
gen_circle_contour_xld(: ContCircle : Row, Column, Radius, StartPhi, EndPhi, PointOrder, Resolution :)
* 根据数组给出的多边形创建具有圆角的 XLD
gen_contour_polygon_rounded_xld(: Contour : Row, Col, Radius, SamplingInterval :)
* 根据数组给出的多边形创建 XLD
gen_contour_polygon_xld(: Contour : Row, Col :)
* 根据区域创建 XLD
gen_contour_region_xld(Regions : Contours : Mode :)
* 创建椭圆弧的 XLD
gen_ellipse_contour_xld(: ContEllipse : Row, Column, Phi, Radius1, Radius2, StartPhi, EndPhi, PointOrder, Resolution :)
* 根据多边形近似创建 XLD
gen_polygons_xld(Contours : Polygons : Type, Alpha :)
* 创建矩形的 XLD
gen_rectangle2_contour_xld(: Rectangle : Row, Column, Phi, Length1, Length2 :)
* 从骨架创建 XLD
gen_contours_skeleton_xld(Skeleton : Contours : Length, Mode :)
```

▶ 5.3.2 分割

分割是实现提取既要轮廓的重要方法，HALCON 提供了用于分割的算子 segment_contours_xld()，该算子可以将已有的轮廓分割为线和线、线和圆、线和椭圆，算子原型如下。

```
* 将 XLD 轮廓分割成线段和圆弧或椭圆弧
segment_contours_xld(Contours : ContoursSplit : Mode, SmoothCont, MaxLineDist1, MaxLineDist2 :)
```

- Contours：输入的 XLD 轮廓。
- ContoursSplit：被分割后的 XLD 轮廓。
- Mode：分割 XLD 轮廓的模型。
- SmoothCont：平滑轮廓的点数。
- MaxLineDist1、MaxLineDist2：轮廓与近似线之间第一次迭代和第二次迭代的最大距离。

以下是使用线和圆的模型对 XLD 分割的用法实例，分割之前 XLD 各段轮廓都是相连的，分割完之后轮廓被分割为线段和圆弧（彩色原图见文前彩插），效果如图 5.8 所示。

【例 5-5】 分割 XLD 示例。

```
* 关闭窗口
dev_close_window()
* 读取图像
read_image(Image, 'circle_plate')
* 打开适应图像大小的窗口
dev_open_window_fit_image(Image, 0, 0, -1, -1, WindowHandle)
* 对图像进行亚像素阈值提取
threshold_sub_pix(Image, Border, 80)
```

```
* 使用线和圆模型进行分割
segment_contours_xld(Border, ContoursSplit, 'lines_circles', 5, 4, 2)
* 显示
dev_display(Image)
dev_display(Border)
dev_display(ContoursSplit)
```

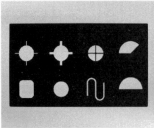  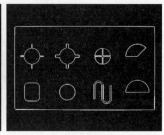

(a) 原图　　　　　　　(b) 未分割XLD　　　　　　(c) 已分割XLD

图 5.8　XLD 分割示例（见彩插）

5.3.3　合并

XLD 处理中对于一些相近的或者同属一个形状，但是却断开的轮廓，HALCON 提供了将它们合并起来的方法。常用的合并方法是合并相邻的 XLD、合并共线的 XLD 和合并共圆的 XLD，相关算子原型如下。

```
* 合并相邻的 XLD
union_adjacent_contours_xld(Contours : UnionContours : MaxDistAbs, MaxDistRel, Mode :)
```

- Contours：输入的 XLD 轮廓。
- UnionContours：输出的 XLD 轮廓。
- MaxDistAbs：XLD 轮廓端点的最大距离。
- MaxDistRel：XLD 轮廓端点的最大距离与较长端轮廓线长度的比值。
- Mode：对轮廓附加属性的处理模型，是接收还是忽略。

```
* 合并共线的 XLD
union_collinear_contours_xld(Contours : UnionContours : MaxDistAbs, MaxDistRel, MaxShift, MaxAngle, Mode :)
```

- Contours：输入的 XLD 轮廓。
- UnionContours：输出的 XLD 轮廓。
- MaxDistAbs：XLD 轮廓端点的最大距离。
- MaxDistRel：XLD 轮廓端点的最大距离与较长端轮廓线长度的比值。
- MaxShift：第二个轮廓到参考轮廓的回归线的最大距离。
- MaxAngle：两个轮廓的回归线之间的最大角度。
- Mode：对轮廓附加属性的处理模型，是接收还是忽略。

```
* 合并共圆的 XLD
union_ cocircular _ contours _ xld (Contours : UnionContours : MaxArcAngleDiff, MaxArcOverlap, MaxTangentAngle, MaxDist, MaxRadiusDiff, MaxCenterDist, MergeSmallContours, Iterations :)
```

- Contours：输入的 XLD 轮廓。
- UnionContours：输出的 XLD 轮廓。
- MaxArcAngleDiff：两个圆弧的最大角距。

- MaxArcOverlap：两个圆弧的最大重叠。
- MaxTangentAngle：连接线与圆弧切线之间的最大夹角。
- MaxDist：两个圆弧间距的最大长度。
- MaxRadiusDiff：两个圆弧对应的圆的最大半径差。
- MaxCenterDist：两个圆弧对应的圆的最大中心距离。
- MergeSmallContours：确定没有拟合圆的小轮廓是否也应该合并。
- Iterations：迭代的次数。

下面以 5.3.2 节分割的实例为基础，在分割后的 XLD 轮廓中，使用合并相邻 XLD 的方法，将分割后的 XLD 再次合并为相连的 XLD(彩色原图见文前彩插)，如图 5.9(b)所示，详细合并过程如下。

【例 5-6】 合并 XLD 示例。

```
* 关闭窗口
dev_close_window()
* 读取图像
read_image(Image, 'circle_plate')
* 打开适应图像大小的窗口
dev_open_window_fit_image(Image, 0, 0, -1, -1, WindowHandle)
* 对图像进行亚像素阈值提取
threshold_sub_pix(Image,Border,80)
* 使用线和圆模型进行分割
segment_contours_xld(Border, ContoursSplit, 'lines_circles', 5, 4, 2)
* 合并相邻 XLD
union_adjacent_contours_xld(ContoursSplit, UnionContours, 10, 1, 'attr_keep')
* 显示
dev_display(Image)
dev_display(Border)
dev_display(ContoursSplit)
dev_display(UnionContours)
```

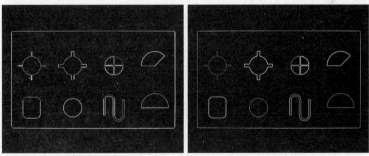

(a) 分割后的XLD   (b) 合并后的XLD

图 5.9　合并相邻 XLD(见彩插)

▶ 5.3.4 拟合

拟合是将不规则 XLD 转换为规则 XLD 的重要方法，HALCON 对 XLD 拟合的方法主要提供了线拟合、圆拟合、椭圆拟合和矩形拟合，以下为主要拟合方法的算子原型。

```
* 拟合直线 XLD(直线方程为 Y×Nr + C×Nc - Dist = 0)
fit_line_contour_xld(Contours : : Algorithm, MaxNumPoints, ClippingEndPoints, Iterations,
ClippingFactor : RowBegin, ColBegin, RowEnd, ColEnd, Nr, Nc, Dist)
```

- Contours：输入的 XLD 轮廓。
- Algorithm：直线拟合的算法。
- MaxNumPoints：用于计算的最大轮廓点数。
- ClippingEndPoints：在轮廓的开始和结尾处被忽略的点数。
- Iterations：最大迭代次数。
- ClippingFactor：用于消除异常值的剪切因子。
- RowBegin、ColBegin：输出的线段起始点的行列坐标。
- RowEnd、ColEnd：输出的线段结束点的行列坐标。
- Nr、Nc：输出的法向量的行列坐标。
- Dist：输出的直线到原点的距离。

```
* 拟合圆 XLD
fit_circle_contour_xld(Contours : : Algorithm, MaxNumPoints, MaxClosureDist, ClippingEndPoints,
Iterations, ClippingFactor : Row, Column, Radius, StartPhi, EndPhi, PointOrder)
```

- Contours：输入的 XLD 轮廓。
- Algorithm：拟合圆的算法。
- MaxNumPoints：用于计算的最大轮廓点数。
- MaxClosureDist：被认为是闭合轮廓的端点之间的最大距离。
- ClippingEndPoints：在轮廓的开始和结尾处被忽略的点数。
- Iterations：最大迭代次数。
- ClippingFactor：用于消除异常值的剪切因子。
- Row、Column：输出的圆心的行列坐标。
- Radius：输出的圆的半径。
- StartPhi、EndPhi：输出的起始点和终止点的角度。
- PointOrder：输出的沿边界的点顺序。

```
* 拟合椭圆 XLD
fit_ellipse_contour_xld(Contours : : Algorithm, MaxNumPoints, MaxClosureDist, ClippingEndPoints,
VossTabSize, Iterations, ClippingFactor : Row, Column, Phi, Radius1, Radius2, StartPhi, EndPhi,
PointOrder)
```

- Contours：输入的 XLD 轮廓。
- Algorithm：拟合椭圆的算法。
- MaxNumPoints：用于计算的最大轮廓点数。
- MaxClosureDist：被认为是闭合轮廓的端点之间的最大距离。
- ClippingEndPoints：在轮廓的开始和结尾处被忽略的点数。
- VossTabSize：用于 Voss 方法的循环段的数量。
- Iterations：最大迭代次数。
- ClippingFactor：用于消除异常值的剪切因子。
- Row、Column：输出的椭圆圆心的行列坐标。
- Phi：输出的椭圆的主轴方向。
- Radius1、Radius2：输出的椭圆的长半轴和短半轴。
- StartPhi、EndPhi：输出的起始点和终止点的角度。
- PointOrder：输出的沿边界的点顺序。

* 拟合矩形 XLD
```
fit_rectangle2_contour_xld(Contours : : Algorithm, MaxNumPoints, MaxClosureDist, ClippingEndPoints,
Iterations, ClippingFactor : Row, Column, Phi, Length1, Length2, PointOrder)
```

- Contours：输入的 XLD 轮廓。
- Algorithm：拟合矩形的算法。
- MaxNumPoints：用于计算的最大轮廓点数。
- MaxClosureDist：被认为是闭合轮廓的端点之间的最大距离。
- ClippingEndPoints：在轮廓的开始和结尾处被忽略的点数。
- Iterations：最大迭代次数。
- ClippingFactor：用于消除异常值的剪切因子。
- Row、Column：输出的矩形中心的行列坐标。
- Phi：输出的矩形的主轴方向。
- Length1、Length2：输出的矩形的半长和半宽。
- PointOrder：输出的沿边界的点顺序。

继续以分割小节的实例为基础，在分割之后，通过特征筛选，将 XLD 中的所有圆弧提取出来，并将共圆的圆弧合并，之后再通过拟合圆的方法，实现所有圆的拟合并创建相应的圆，以完成本节的拟合示例（彩色图片见文前彩插），效果如图 5.10 所示，具体程序如下。

【例 5-7】 拟合 XLD 示例。

```
* 关闭窗口
dev_close_window()
* 读取图像
read_image(Image, 'circle_plate')
* 打开适应图像大小的窗口
dev_open_window_fit_image(Image, 0, 0, -1, -1, WindowHandle)
* 对图像进行亚像素阈值提取
threshold_sub_pix(Image,Border,80)
* 用圆度特征筛选圆孔
segment_contours_xld(Border, ContoursSplit, 'lines_circles', 5, 4, 2)
* 特征筛选
select_shape_xld(ContoursSplit, SelectedXLD, ['circularity','contlength'], 'and', [0.0697,31.6],
[1,2000])
* 合并共圆
union_cocircular_contours_xld(SelectedXLD, UnionContours1, 0.5, 0.1, 0.2, 30, 10, 10, 'true', 1)
* 拟合圆
fit_circle_contour_xld(UnionContours1, 'algebraic', -1, 0, 0, 3, 2, Row, Column, Radius,
StartPhi, EndPhi, PointOrder)
* 生成圆
gen_circle_contour_xld(ContCircle, Row, Column, Radius, 0, rad(360), 'positive', 1)
* 显示
dev_display(Border)
dev_display(SelectedXLD)
dev_display(UnionContours1)
dev_display(ContCircle)
```

▶ 5.3.5 其他

XLD 处理除了创建、分割、合并和拟合操作外，HALCON 还提供了一些其他方面方便 XLD 使用的算子，有用于 XLD 轮廓集合运算的差集算子 difference_closed_contours_xld()、交集算子 intersection_closed_contours_xld()和并集算子 union2_closed_contours_xld()；有

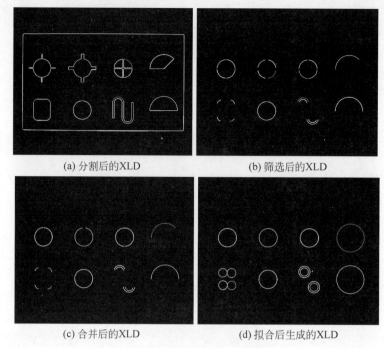

(a) 分割后的XLD　　(b) 筛选后的XLD

(c) 合并后的XLD　　(d) 拟合后生成的XLD

图 5.10　拟合示例 XLD(见彩插)

变换 XLD 形状的算子 shape_trans_xld(),该算子可以将原有 XLD 形状变换为相应的凸包、椭圆、外接圆或外接矩形等形状;有对 XLD 进行平滑的算子 smooth_contours_xld(),使用该算子可以得到更光滑的曲线;有对 XLD 进行排序的算子 sort_contours_xld(),XLD 排序之后使用循环配合 select_obj()算子,有利于对感兴趣的轮廓进行逐个处理。

XLD 处理算子的使用没有固定的模式,灵活搭配使用才能获得理想的效果。

在线测试

习题

5.1　XLD 获取的常见方法有哪些?

5.2　XLD 的特征筛选包含哪些特征?

5.3　XLD 的分割、合并和拟合分别实现了什么功能?

第 6 章 几何变换和模板匹配

模板匹配是 HALCON 中非常重要的图像处理算法,通过模板匹配可以实现对图像场景中相似物体的查找,在机器视觉中模板匹配常用于物体识别和定位应用,或与几何变换中的仿射变换配合实现物体的定位功能。本章将学习几何变换和模板匹配,涉及的知识点如下。
- 几何变换:图像的平移、旋转、缩放仿射变换和投影变换的原理和用法等。
- 模板匹配:图像金字塔的原理、常用的模板匹配方法等。

6.1 几何变换

视频讲解

6.1.1 几何变换基础知识

在许多应用中,由于多种因素的影响,并不能保证被测物在图像中总是处于同样的位置和方向。在实际图像采集过程中,获得的图像常常与理想图像有所差异。因此,需要对待处理图像或者区域进行一些调整,使之恢复成理想图像形状。图像变换与校正的基本思路是根据图像变形原因,利用图像位置、大小、形状等已知条件,确定相应的数学模型,根据模型对图像进行几何校正。本节将介绍几种在 HALCON 中主要的几何变换方法,包括图像平移变换、比例缩放、旋转、仿射变换和投影变换。

6.1.2 重要算子

1. 图像的平移、旋转和缩放

1)图像的平移

图像的平移是指将图像中的所有像素点按照要求的平移量进行垂直或水平移动。平移变换只改变了原有图像在画面上的位置,而图像的内容不会发生变化。例如,设原图像的一个点 P_0 为 (x_0, y_0),若要将此点移动在 x 轴和 y 轴分别平移 x、y 个向量单位,设平移后的点为 P_t,则 P_t 的矩阵坐标如式(6-1)所示。

$$p_t = \begin{bmatrix} x_0 - x_t \\ y_0 - y_t \end{bmatrix} \tag{6-1}$$

P_t 用矩阵表示相当于在 P_0 坐标的左边乘以一个平移矩阵 $\boldsymbol{T}$,如式(6-2)所示。

$$P_t = \boldsymbol{T} \cdot P_0 = \begin{bmatrix} 1 & 0 & x_t \\ 0 & 1 & y_t \\ 0 & 0 & 1 \end{bmatrix} \cdot P_0 \tag{6-2}$$

在 HALCON 中用 hom_mat2d_translate()算子设置平移矩阵。

```
hom_mat2d_translate( : : HomMat2D, Tx, Ty : HomMat2DTranslate)
```

- HomMat2D:输入的转换矩阵。
- Tx、Ty:分别是行、列的平移量。
- HomMat2DTranslate:输出的平移矩阵。

2）图像的旋转

图像的旋转是指将图像围绕某一指定点逆时针或顺时针方向旋转一定的角度，通常是以图像的中心为原点。旋转后，图像的大小一般会改变。

如果将一个点在二维平面上绕坐标原点旋转角度 γ，相当于在 P_0 坐标的左边乘以一个旋转矩阵 R。设旋转后的点为 P_r，P_r 坐标如式(6-3)所示。

$$P_r = R \cdot P_0 = \begin{bmatrix} \cos\gamma & -\sin\gamma & 0 \\ \sin\gamma & \cos\gamma & 0 \\ 0 & 0 & 1 \end{bmatrix} \cdot P_0 \qquad (6-3)$$

在 HALCON 中用 hom_mat2d_rotate()算子设置旋转矩阵。

hom_mat2d_rotate(: : HomMat2D, Phi, Px, Py : HomMat2DRotate)

- HomMat2D：输入的转换矩阵。
- Phi：旋转角度。
- Px、Py：旋转的基准点(固定点)，在旋转过程中，此点坐标不会改变。
- HomMat2DRotate：输出的旋转矩阵。

3）图像的缩放

图像的缩放是指将图像大小按照指定比例放大或缩小，设一个点在二维平面上，沿 x 轴方向放大 S_x 倍，沿 y 轴方向放大 S_y 倍，记变化后该点的坐标记为 P_s，P_s 坐标如式(6-4)所示。

$$P_s = S \cdot P_0 = \begin{bmatrix} S_x & 0 & 0 \\ 0 & S_y & 0 \\ 0 & 0 & 1 \end{bmatrix} \cdot P_0 \qquad (6-4)$$

在 HALCON 中用 hom_mat2d_scale()算子设置缩放矩阵。

hom_mat2d_scale(: : HomMat2D, Sx, Sy, Px, Py : HomMat2DScale)

- HomMat2D：输入的转换矩阵。
- Sx、Sy：沿 x 轴、y 轴缩放的比例因子。
- Px、Py：缩放的基准点，此点固定不变。
- HomMat2DScale：输出的缩放矩阵。

2. 图像的仿射变换

把平移、旋转和缩放结合起来，可以在 HALCON 中使用仿射变换的相关算子。在仿射变换前，需要先确定仿射变换矩阵，步骤如下。

第一步：创建一个仿射变换单位矩阵，可以用 hom_mat2d_identity()算子创建。

hom_mat2d_identity(: : : HomMat2DIdentity)

第二步：设置变换矩阵，可以设置平移、缩放以及旋转参数。

第三步：进行仿射变换，对图像进行仿射变换可以用 affine_trans_image()算子。

affine_trans_image(Image : ImageAffinTrans : HomMat2D, Interpolation, AdaptImageSize :)

- Image、ImageAffinTrans：变换前以及变换后的图像。
- HomMat2D：输入的转换矩阵。
- Interpolation：插值类型。
- AdaptImageSize：自动调节输出图像大小，若设置为 true，则将调整大小，以便在右边缘或下边缘不发生剪裁。如果设置为 false，则目标图像的大小与输入图像的大小相同。默认值为 false。

算子参数 Interpolation 插值有 'bicubic'、'bilinear'、'constant'、'nearest_neighbor'、'weighted' 5 种类型，默认为 'constant'。这 5 种插值类型的意义如下。

（1）'bicubic'：双三次插值。灰度值由最近的像素点通过双三次插值确定。如果仿射变换包含比例因子小于 1 的缩放，则不执行平滑，这可能会导致严重的锯齿效果，处理质量高，运行速度慢。

（2）'bilinear'：双线性插值，灰度值由最近的 4 个像素通过双线性插值确定。如果仿射变换包含比例因子小于 1 的缩放，则不执行平滑，这可能会导致严重的锯齿效果，处理质量和运行速度均为中等。

（3）'constant'：双线性插值。灰度值由最近的 4 个像素通过双线性插值确定。如果仿射变换包含比例因子小于 1 的缩放，则使用一种平均滤波器来防止混叠效果，处理质量和运行速度均为中等。

（4）'nearest_neighbor'：最近邻插值，灰度值由最近像素的灰度值确定，处理质量低，但速度快。

（5）'weighted'：双线性插值。灰度值由最近的 4 个像素通过双线性插值确定。如果仿射变换包含比例因子小于 1 的缩放，则使用一种高斯滤波器来防止混叠效果，处理质量高，运行速度慢。

【例 6-1】 图像的仿射变换示例，程序如下。

```
* 关闭窗口,读取图像
dev_close_window( )
read_image(Image, 'triangle.png')
* 获得图像尺寸,打开窗口,读取图像
get_image_size(Image, Width, Height)
dev_open_window(0, 0, Width, Height, 'black', WindowID)
dev_display(Image)
* 转灰度图像
rgb1_to_gray(Image, GrayImage)
* 图像二值化
threshold(GrayImage, Regions, 200, 255)
* 获取图像面积,中心点坐标
area_center(Regions, Area, Row, Column)
* 定义仿射变换矩阵
hom_mat2d_identity(HomMat2DIdentity)
* 设置平移矩阵至中心点坐标(Height/2,Width/2)
hom_mat2d_translate(HomMat2DIdentity, Height/2 - Row, Width/2 - Column, HomMat2DTranslate)
* 通过仿射变换将三角形移至中心点位置并显示图像
affine_trans_image(GrayImage, ImageAffinTrans, HomMat2DTranslate, 'constant', 'false')
* 设置旋转矩阵,3.14/2 表示旋转角度,正值代表逆时针旋转,(Height/2,Width/2)为基准点
hom_mat2d_rotate(HomMat2DIdentity,3.14/2, Height/2, Width/2, HomMat2DRotate)
* 通过仿射变换将三角形旋转 90°并显示图像
affine_trans_image(ImageAffinTrans,ImageAffinTrans1,HomMat2DRotate, 'constant', 'false')
* 设置缩放矩阵,缩放倍数为 1.5 倍,(Height1/2,Width1/2)为基准点
hom_mat2d_scale(HomMat2DIdentity, 1.5,1.5,Height/2, Width/2, HomMat2DScale)
* 通过仿射变换将三角形放大 1.5 倍并显示
affine_trans_image(ImageAffinTrans1, ImageAffinTrans2, HomMat2DScale, 'constant', 'false')
```

程序执行结果如图 6.1 所示。

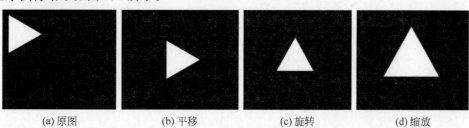

　　(a) 原图　　　　　　(b) 平移　　　　　　(c) 旋转　　　　　　(d) 缩放

图 6.1　图像仿射变换

3. 图像的投影变换

仿射变换几乎能校正物体所有可能发生的与位姿相关的变化,但并不能应付所有情况。需要应用投影变换的情况很多,如对边不再平行,或者发生了透视畸变等。投影变换的步骤与仿射变换类似,首先计算投影变换矩阵,然后计算投影变换参数,最后将投影变换矩阵映射到对象上。投影变换可以用 hom_vector_to_proj_hom_mat2d()算子进行。

hom_vector_to_proj_hom_mat2d(: : Px, Py, Pw, Qx, Qy, Qw, Method :HomMat2D)

- Px,Py,Pw,Qx,Qy,Qw:确定投影变换矩阵的 4 对点。
- Method:变换的算法。
- HomMat2D:得到的齐次投影变换矩阵。

【例 6-2】 图像的投影变换示例。

需要注意的是,在下述代码中,定义坐标变量时,进行投影变换的图像坐标 X 和 Y,是需要读者自己获取实际需要变换的坐标值,以该二维码的投影变换为例,具体操作如下。

(1) 首先将鼠标指针移至 HALCON 的图形中,找到二维码 4 个角的位置。

(2) 按住 Ctrl 键,该点坐标便显示出来,如图 6.2 所示。

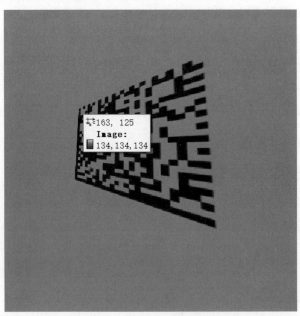

图 6.2 获取坐标变量结果

可以从图中看到,该二维码的第一个坐标变量为(X:163,Y:125)。按同样的方法便可获得二维码 4 个角(左上角,左下角,右下角,右上角)的坐标变量为 X:=[163,280,362,75]和 Y:=[125,120,361,340],完整的运行代码如下,二维码的投影变换结果如图 6.3 所示。

```
*关闭窗口
dev_close_window( )
*读取图像、打开适合图像的窗口
read_image(Image, 'QR code.png')
dev_open_window_fit_image(Image,0,0, -1, -1,WindowHandle)
*设置描绘颜色为'红色'
dev_set_color('red')
*定义输出线宽为 2
dev_set_line_width(2)
*定义坐标变量
```

```
X := [163,280,362,75]
Y := [125,120,361,340]
* 为每个输入点生成十字形状的 XLD 轮廓,6 代表组成十字横线的长度,0.78 代表角度,即 45°的"×"
gen_cross_contour_xld(Crosses, X, Y, 6, 0.78)
* 显示
dev_display(Image)
dev_display(Crosses)
* 生成投影变换需要的变换矩阵,这里是齐次变换矩阵
hom_vector_to_proj_hom_mat2d(X, Y, [1,1,1,1], [75,360,360,75],\
[110,110,360,360], [1,1,1,1], 'normalized_dlt', HomMat2D)
* 在待处理的图像上应用投影变换矩阵,并将结果输出到 Image_rectified 中
projective_trans_image(Image, Image_rectified, HomMat2D, \
'bilinear','false', 'false')
```

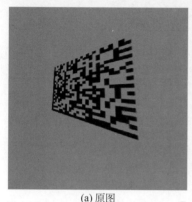

(a) 原图　　　　　　　　　　　　　　(b) 变换结果

图 6.3　二维码的投影变换结果

6.2　模板匹配

图像模板匹配是指通过分析模板图像和目标图像中灰度、边缘、外形结构以及对应关系等特征的相似性和一致性,从目标图像中寻找与模板图像相同或相似区域的过程。HALCON 中常用的模板匹配可以分为 4 种:基于灰度的模板匹配、基于形状的模板匹配、基于相关性的模板匹配和基于组件的模板匹配。其中,基于形状的模板匹配最为常用。不论哪一种方式的图像模板匹配,其原理都差不多,首先是需要制作一个模板,将模板图像在输入图像内从左上角开始滑动,逐个像素遍历整幅输入图像,计算每一次遍历的相似度得分,提取出分数在设定范围内的图像部分。

▶ 6.2.1　图像金字塔

在学习模板匹配之前,需要了解一下图像金字塔的概念,图像金字塔在模板匹配中比较重要,直接影响模板匹配的准确性和匹配速度。

图像金字塔是由一幅图像的多个不同分辨率的子图所构成的图像集合。该组图像是由单个图像通过梯次向下采样产生,直到达到某个终止条件才停止采样,最小的图像可能仅有一个像素点。如图 6.4 所示,一般来说,图像金字塔的最底层是原始图像,每往上一层图像的尺寸也就是分辨率缩小一半,整体呈金字塔形状。

图像金字塔的构建方式有两种:下采样和上采样。下采样就是以上提到的,最底层是原始图像,然后删除偶数行和偶数列获得下一层,不断重复;上采样则相反,最顶层是原始图像,

视频讲解

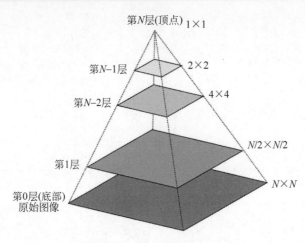

图 6.4 图像金字塔示例

然后在原图像中用零像素隔开每一行和每一列,最终就是原图像的每个像素点都被零像素点隔开,图像的分辨率变成了原来的 2 倍。

而一般来说,在图像金字塔的构建过程中都会对图像进行滤波操作,这是为了减轻图像信息的丢失。而对原始图像进行滤波操作有很多方法,例如,可以用邻域滤波器进行操作,这样生成的图像就是平均金字塔。如果用高斯滤波器处理,就生成的是高斯金字塔。

常见的图像金字塔有两种:高斯金字塔和拉普拉斯金字塔。高斯金字塔就是在进行下采样前,先对原始图像进行高斯滤波得到近似图像,再对近似图像进行下采样操作得到下一层的图像。一幅图像在经过向下采样后,再对其进行向上采样,是无法恢复为原始状态的。向上采样并不是向下采样的逆运算。这很明显,因为向下采样时在使用高斯滤波器处理后还要抛弃偶数行、偶数列,不可避免地要丢失一些信息。为了在向上采样时能够恢复具有较高分辨率的原始图像,就要获取在采样过程中所丢失的信息,这些丢失的信息就构成了拉普拉斯金字塔。拉普拉斯金字塔在模板匹配中几乎用不到,所以这里就只是大致介绍一下其原理。

拉普拉斯金字塔是将高斯金字塔中的某一层进行上采样得到的图像与高斯金字塔的上一层进行差值计算得到的图像。例如,将高斯金字塔的第 1 层进行上采样,将得到的图像与高斯金字塔的第 0 层图像进行差值计算,就得到了拉普拉斯金字塔的第 0 层。拉普拉斯金字塔会比对应的高斯金字塔少一层。

在 HALCON 中,一般使用 inspect_shape_model() 算子来查看图像金字塔,这个算子还可以根据设定的对比度提取出模型的轮廓,下面是算子的参数介绍。

inspect_shape_model(Image : ModelImages, ModelRegions : NumLevels, Contrast :)

- Image:输入用作生成图像金字塔的源图像。
- ModelImages:输出的图像金字塔,这是一个图像数组。可以用 select_obj() 算子来获取图像数组中的某个图像,也就是获取图像金字塔的某一层。
- ModelRegions:输出的图像轮廓金字塔,是根据 Contrast 值进行提取的。同样可以用 select_obj() 算子来获取某一层的轮廓。
- NumLevels:金字塔层数。表示输出的金字塔的数量。
- Contrast:对比度。用以确定轮廓的灰度差值,只有对比度大于该值时,才被认为是边缘。

6.2.2 基于形状的图像模板匹配

基于形状的图像模板匹配常用的有 4 种情况，其各自的特点如表 6.1 所示。其中相对比较常用的类型是一般形状匹配模板和比例缩放匹配模板。一般形状匹配模板是速度最快的，但是对于被测对象的大小跟模板相差较大的情况下匹配精度比较低；而比例缩放匹配模板就能更好地处理这种情况，但是所需的匹配时间相对长些，要根据项目的具体情况进行选择。这两种类型所需的参数相差不大，本书将着重介绍比例缩放匹配模板。

表 6.1 基于形状的图像模板匹配常用的 4 种类型的特点和涉及的算子

模板类型	特点	涉及的算子
一般形状匹配模板（shape_model）	最典型的模板匹配，不支持投影变形的模板匹配，是速度最高的	create_shape_model() find_shape_model()
线性变形匹配模板（planar_deformable_model）	支持投影变形的匹配	不带相机标定的算子： create_planar_uncalib_deformable_model() find_planar_uncalib_deformable_model() 带相机标定的算子： read_cam_par()、read_pose() create_planar_calib_deformable_model() find_planar_calib_deformable_model()
局部可变形模板（local_deformable_model）	支持局部变形的匹配	create_local_deformable_model() find_local_deformable_model()
比例缩放匹配模板（scale_model）	支持投影变形的匹配	create_scale_shape_model() find_scale_shape_model()

1. HALCON 中模板匹配核心算子介绍

关于形状模板匹配算子里的参数，有很多是重复的或者是类似的，这里以"比例缩放匹配模板"的相关算子来进行介绍。

1）创建比例缩放模板

```
create_scaled_shape_model(Template : : NumLevels, AngleStart, AngleExtent, AngleStep, ScaleMin, ScaleMax, ScaleStep, Optimization, Metric, Contrast, MinContrast : ModelID)
```

- Template：输入图像。指输入用以制作模板的图像。
- NumLevels：金字塔层数。金字塔层数越大，在进行模板匹配时计算的时间就越少，当然，如果层数过大导致丢失太多的图像信息，也有可能会导致寻找不到对象。对于新手来说，可以设置为 'auto' 让算法自己选择一个合适的层数，可以通过 get_shape_model_params() 函数查看金字塔的层数。如果金字塔的层数太大，模板不容易识别出来，这时需要将 find_shape_model() 函数中 MinScore 和 Greediness 参数设置得低一些，但是一般还是建议降层数，牺牲速度提高准确度。如果金字塔层数太少，找到模板的时间会增加，所以一般在创建模板之前先使用 inspect_shape_model() 函数的输出结果来选择一个较好的金字塔层数。
- AngleStart、AngleExtent、AngleStep：分别为起始角度、角度范围和角度步长，在模板匹配时，匹配的对象的角度跟模板不一定一致，这些参数就是设定对象角度的可识别范围。AngleStart、AngleExtent 根据实际情况设置就可以。AngleStep 为每次搜索时的角度增量,一般设置为'auto'让算法自动计算。对于比较小的模板来说,角度步长应该较大,较大的模板则相反。因为小模板对于角度的变化不敏感,3×3 的模板转动 0.01°跟原来没差别,徒增计算量,所以让算法根据模板大小选择一个值比较合适,最多用 get_shape_model_params() 算子获取算法自动计算的值,在这个值的基础上进行微调,其中 AngleExtent 是 AngleStep 的整数倍。

- ScaleMin、ScaleMax、ScaleStep:分别为最小缩放比例、最大缩放比例和缩放比例步长,它们共同决定了匹配对象的缩放比例范围。与上面介绍的一样,ScaleMin 和 ScaleMax 根据情况进行选择就行,而 ScaleStep 一般设置为'auto',让算法自动计算就好了。可以用 get_shape_model_params() 算子获取算法计算的值。
- Optimization:表示模板的模型点的存储方式。设置'none'则表示不对模型点进行处理,全部存储。设置为非'none'的值,则根据设置类型对模型点进行减少。对于小模型,减少模型点并不会优化匹配速度,反而可能由于模型点数量变少失去了更多的信息而导致搜索不到或者搜索到错误的对象,所以这个一般设置为'auto'让算法根据情况自动选择。
- Metric:代表了在搜索对象时的匹配条件。总共有 4 种情况,具体介绍如表 6.2 所示。

表 6.2　Metric 各种匹配条件介绍

Metric 的参数	说　　明
'use_polarity'	待检测图像中的对象和模板图像中的对象具有相同的对比度。例如,若模板中的对象为暗目标、背景为亮背景,则待检测图像的对象也需要为暗目标、亮背景。该种类型的条件最苛刻,匹配的时间最短
'ignore_global_polarity'	与'use_polarity'方法相比,在对比度完全相反的情况下也能找到对象,但需要的匹配时间最长
'ignore_local_polarity'	与'use_polarity'方法相比,即使对比度在局部发生变化,也可以找到模型。因为需要计算的内容变多,所需的匹配时间明显较多
'ignore_color_polarity'	不同于其他三种,这个方法用于多通道的图像,即使局部颜色对比度发生变化,也可以找到模型。如果用于单通道的图像,则作用与'ignore_local_polarity'是一样的

- Contrast:决定着模型点的对比度。对比度是用来测量目标与背景之间和目标不同部分之间局部的灰度值差异。这个参数的设置可以在 inspect_shape_model() 函数中查看效果从而来选择值的大小,也可以设置为'auto'让算法自己计算。
- MinContrast:模型搜索的最小对比度,小于该对比度时不考虑。MinConstrast 将模板从图像的噪声中分离出来,如果灰度值的波动范围是 10,则 MinConstrast 应当设为 10。可以设置为'auto'让算法自己计算。
- ModelID:句柄。就是创建的模板的标识符。

2)进行缩放比例的模板匹配

```
find_scaled_shape_model(Image : : ModelID, AngleStart, AngleExtent, ScaleMin, ScaleMax, MinScore, NumMatches, MaxOverlap, SubPixel, NumLevels, Greediness : Row, Column, Angle, Scale, Score)
```

- Image:输入图像。需要进行识别的图像。
- ModelID:所用模型的句柄。就是用 create_scaled_shape_model() 创建的模型的句柄。
- AngleStart、AngleExtent、ScaleMin、ScaleMax:搜索的起始角度和范围及缩放比例的范围。跟创建模板时一样就可以了。

第 6 章　几何变换和模板匹配

- MinScore：最小分数。在进行模板匹配时,对每个可能的对象都会进行一个相似度的计算就是输出参数 Score,而这个 MinScore 就是过滤掉那些分数也就是相似度比较低的对象,Score 值小于 MinScore 的对象将不会输出。MinScore 设置得越大,搜索得就越快,当然,设置过大可能会导致找不到对象。
- NumMatches：在图像中寻找的对象的最大值。如果满足 MinScore 条件的对象个数大于 NumMatches,则会输出分数最大的 NumMatches 个对象,如果数量不足就是找到几个输出几个。设置为 0 则表示将所有满足条件的对象都输出。
- MaxOverlap：最大重叠度。在识别中可能会出现两个对象重叠在一块的情况,如果两个对象的重合度大于 MaxOverlap,则选择其中 Score 比较高的对象。MaxOverlap 介于 0 和 1 之间,0 表示对象不重叠,则如果出现重叠,也只算作一个对象；而 1 表示将所有识别到的对象都输出。
- SubPixel：确定找到的目标是否使用亚像素精度提取。设置为 'none' 则表示不用亚像素精度提取。亚像素精度提取需要进行插值计算,一般用最小二乘法来进行插值计算,设置为'least_squares'就可以。
- NumLevels：搜索时使用的金字塔层数。设置为 0 则表示使用创建模板时的金字塔层数。NumLevels 还可以包含第二个参数,这个参数定义了找到匹配模板的最低金字塔级别。例如,NumLevels＝[4,2]表示在第 4 层开始匹配,在第 2 层找到匹配(不设置第二个值则默认为 1)。通常可以使用这种方式降低运行时间。
- Greediness：贪婪指数,一般设置为 0.8 或 0.9。如果 Greediness＝0,则使用一个安全的搜索启发式,只要模板在图像中存在就一定能找到模板,但消耗时间较长；如果 Greediness＝1,则使用不安全的搜索启发式,即使模板存在于图像中,也有可能找不到模板。
- Row、Column、Angle、Scale、Score：输出参数,即识别到的对象的坐标、角度、缩放比例和得分。模板匹配最终就是获取这些参数,以进行后面的计算。

2. 形状模板匹配案例讲解

形状模板匹配的基本流程就是模板制作和模板匹配。在模板制作时,为了提高匹配精度以及匹配速度,用于模板制作的图像应尽可能只包含对象的形状特征,所以通常需要用区域来进行图像的选择。而在用 inspect_shape_model()算子来初步确定 NumLevels 和 Contrast 的值时,需要查看不同 NumLevels 和 Contrast 值所得的模型轮廓的质量,一个好的模板的轮廓应该是包含模板的基本形状特征、没有过多的噪点以及特征点的数量不会过少。Contrast 的值过大,会导致模板的特征点数量太少,过小可能会导致模板的噪点太多。

【例 6-3】　形状模板匹配案例。具体代码如下。

```
* 关闭窗口
dev_close_window()
* 读入模板图片
read_image(Image, 'model')
* 获取图像尺寸
get_image_size(Image, Width, Height)
* 打开窗口
dev_open_window(0, 0, Width, Height, 'black', WindowHandle)
* 窗口设置
dev_set_color('green')
dev_set_draw('margin')
* 显示图像
dev_display(Image)
```

```
* 获取所要制作模板的区域
dev_disp_text('绘制模板区域,鼠标左键拖动进行绘制,单击右键完成绘制', 'window', 'top', 'left',
'black',[], [])
draw_circle(WindowHandle, Row1, Column1, Radius)
gen_circle(Circle, Row1, Column1, Radius)
* 获取感兴趣区域图像
reduce_domain(Image, Circle, ImageReduced)
* 创建模板
create_scaled_shape_model(ImageReduced, 5, rad(-45), rad(90), 'auto', 0.8, 1.0, 'auto', 'none',
'ignore_global_polarity', 40, 10, ModelID)
* 获取创建的模板的参数,一般用于需要对模型参数进行调整的时候。
get_shape_model_params(ModelID, NumLevels, AngleStart, AngleExtent, AngleStep, ScaleMin,
ScaleMax, ScaleStep, Metric, MinContrast)
* 获取模板的轮廓,并进行仿射变换,将其与图像对齐,制作的模板的中心坐标为原点(0,0)
get_shape_model_contours(Model, ModelID, 1)
vector_angle_to_rigid(0, 0, 0, Row1, Column1, 0, HomMat2D)
affine_trans_contour_xld(Model, ModelTrans, HomMat2D)
dev_display(Image)
dev_display(ModelTrans)
* 读入待识别图像
read_image(ImageSearch, 'image')
dev_display(ImageSearch)
* 进行模板匹配
find_scaled_shape_model(ImageSearch, ModelID, rad(-45), rad(90), 0.8, 1.0, 0.5, 0, 0.5, 'least
_squares', 5, 0.8, Row, Column, Angle, Scale, Score)
* 在窗口上显示识别到的模型数量
dev_disp_text('识别到的对象数量: ' + |Score|, 'window', 'top', 'left', 'black', [], [])
* 根据找到的图像的坐标、角度及缩放比例对每个对象进行仿射变换,使得模板与识别到的对象进行
* 对齐
for I := 0 to |Score| - 1 by 1
    hom_mat2d_identity(HomMat2DIdentity)
    hom_mat2d_translate(HomMat2DIdentity, Row[I], Column[I], HomMat2DTranslate)
    hom_mat2d_rotate(HomMat2DTranslate, Angle[I], Row[I], Column[I], HomMat2DRotate)
    hom_mat2d_scale(HomMat2DRotate, Scale[I], Scale[I], Row[I], Column[I], HomMat2DScale)
    affine_trans_contour_xld(Model, ModelTrans, HomMat2DScale)
    dev_display(ModelTrans)
end for
* 显示每个识别到的对象的信息
disp_message(WindowHandle, '得分: ' + Score + '\n' + '比例: ' + Scale, 'image', Row, Column - 80,
'black', 'true')
```

程序运行结果如图 6.5 所示。

(a) 创建的模板　　　　　　　　　　　(b) 检测结果

图 6.5　模板匹配运行结果(已将模板与图像对齐)

6.2.3 Matching 助手介绍

Marching 助手是 HALCON 提供的一个用于模板匹配的工具,工具内可以很方便地设置模板匹配的各种参数并显示出结果,目前支持的模板匹配有:

(1) 基于形状的模板匹配。
(2) 基于互关性(相关性)的模板匹配。
(3) 基于描述符的模板匹配。
(4) 基于可变形的模板匹配。

【例 6-4】 通过使用 Matching 来完成模板匹配,具体操作流程如下。

1. 新建 Matching 助手

在打开 HALCON 软件后,单击菜单栏中的"助手"→"打开新的 Matching",打开 Matching 助手,如图 6.6 所示。

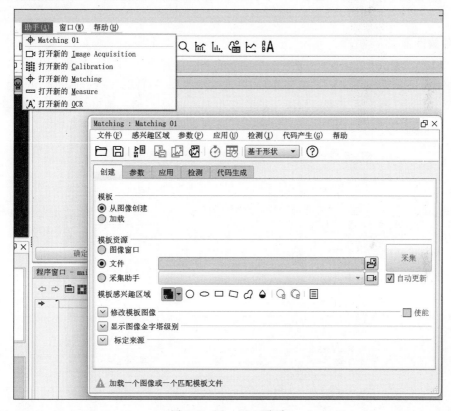

图 6.6 Matching 助手

2. 创建模板

如图 6.7 所示,先在①处选择模板匹配的类型,这里以基于形状为例。然后选择模板的来源,可以选择加载已经创建好的模型文件(.shm 文件),这里介绍"从图像创建"。用以创建模板的图像资源可以是来自图像窗口(已经在 HALCON 用 read_image()等算子加载到显示窗口的图像)、文件(给定图像路径加载进来的)和采集助手(连接相机获取到的图像),在②处选择从文件中加载,选择图像文件路径。然后在③处选择绘制感模板兴趣区域的形状,在显示窗口中绘制,鼠标左键绘制,右键结束绘制,绘制完成后,可以在窗口中看到模板的轮廓。④处的显示图像金字塔级别相当于用 inspect_shape_model()算子预览各层金字塔的图像级轮廓,对最终效果没有影响。

图 6.7　Matching 创建模板

3. 参数设置

选择"参数"选项卡,如图 6.8 所示,可以在这里对创建模型时的参数进行设置,默认状态下都是使用自动计算的值进行模板创建,如果需要修改那些自动选择的项的值,需要将①处对应的"自动选择"取消。这里需要修改②处的行和列方向最小缩放值和③处的度量,默认行列的缩放值是相同的,如果想要行列缩放值不同,需要将右侧的自动关联选项取消。

图 6.8　Matching 助手参数设置

4. 选择测试文件

如图 6.9 所示,选择"应用"页面卡,这里是选择用来测试的图像文件,与创建模板时一样,文件可以来源于图像文件和图像采集助手。这里选择"图像文件",单击"加载"按钮,选择用来测试的图像文件。下方的参数设置对应 find_scaled_shape_model() 算子中的参数,根据实际情况修改即可,本例默认无须修改。

第6章　几何变换和模板匹配

图 6.9　Matching 助手选择测试图像

5. 开始测试

如图 6.10 所示，选择"检测"选项卡，单击"执行"按钮，图像窗口就会显示识别到的对象。

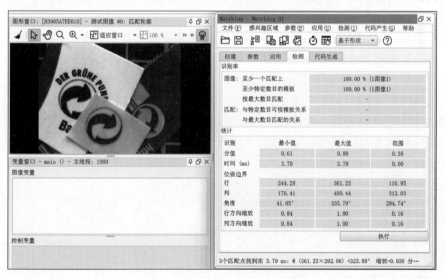

图 6.10　Matching 助手进行检测

6. 代码生成

完成以上操作后，选择"代码生成"选项卡，单击"插入代码"按钮，助手就会自动生成基于以上操作的模板匹配代码，如图 6.11 所示。

图 6.11　Matching 助手生成代码

查看 Matching 助手生成的代码会发现使用了 create_generic_shape_model()、set_generic_shape_model_param()、train_generic_shape_model() 等算子来实现模板匹配，跟之前介绍的算子有所不同，create_generic_shape_model() 算子是新版的 HALCON 新增的算子，但其实跟旧版的功能没什么区别，只是用法稍微不同。新版算子的使用流程是创建模型→设置参数→训练模型→识别对象→获取对象信息。

在设置参数这里，旧版的是所有参数都需要写在算子的参数列表中，代码会很长，新版的算子只需要设置需要修改的参数，不进行设置的参数会使用算法自动计算的值，获取识别对象的信息也是类似，通过 get_generic_shape_model_result() 获取需要的信息，不需要的信息不会输出。这样代码就不会太长，但也有坏处，对于新手可能不能直观地展示模板匹配所需设置的参数，新版和旧版的算子在功能上并没有大的区别，所以新手还是建议从旧版的算子进行入门。

关于这些新算子，只要掌握了前面章节的内容，知道有哪些参数及参数的意思，在这里使用起来比较简单，就不再详细地介绍了。

Matching 助手导出代码如下，自动生成的注释已经删除。

```
*读入模板图像并绘制 ROI,这个路径默认是绝对路径,建议手动改成相对路径
read_image(Image, 'model')
gen_circle(ModelRegion, 273.637, 280.869, 94.6774)
reduce_domain(Image, ModelRegion, TemplateImage)
*创建形状模板匹配模型
create_generic_shape_model(ModelID)
*设置模型参数,包括最小缩放比例以及 metric(匹配条件)
set_generic_shape_model_param(ModelID, 'iso_scale_min', 0.8)
set_generic_shape_model_param(ModelID, 'metric', 'ignore_global_polarity')
*训练模型,就是应用修改后的参数生成一个模型
train_generic_shape_model(TemplateImage, ModelID)
*获取模型金字塔第一层的轮廓,并进行仿射变换将它与图像对齐
```

```
get_shape_model_contours(ModelContours, ModelID, 1)
area_center (ModelRegion, ModelRegionArea, RefRow, RefColumn)
vector_angle_to_rigid(0, 0, 0, RefRow, RefColumn, 0, HomMat2D)
affine_trans_contour_xld(ModelContours, TransContours, HomMat2D)
* 设置窗口显示参数
dev_display(Image)
dev_set_color('green')
dev_set_draw('margin')
dev_display(ModelRegion)
dev_display(TransContours)
stop()
* 设置查找对象是否可能部分位于图像之外,这里是 false,所以处于图像之外的对象不识别
set_generic_shape_model_param (ModelID, 'border_shape_models', 'false')
* 这个路径也是建议手动改成相对路径
TestImages : = ['image']
for T : = 0 to 0 by 1
    read_image (Image, TestImages[T])
    * 执行检测
    find_generic_shape_model (Image, ModelID, MatchResultID, NumMatchResult)
    * 显示结果
    for I : = 0 to NumMatchResult − 1 by 1
        dev_display (Image)
        * 获取识别结果对象的轮廓及其句柄
        get_generic_shape_model_result_object (MatchContour, MatchResultID, I, 'contours')
        dev_set_color ('green')
        dev_display (MatchContour)
        * 根据句柄获取对象的行列坐标、角度、缩放比例等
        get_generic_shape_model_result (MatchResultID, I, 'row', Row)
        get_generic_shape_model_result (MatchResultID, I, 'column', Column)
        get_generic_shape_model_result (MatchResultID, I, 'angle', Angle)
        get_generic_shape_model_result (MatchResultID, I, 'scale_row', ScaleRow)
        get_generic_shape_model_result (MatchResultID, I, 'scale_column', ScaleColumn)
        get_generic_shape_model_result (MatchResultID, I, 'hom_mat_2d', HomMat2D)
        get_generic_shape_model_result (MatchResultID, I, 'score', Score)
        stop ()
    end for
end for
```

习题

6.1 将如图 6.12 所示的倾斜的字母 B 进行矫正。

图 6.12 题 6.1 图

6.2 简述下采样图像金字塔的具体流程。

6.3 模板匹配的目的是什么?常用的模板匹配方法有哪些?

在线测试

6.4 试着编写 HALCON 程序,以图 6.13(a)为模板进行模板匹配,识别图 6.13(b)中的字母 B。

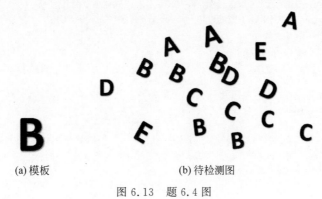

(a) 模板　　　　　　　　(b) 待检测图

图 6.13　题 6.4 图

第 7 章　3D视觉

机器视觉任务通过二维图像处理可以解决许多基于图像表面特征的应用,但是二维图像本质上是三维(3D)世界在成像平面的投影,投影后的二维图像丢失了3D世界的空间深度信息,因此无法实现3D物体定位和3D检测等任务。机器视觉系统通过相机获取3D世界的二维图像,这个过程实际是通过相机模型将3D世界坐标投影到二维图像坐标来实现的,因此二维图像中每个像素点都有一个3D世界中的点与之对应,相机标定的作用就是建立3D世界与二维图像之间所对应的投影关系,而经过标定的特定相机系统通过3D重建技术便可以实现3D世界的还原。3D视觉的任务是通过相机标定和3D重建技术获取3D物体模型,从而进行3D定位和3D检测等任务。

本章主要介绍相机模型的成像原理、相机标定的实现、3D物体模型处理、3D匹配和3D重建技术,涉及的知识点如下。

- 相机模型的成像原理:各坐标系的表示、刚性变换、位姿表示、相机模型、畸变模型、内参和外参等。
- 相机标定实现:标定板、相机标定流程、畸变校正和图像转换为世界坐标等。
- 3D物体模型处理:3D物体模型的获取、属性信息、修改、特征提取和可视化等。
- 3D匹配:3D配准、基于形状的3D匹配、基于表面的3D匹配和基于可变形表面的3D匹配。
- 3D重建:双目立体视觉、激光三角测量。

7.1　相机模型的成像原理

视频讲解

工业相机类型有面阵相机和线阵相机之分,面阵相机通过一步采集实现图像获取,而线阵相机通过逐行扫描获取图像,需要搭配运动平台使用。虽然这两类相机获取图像方式不一样,但是其成像原理是相似的,相机的成像模型分为针孔相机模型和远心相机模型。针孔相机模型是普通镜头与相机的结合,其成像类似于人眼,将世界坐标透视投影到图像中,物体成像具有近大远小的特性。远心相机模型是远心镜头与相机的结合,远心镜头带来了特殊的成像方式,物体在视野中远近都具有相同的成像大小。

▶ 7.1.1　3D世界坐标到二维图像像素坐标的映射

3D世界坐标到二维图像像素坐标的映射可表示为如图7.1所示。世界坐标3D点 P^w 映射到像素坐标点 P^i 的过程可以描述为:在世界坐标系(x^w,y^w,z^w)下的点 P^w 通过刚性变换转换到相机坐标系(x^c,y^c,z^c)下的点 P^c,点 P^c 通过投影到图像物理坐标系(u,v)得到二维点 P^t,然后将相机模型的成像畸变作用于 P^t 得到带畸变的点 $\widetilde{P^t}$,最后将 $\widetilde{P^t}$ 的坐标系转换为图像像素坐标系(r,c)从而得到像素坐标点 P^i。

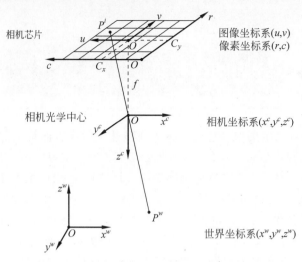

图 7.1 3D 世界坐标到二维图像像素坐标的映射

相机标定的目的就是获取 3D 世界坐标到二维图像像素坐标的映射关系,从而逆向实现从图像点 (r_i,c_i) 推算出该点在世界坐标系中的原始坐标 (x_i^w,y_i^w,z_i^w),这个过程涉及的各种坐标系转换及相应关系描述知识点如下。

1. 坐标系表示

(1) 世界坐标系:表示现实场景中的坐标,其坐标原点通常以标定时选定的标定板位置设定,场景中的点用 3D 坐标 (x^w,y^w,z^w) 表示。

(2) 相机坐标系:表示相机视野下的坐标,其坐标原点位于相机光学中心,其 z 轴与光轴重合,x 轴与 y 轴方向与芯片成像平面平行,相机坐标系中的点用 3D 坐标 (x^c,y^c,z^c) 表示。

(3) 图像物理坐标系:表示成像平面的坐标,其坐标原点位于光轴与成像平面的交点位置,通常是图像的中点,以 u 轴和 v 轴表示物理坐标。

(4) 图像像素坐标系:表示实际图像的坐标(即 HALCON 中进行图像处理的实际坐标),其坐标原点位于图像左上角,以像素为单位,按行和列排序,像素点坐标用 (r,c) 表示。

2. 刚性变换

刚性变换表示旋转与平移的组合变换,通常以齐次变换矩阵 H 表示,如式(7-1)所示,其中,R 为 3×3 的描述空间旋转的矩阵,T 为描述空间平移的向量。

$$H = \begin{bmatrix} R & T \\ 0\ 0\ 0 & 1 \end{bmatrix} \tag{7-1}$$

用齐次变换矩阵实现刚性变换可描述为式(7-2),实现了 3D 点 p_1 通过刚性变换得到点 p_2 的过程。

$$\begin{bmatrix} p_2 \\ 1 \end{bmatrix} = H \cdot \begin{bmatrix} p_1 \\ 1 \end{bmatrix} = \begin{bmatrix} R & T \\ 0\ 0\ 0 & 1 \end{bmatrix} \cdot \begin{bmatrix} p_1 \\ 1 \end{bmatrix} = \begin{bmatrix} R \cdot p_1 + T \\ 1 \end{bmatrix} \tag{7-2}$$

齐次变换矩阵可以用于描述 HALCON 中所有关于 3D 坐标变换的问题,其构成了 HALCON 中 3D 变换算子的基础,相关算子参考如下。

```
* 创建变换矩阵
hom_mat3d_identity(: : : HomMat3DIdentity)
* 矩阵添加平移
hom_mat3d_translate(: : HomMat3D, Tx, Ty, Tz : HomMat3DTranslate)
```

```
hom_mat3d_translate_local(: : HomMat3D, Tx, Ty, Tz : HomMat3DTranslate)
* 矩阵添加旋转
hom_mat3d_rotate(: : HomMat3D, Phi, Axis, Px, Py, Pz : HomMat3DRotate)
hom_mat3d_rotate_local(: : HomMat3D, Phi, Axis : HomMat3DRotate)
* 两个矩阵相乘
hom_mat3d_compose(: : HomMat3DLeft, HomMat3DRight : HomMat3DCompose)
* 计算矩阵的逆
hom_mat3d_invert(: : HomMat3D : HomMat3DInvert)
* 对点应用任意 3D 变换
affine_trans_point_3d(: : HomMat3D, Px, Py, Pz : Qx, Qy, Qz)
```

3. 位姿表示

齐次变换矩阵组合旋转矩阵和平移向量的方式是一种直观表示刚性变换的方法,但是其矩阵元素通常是比较复杂和难以理解的,而 3D 位姿(Pose)是一种简化表示刚性变换的方法,能让刚性变换变得更容易理解。

3D 位姿的原理是,围绕任意轴的旋转都可以用围绕三个坐标轴的旋转序列来表示,辅以平移向量,便可以表示完整的刚性变换。因此 3D 位姿使用 6 个参数描述刚性变换,如式(7-3)所示,前三个参数表示空间平移向量,后三个参数表示围绕三个坐标轴的旋转角度。

$$(TransX, TransY, TransZ, RotX, RotY, RotZ) \tag{7-3}$$

在 HALCON 中,3D 位姿还存储了平移和旋转的顺序,3D 位姿除了可以用于表示刚性变换,也可以用于表示一个对象(可以是坐标系、3D 模型、3D 点等)相对另一个对象的空间位置,因此 HALCON 中通常以 3D 位姿来表示对象的位置。而 3D 位姿与齐次变换矩阵之间是可以互相转换的,且齐次变换矩阵的计算更为直观,因此 HALCON 中刚性变换的过程通常以齐次变换矩阵进行计算,根据需要,可以将 3D 位姿转换成齐次变换矩阵,然后进行计算,再将计算结果转换成 3D 位姿存储,以供其他算子调用。HALCON 中 3D 位姿的相关算子参考如下。

```
* 创建一个 3D 位姿
create_pose(: : TransX, TransY, TransZ, RotX, RotY, RotZ, OrderOfTransform, OrderOfRotation,
ViewOfTransform : Pose)
* 将齐次变换矩阵转换为 3D 位姿
hom_mat3d_to_pose(: : HomMat3D : Pose)
* 将 3D 位姿转换为齐次变换矩阵
pose_to_hom_mat3d(: : Pose : HomMat3D)
* 改变 3D 位姿的表示类型(指旋转和平移的变换顺序)
convert_pose_type(: : PoseIn, OrderOfTransform, OrderOfRotation, ViewOfTransform : PoseOut)
* 将 3D 位姿写入文本文件
write_pose(: : Pose, PoseFile : )
* 从文本文件读取 3D 位姿
read_pose(: : PoseFile : Pose)
* 平移 3D 位姿的原点
set_origin_pose(: : PoseIn, DX, DY, DZ : PoseNewOrigin)
* 在 3D 位姿的元组中反转每一个位姿(类似于矩阵求逆)
pose_invert(: : Pose : PoseInvert)
* 将两个 3D 位姿相乘,相当于依次应用两个转换
pose_compose(: : PoseLeft, PoseRight : PoseCompose)
```

▶ 7.1.2 面阵相机成像原理及其标定参数

相机实际成像平面位于相机模型光学中心后方距离 f(焦距)处,为了简化计算,假设成像平面位于相机模型光学中心前方距离 f 处,可以得到如图 7.2 所示的虚拟图像平面成像图。基于此,可以简便地使用面阵相机描述从 3D 世界坐标到二维图像像素坐标的映射过程。

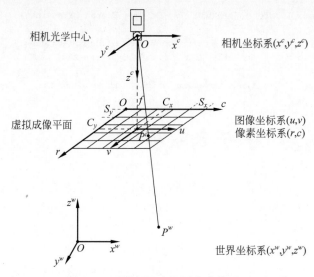

图 7.2 面阵相机虚拟图像成像平面

1. 将世界坐标变换到相机坐标

为了能将世界坐标的点投影到图像平面,需要先将世界坐标系变换到相机坐标系,从世界坐标系到相机坐标系的变换使用的是刚性变换,可以用位姿表示,也可以用齐次变换矩阵表示,而刚性变换的参数被称为相机的外参,相机的外参表示的是相机坐标系相对于世界坐标系的位置,用 6 个参数表示(3 个平移量 t_x, t_y, t_z 和 3 个旋转角度 α, β, γ),在 HALCON 中被存储为位姿。

2. 将相机坐标系下的点投影到图像物理坐标系

对于不同的相机模型,其投影规则不一样,针孔相机模型的投影方式为透视投影,如式(7-4)所示,其中,(u,v) 表示图像物理坐标,(x^c, y^c, z^c) 表示相机坐标系下的点,f 为相机焦距。

$$P^t = \begin{bmatrix} u \\ v \end{bmatrix} = \frac{f}{z^c} \begin{bmatrix} x^c \\ y^c \end{bmatrix} \tag{7-4}$$

而远心相机模型的投影方式为平行投影,如式(7-5)所示,其中,m 表示放大倍率,从这个投影方式也可以看出,物体到相机的距离 z^c 对图像坐标是没有影响的,即距离的远近不会改变远心相机模型对物体成像的大小。

$$P^t = \begin{bmatrix} u \\ v \end{bmatrix} = m \begin{bmatrix} x^c \\ y^c \end{bmatrix} \tag{7-5}$$

3. 投影图像应用畸变

镜头产生畸变通常有两个原因,一个是镜头使用的透镜本身特性造成的,投影时越偏离透镜中心的地方会产生越明显的折射偏差,这种畸变被称为径向畸变;另一个原因是透镜与成像平面不完全平行造成的,这种畸变一般由组装工艺的偏差产生,被称为切向畸变。镜头畸变是一种可以用数学模型来建模表示的变换,在 HALCON 中,畸变可以用除法模型和多项式模型来表示。

除法模型使用一个 κ 系数来模拟径向畸变,如公式(7-6)所示,(u,v) 表示未畸变图像坐标,$(\tilde{u}, \tilde{v})$ 表示畸变图像坐标。该式简单且可逆,可直接计算 $(\tilde{u}, \tilde{v})$ 得到畸变图像,因此除法模型计算速度较快但是精度没有多项式模型高。

$$u = \frac{\tilde{u}}{1+\kappa(\tilde{u}^2+\tilde{v}^2)}$$
$$v = \frac{\tilde{v}}{1+\kappa(\tilde{u}^2+\tilde{v}^2)} \tag{7-6}$$

多项式模型使用三个参数 K_1、K_2、K_3 表示径向畸变,两个参数 P_1、P_2 表示切向畸变,如公式(7-7)所示,其中,$r=\sqrt{\tilde{u}^2+\tilde{v}^2}$。该式复杂且不可逆,需要迭代计算才能得到畸变图像坐标 $(\tilde{u},\tilde{v})$,因此多项式模型计算速度较慢但是精度较高。

$$u = \tilde{u} + \tilde{u}(K_1 r^2 + K_2 r^4 + K_3 r^6) + P_1(r^2 + 2\tilde{u}^2) + 2P_2 \tilde{u}\tilde{v}$$
$$v = \tilde{v} + \tilde{v}(K_1 r^2 + K_2 r^4 + K_3 r^6) + P_2(r^2 + 2\tilde{v}^2) + 2P_1 \tilde{u}\tilde{v} \tag{7-7}$$

4. 将畸变图像转换到像素坐标系

从 3D 世界坐标映射到二维图像像素坐标过程的最后一步就是将畸变图像转换到像素坐标系,如式(7-8)所示。其中,S_x 和 S_y 是相机的缩放系数,如果是针孔相机模型,表示的是相邻像元的水平和垂直距离,如果是远心相机模型,则表示的是像素在世界坐标系中的宽和高;(C_x, C_y) 表示的是图像的主点坐标,一般位于图像的中心点坐标处。

$$\begin{bmatrix} r \\ c \end{bmatrix} = \begin{bmatrix} \dfrac{\tilde{v}}{S_y} + C_y \\ \dfrac{\tilde{u}}{S_x} + C_x \end{bmatrix} \tag{7-8}$$

5. 面阵相机的标定参数

3D 世界坐标映射到二维图像像素坐标过程除了刚性变换表示了相机的外参,其余参数则表示的是相机的内参,包括 f、m、κ、K_1、K_2、K_3、P_1、P_2、S_x、S_y、C_x 和 C_y,相机的内参和外参便是相机标定的参数,根据相机模型和畸变模型选择的不同,其实际使用到的参数也会不一样,以下是 HALCON 中常用的面阵相机使用不同模型组合的内参列表。

```
* 面阵相机使用针孔相机模型和除法畸变模型的内参列表
CamPar := [f, κ, Sx, Sy, Cx, Cy, ImageWidth, ImageHeight]
* 面阵相机使用针孔相机模型和多项式畸变模型的内参列表
CamPar := [f, K1, K2, K3, P1, P2, Sx, Sy, Cx, Cy, ImageWidth, ImageHeight]
* 面阵相机使用远心相机模型和除法畸变模型的内参列表
CamPar := [m, κ, Sx, Sy, Cx, Cy, ImageWidth, ImageHeight]
* 面阵相机使用远心相机模型和多项式畸变模型的内参列表
CamPar := [m, K1, K2, K3, P1, P2, Sx, Sy, Cx, Cy, ImageWidth, ImageHeight]
```

▶ 7.1.3 线阵相机的标定参数

线阵相机与面阵相机最大的区别是只有一个一维的芯片元素线,因此只能通过运动扫描的方式来获取图片,其工作系统如图 7.3 所示,相比面阵相机多了表示运动向量的参数 $V=(V_x, V_y, V_z)$,表示的是 x 轴、y 轴和 z 轴方向的运动速度。理想状态下,V_x 和 V_z 的值都为 0,而 V_y 一般通过运动扫描的速度计算或者通过编码器获取。

线阵相机的标定参数也由内参和外参组成,外参与面阵相机的一致,表示的是相机坐标系相对于世界坐标系的位置,同样用 6 个参数表示(3 个平移量 t_x、t_y、t_z 和 3 个旋转角度 α、β、γ),在 HALCON 中被存储为位姿。而内参要比面阵相机多了 V_x、V_y 和 V_z 这三个参数,以下是 HALCON 中常用的线阵相机使用不同模型组合的内参列表。

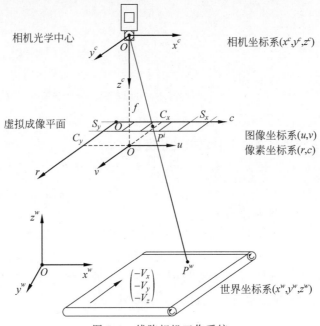

图 7.3 线阵相机工作系统

```
* 线阵相机使用针孔相机模型和除法畸变模型的内参列表
CamPar := [f, κ, S_x, S_y, C_x, C_y, ImageWidth, ImageHeight, V_x, V_y, V_z]
* 线阵相机使用针孔相机模型和多项式畸变模型的内参列表
CamPar := [f, K_1, K_2, K_3, P_1, P_2, S_x, S_y, C_x, C_y, ImageWidth, ImageHeight, V_x, V_y, V_z]
* 线阵相机使用远心相机模型和除法畸变模型的内参列表
CamPar := [m, κ, S_x, S_y, C_x, C_y, ImageWidth, ImageHeight, V_x, V_y, V_z]
* 线阵相机使用远心相机模型和多项式畸变模型的内参列表
CamPar := [m, K_1, K_2, K_3, P_1, P_2, S_x, S_y, C_x, C_y, ImageWidth, ImageHeight, V_x, V_y, V_z]
```

7.2 相机标定实现

相机标定是几何测量、物体定位和 3D 重建等方法的基础,其目的是获取相机的内参和外参,从而实现图像畸变校正和还原 3D 信息等任务。HALCON 提供了使用标定助手进行直接标定和使用算子通过参数设置实现标定的方法。

7.2.1 标定板

标定板是辅助相机实现标定的一种工具,相机通过拍摄标定板上固定排列的图案阵列,经过标定算法的计算可以得到相机模型的内参和外参。

1. 标定板的准备

HALCON 提供了两种不同类型的标准标定板(彩色图片见文前彩插),一种是带有六边形排列标记的标定板(见图 7.4(a),六边形框内的是标识器),另一种是点阵矩形排列的标定板(见图 7.4(b))。

带有六边形排列标记的标定板可以通过算子 create_caltab()生成标定板图像文件(*.ps)和标定板描述文件(*.cpd),点阵矩形排列的标定板可以通过算子 gen_caltab()生成标定板图像文件(*.ps)和标定板描述文件(*.descr)。标定板可以通过购买获取或者用标定板图像文件进行制备(自行制备的精度较低),标定板描述文件则用于标定时传递给标定模型,生成标

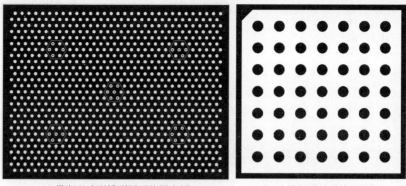

(a) 带有六边形排列标记的标定板　　　(b) 点阵矩形排列的标定板

图 7.4　标定板样式（见彩插）

定板描述文件的算子原型如下。

```
*生成带有六边形排列标记的标定板描述文件算子原型
create_caltab(: : NumRows, MarksPerRow, Diameter, FinderRow, FinderColumn, Polarity,
CalPlateDescr, CalPlatePSFile :)
```

- NumRows、MarksPerRow：标记点的行数和每行标记点的数量。
- Diameter：标记点的直径。
- FinderRow、FinderColumn：六边形标识器的行和列坐标。
- Polarity：标记点明暗的极性，即标记点黑而背景白，或者相反。
- CalPlateDescr、CalPlatePSFile：标定板描述和图像文件的文件名。

```
*生成点阵矩形排列的标定板描述文件算子原型
gen_caltab(: : XNum, YNum, MarkDist, DiameterRatio, CalPlateDescr, CalPlatePSFile :)
```

- XNum、YNum：标记点的行数和列数。
- MarkDist：标记点之间的距离。
- DiameterRatio：标记点的直径与标记点之间的距离之比。
- CalPlateDescr、CalPlatePSFile：标定板描述和图像文件的文件名。

2. 标定板使用注意事项

在标定时，如果使用带有六边形排列标记的标定板，标定板是可以大于视野范围的，但必须保证至少一个标识器在视野内可见；如果使用点阵矩形排列的标定板，则整块标定板都必须在视野内可见。而无论使用哪种标定板，标定板的标记点在图像中都必须有大于 20 个像素的直径，这是保证标定能成功的关键。除此之外，标定时还应注意以下事项。

（1）在标定的前后，都必须保证相机的光圈、位置和焦距都不再调整，否则都需要重新标定。

（2）对标定板的打光要均匀，避免反射，浅色部分（标定板上的非圆区域）的灰度值变化范围不应超过 45。注意避免过度曝光，浅色部分的灰度值不应超过 240。同时，标定板的明暗区域之间至少要有 100 以上的灰度值差异。

（3）对标定板的对焦要清晰，图像中标记点的边缘应该清晰可辨。

（4）标定板的摆放应该多样化，视场内各个位置都应该有所覆盖，且应该包含不同方向倾斜摆放的标定板图像，标定板的倾斜范围应该控制在 30°～45°，如果景深不够，在其景深范围内，也应该包含尽量倾斜的标定板图像。

（5）如果使用带有六边形排列标记的标定板，应该至少采集 6 张有效图像，且至少要包含

4张倾斜摆放的标定板;如果使用点阵矩形排列的标定板,则应该至少采集15张有效图像。

7.2.2 相机标定流程

1. 使用标定助手进行标定

1)在"安装"选项卡中设置标定板和相机参数

首先打开HALCON标定助手,在菜单栏选择"助手"→"打开新的Calibration",标定助手的第一个选项卡是"安装"选项卡,如图7.5所示。

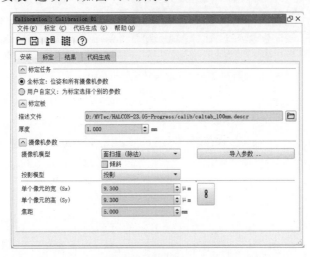

图7.5 HALCON标定助手"安装"选项卡

"安装"选项卡中的"标定任务"项一般选"全标定"。"标定板"项的"描述文件"根据选择的标定板对应的描述文件选择,并设置相应的标定板厚度。"摄像机参数"项的"摄像机模型"就是相机类型(面阵相机和线阵相机)与畸变模型(除法模型和多项式模型)的组合,相机类型根据实际使用的选择,畸变模型一般选择除法模型,如果标定精度不够再选择多项式模型;"倾斜"是镜头倾斜安装的特殊使用方式,正常模式下不会用到;"投影模型"是成像模型的选项,有"投影""远心"和"聚合镜头"三种方式,"投影"是使用普通镜头的针孔相机模型,"远心"是使用远心镜头的远心相机模型,"聚合镜头"则是一种特殊的可以对圆柱面360°成像的镜头,特殊场景下才会用到。最后根据相机参数设置单个像元的宽和高与焦距,便完成"安装"选项卡中的参数设置。

2)在"标定"选项卡中读取图像进行标定

切换到"标定"选项卡,如图7.6所示。"图像源"项可以加载提前拍摄好的标定板图像,也可以通过图像采集助手实时采集标定板图像,通过"标定"项的"加载"按钮导入图像,单击选中其中一个图像,图像的状态栏会显示标定板图像的品质问题,并在"品质问题"栏显示具体的问题,如果图像的状态栏显示"标志点提取失败",表明查找标定板失败,应该删除该图像;如果图像的状态栏显示"检测出品质问题",只要品质分数不超过设置的警告级别,也可以进行标定;如果图像的状态栏显示"确定",则表示图像没有问题。标定前需要设置一个参考位姿,选中一个图像,单击"设为参考位姿"按钮即可,设定的标定板位姿即为世界坐标系的原点。最后单击"标定"按钮即可进行标定。

3)在"结果"选项卡中查看标定结果

标定完成后在"结果"选项卡中可以查看标定结果,如图7.7所示。在"标定状态"项可以查看标定是否成功,"摄像机参数"项表示的是相机的内参,"摄像机位姿"项表示的是相机的外参,相机的内参和外参可以通过单击"保存"按钮导出为文件进行存储。

图 7.6 HALCON 标定助手"标定"选项卡

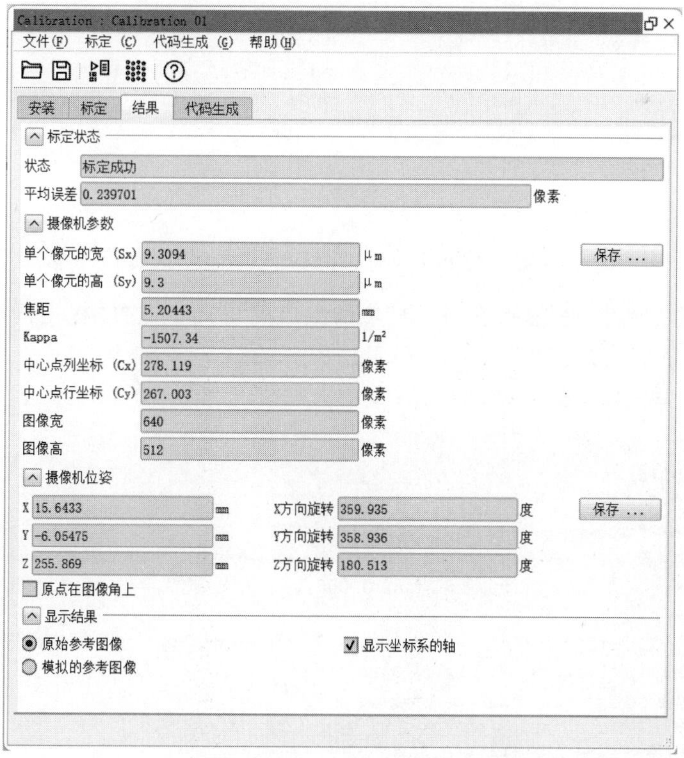

图 7.7 HALCON 标定助手"结果"选项卡

4) 在"代码生成"选项卡中插入代码

标定的结果和标定的过程代码都可以通过"代码生成"选项卡插入程序中,如图 7.8 所示。一般标定过程获取标定结果的数组插入代码即可,在"标定"项的生成的模式中选择"标定数据(Tuple)",单击"插入代码"按钮即可将标定结果的内参和外参组插入程序中,如下是插入的内参和外参数组示例。

```
* 内参
CameraParameters : = ['area_scan_division',0.00520443, -1507.34,9.3094e-06,9.3e-06,
278.119,267.003,640,512]
* 外参
CameraPose : = [0.0156433, -0.00605475,0.255869,359.935,358.936,180.513,0]
```

图 7.8 HALCON 标定助手"代码生成"选项卡

如果需要标定的过程代码,可在"标定"项的生成的模式中选择"标定函数"然后再插入代码,标定代码的关键算子及流程如例 7-1 所示。

【例 7-1】 标定流程示例。

```
* 标定板路径
ImgPath : = 'calib/'
* 标定板描述文件
TmpCtrl_PlateDescription : = 'caltab_100mm.descr'
* 初始化一个相机参数
StartParameters : = ['area_scan_division',0.005,0,9.3e-06,9.3e-06,320,256,640,512]
* 查找标定板参数设置
TmpCtrl_FindCalObjParNames : = ['gap_tolerance','alpha','skip_find_caltab']
TmpCtrl_FindCalObjParValues : = [1,1,'false']
* 创建标定模型
create_calib_data('calibration_object', 1, 1, CalibHandle)
* 在标定模型中设置相机的类型和初始参数
set_calib_data_cam_param(CalibHandle, 0, [], StartParameters)
```

```
* 在标定模型中定义标定板
set_calib_data_calib_object(CalibHandle, 0, TmpCtrl_PlateDescription)
* 循环识别标定板
NumImages : = 69
for Index : = 1 to NumImages by 1
    * 读取图像
    read_image(Image, ImgPath + 'calib_distorted_' + Index $ '02d')
    * 查找标定板
    find_calib_object(Image, CalibHandle, 0, 0, Index, TmpCtrl_FindCalObjParNames, TmpCtrl_FindCalObjParValues)
endfor
* 进行标定
calibrate_cameras(CalibHandle, TmpCtrl_Errors)
* 获取标定结果的内参
get_calib_data(CalibHandle, 'camera', 0, 'params', CameraParameters)
* 获取标定结果的外参
get_calib_data(CalibHandle, 'calib_obj_pose', [0, NumImages - 1], 'pose', CameraPose)
* 设置世界坐标原点偏移量(根据标定板厚度)
set_origin_pose(CameraPose, 0.0, 0.0, 0.001, CameraPose)
stop()
```

2. 图像畸变校正

算子 image_to_world_plane()通过将图像转换为测量平面(世界坐标 $z=0$ 的平面)进行校正,经过校正的图像能得到无畸变的效果,该算子的原型如下。

```
image_to_world_plane( Image : ImageWorld : CameraParam, WorldPose, Width, Height, Scale, Interpolation :)
```

- Image：输入图像。
- ImageWorld：输出结果图像。
- CameraParam、WorldPose：相机的内参和外参的位姿表示。
- Width、Height：输出图像的宽高。
- Scale：用于指定转换图像中像素的大小。
- Interpolation：像素的插值方法。

如果需要校正多个图像,可以先使用算子 gen_image_to_world_plane_map()建立校正的投影映射关系,再使用算子 map_image()对图像进行实际的变换,这两个算子的原型如下。

```
gen_image_to_world_plane_map(: Map : CameraParam, WorldPose, WidthIn, HeightIn, WidthMapped, HeightMapped, Scale, MapType :)
```

- Map：输出的包含映射数据的图像。
- CameraParam、WorldPose：相机的内参和外参的位姿表示。
- WidthIn、HeightIn：输入的要转换的图像的宽高。
- WidthMapped、HeightMapped：输出的包含映射数据图像的宽高。
- Scale：用于指定转换图像中像素的大小。
- MapType：映射图的类型。

```
map_image(Image, Map : ImageMapped : :)
```

- Image：待映射的图像。
- Map：包含映射数据的图像。
- ImageMapped：变换结果图像。

3. 转换到世界坐标

从标定结果的数据,可以实现从图像中获取世界坐标,对于测量等应用是特别有用的,可以将像素测量距离转换为实际的物理距离。而这种根据标定结果的数据进行转换世界坐标的方式是不需要经过图像校正的,HALCON 支持将坐标点和 XLD 转换到世界坐标系,相关算子的原型如下。

```
* 将图像坐标中的点转换为世界坐标
image_points_to_world_plane(: : CameraParam, WorldPose, Rows, Cols, Scale : X, Y)
```

- CameraParam、WorldPose:相机的内参和外参的位姿表示。
- Rows、Cols:需要转换的图像点坐标。
- WidthMapped、HeightMapped:输出的包含映射数据图像的宽高。
- Scale:用于指定转换图像中像素的大小。
- X、Y:输出的世界坐标。

```
* 将图像坐标中的 XLD 转换为世界坐标
contour_to_world_plane_xld(Contours : ContoursTrans : CameraParam, WorldPose, Scale :)
```

- Contours:要在图像坐标中转换的 XLD 轮廓。
- ContoursTrans:已转换为世界坐标的 XLD 结果。
- CameraParam、WorldPose:相机的内参和外参的位姿表示。
- Scale:用于指定转换图像中像素的大小。

7.3 3D 物体模型处理

视频讲解

3D 物体模型是 HALCON 中描述 3D 物体的统一数据结构表达,3D 物体模型可以是点云(空间 3D 坐标点的集合),可以是 3D 基本体(包含箱体、球体、圆柱体和平面结构体),也可以是 CAD 模型,根据获取方式的不同,其包含的数据类型和信息也会不同,且对 3D 物体模型的不同处理对 3D 模型的内容和属性也有不同的要求。本节将介绍 3D 物体模型处理的基本知识。

▶ 7.3.1 3D 物体模型的获取

1. 通过创建获取 3D 物体模型

3D 物体模型可以通过从零开始创建点坐标或 3D 形状得到,不过这种方式只能获取简单的 3D 物体模型。

HALCON 支持创建空的 3D 物体模型,然后再往模型里面填充内容,算子原型如下。

```
* 创建空的 3D 物体模型
gen_empty_object_model_3d(: : : EmptyObjectModel3D)
* 设置 3D 物体模型的属性
set_object_model_3d_attrib_mod(: : ObjectModel3D, AttribName, AttachExtAttribTo, AttribValues :)
set_object_model_3d_attrib(: : ObjectModel3D, AttribName, AttachExtAttribTo, AttribValues : ObjectModel3DOut)
```

创建一个由点组成的点云模型可以通过以下算子实现。

```
* 创建由点组成的点云模型
gen_object_model_3d_from_points(: : X, Y, Z : ObjectModel3D)
```

创建 3D 基本体模型,可以通过以下算子实现。

```
* 创建箱体模型
gen_box_object_model_3d(: : Pose, LengthX, LengthY, LengthZ : ObjectModel3D)
* 创建球体模型
gen_sphere_object_model_3d(: : Pose, Radius : ObjectModel3D)
gen_sphere_object_model_3d_center(: : X, Y, Z, Radius : ObjectModel3D)
* 创建圆柱体模型
gen_cylinder_object_model_3d(: : Pose, Radius, MinExtent, MaxExtent : ObjectModel3D)
* 创建平面模型
gen_plane_object_model_3d(: : Pose, XExtent, YExtent : ObjectModel3D)
```

创建的 3D 基本体模型效果如图 7.9 所示。

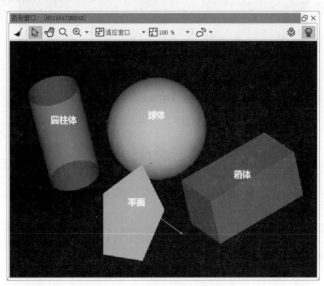

图 7.9 3D 基本体模型效果

2. 通过 CAD 数据获取 3D 物体模型

通过设计的物体 CAD 模型，也可作为 HALCON 的 3D 物体模型进行读取，通过算子 read_object_model_3d()可以实现 CAD 可用模型的读取，该算子支持 *.om3、*.dxf、*.off、*.ply、*.obj 和 *.stl 格式的 3D 模型读取，其中，*.om3 是 HALCON 原生的 3D 模型格式，CAD 可用模型必须是该算子支持的一种格式，该算子的原型如下。

```
* 从文件读取一个 3D 物体模型
read_object_model_3d(: : FileName, Scale, GenParamName, GenParamValue : ObjectModel3D, Status)
```

- FileName：要读取文件的文件名。
- Scale：文件中数据的比例。
- GenParamName、GenParamValue：通用参数的名称和值。
- ObjectModel3D：3D 物体模型的句柄。
- Status：状态信息。

【例 7-2】 读取的 CAD 模型，修改控制变量 ObjectModel3D 里的句柄参数（勾选显示，修改颜色），效果如图 7.10 所示。

```
read_object_model_3d('clamp_sloped', 'm', [], [], ObjectModel3D, Status)
```

3. 通过 3D 重建获取 3D 物体模型

HALCON 支持使用经过标定的立体视觉、线激光三角测量和对焦测距等 3D 重建方法显式或隐式地获取 3D 物体模型。显式方法是直接获取物体的点云模型，隐式方法是获取 X、Y

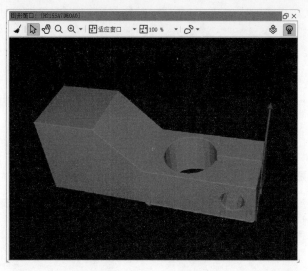

图 7.10 CAD 模型效果

和 Z 的图像或深度图(depth map,一种灰度图像,视觉中常用的图像表示方式,每个像素点的值不是普通图像里的灰度值,而是距离相机成像平面的距离信息,即深度信息),再通过算子 xyz_to_object_model_3d()生成点云模型,该算子的原型如下。

```
* 将 3D 点从图像转换为 3D 物体模型
xyz_to_object_model_3d(X, Y, Z : : : ObjectModel3D)
```

- X、Y、Z:分别为 X、Y 和 Z 图像。
- ObjectModel3D:3D 物体模型的句柄。

如果只获得了深度图,也可以通过创建与深度图相对应的 X 和 Y 图,再使用算子 xyz_to_object_model_3d()生成点云模型,X 和 Y 图必须与深度图大小相同,并且是按实际分辨率在 X 方向或 Y 方向等差排列的倾斜灰度值平面,可以通过算子 gen_image_surface_first_order()生成 X 和 Y 图,该算子的原型如下。

```
* 用一阶多项式创建一个倾斜的灰色表面
gen_image_surface_first_order(: ImageSurface : Type, Alpha, Beta, Gamma, Row, Column, Width, Height :)
```

- ImageSurface:用新的图像矩阵创建的图像。
- Type:图像像素的类型。
- Alpha、Beta、Gamma、Row、Column:一阶多项式的参数,一阶多项式创建一个倾斜的灰色表面,其公式为:$ImageSurface(r, c) = Alpha(r - Row) + Beta(c - Column) + Gamma$,$X$ 图设置 Beta、Gamma 为 0,Y 图设置 Alpha、Gamma 为 0。
- Width、Height:图像的宽高。

除了可以使用 HALCON 支持的 3D 重建方式获取 3D 物体模型,还可以使用商用的 3D 传感器直接获取点云或深度图,例如,双目相机、线激光相机、结构光相机和 TOF 相机等。

▶ 7.3.2 3D 物体模型的属性信息

3D 物体模型根据获取方式的不同,其内含属性信息也不同。从点创建的模型包含基本的点信息,从 3D 基本体创建的模型包含基本体的参数,从 3D 重建获取的模型还可能包含点信息和二维映射信息或者额外的扩展信息等,表 7.1 显示了可能包含在 3D 物体模型中的不同类型信息。

表 7.1 可能包含在 3D 物体模型中的不同类型信息

类型	属性	含义
点云	三角形	三角形的 3D 点的索引
	线	折线的 3D 点的索引
	面	面的 3D 点的索引
	法线	法向量
	X、Y、Z 映射	一个 3D 点到图像坐标的映射
基本体	基本体类型	基本体类型(平面、球体、箱体、圆柱体)
	基本体位姿	描述基本体的位置和方向的位姿
	基本体均方根	基本体参数的精度
扩展属性	属性名	为 3D 物体模型定义的扩展属性的名称
	属性类型	为 3D 物体模型定义的扩展属性的类型
附加属性	基于形状的数据	指示 3D 物体模型是否已准备好进行基于形状的 3D 匹配的标志
	距离计算	指示 3D 物体模型是否已准备好进行距离计算的标志

▶ 7.3.3 3D 物体模型的修改

1. 为 3D 处理准备 3D 物体模型

HALCON 中一些用于 3D 计算和处理的算子,可以通过提前处理准备的 3D 物体模型,来实现加快后续算子执行速度的目的。但是这种加速只有在多次使用相同的 3D 物体模型进行相同操作时才有效,如果对 3D 物体模型只调用一次操作是没有加速效果的,该算子的原型如下。

```
* 为某一操作准备 3D 物体模型
prepare_object_model_3d(: : ObjectModel3D, Purpose, OverwriteData, GenParamName, GenParamValue :)
```

- ObjectModel3D：3D 物体模型的句柄。
- Purpose：3D 物体模型的准备目的。
- OverwriteData：指定是否应该覆盖已经存在的数据。
- GenParamName、GenParamValue：影响准备目的的参数名和参数值。

2. 为 3D 物体模型添加属性

3D 物体模型的一些特定属性并非是显式地包含在模型中,但是可以通过算子计算将其显化在模型中,3D 物体模型也支持通过设置来添加或修改特定属性,相关算子如下。

```
* 添加或修改 3D 物体模型的属性
set_object_model_3d_attrib_mod(: : ObjectModel3D, AttribName, AttachExtAttribTo, AttribValues :)
set_object_model_3d_attrib(: : ObjectModel3D, AttribName, AttachExtAttribTo, AttribValues : ObjectModel3DOut)
```

- ObjectModel3D：输入 3D 物体模型的句柄。
- AttribName、AttribValues：设置的属性名和属性值。
- AttachExtAttribTo：定义扩展属性附加到的位置。
- ObjectModel3DOut：输出 3D 物体模型的句柄。

```
* 添加法线属性到 3D 物体模型
surface_normals_object_model_3d(: : ObjectModel3D, Method, GenParamName, GenParamValue : ObjectModel3DNormals)
```

- ObjectModel3D：输入 3D 物体模型的句柄。
- Method：法线计算的方法。
- GenParamName、GenParamValue：通用平滑参数的名称和值。
- ObjectModel3DNormals：计算出 3D 法线的 3D 物体模型的句柄。

* 添加三角形属性到由点和法线组成的 3D 物体模型
triangulate_object_model_3d(: : ObjectModel3D, Method, GenParamName, GenParamValue : TriangulatedObjectModel3D, Information)

- ObjectModel3D：包含点数据的 3D 物体模型句柄。
- Method：三角剖分方法。
- GenParamName、GenParamValue：通用三角剖分参数的名称和值。
- TriangulatedObjectModel3D：带有三角曲面的 3D 物体模型的句柄。
- Information：三角剖分过程的附加信息。

* 获取与 3D 基本体相关的属性，拟合 3D 基本体
fit_primitives_object_model_3d(: : ObjectModel3D, GenParamName, GenParamValue : ObjectModel3DOut)

- ObjectModel3D：输入 3D 物体模型的句柄。
- GenParamName、GenParamValue：通用参数的名称和值。
- ObjectModel3DOut：输出 3D 物体模型的句柄。

* 复制 3D 物体模型，可将选定的属性复制到新的 3D 物体模型
copy_object_model_3d(: : ObjectModel3D, Attributes : CopiedObjectModel3D)

- ObjectModel3D：输入 3D 物体模型的句柄。
- Attributes：要复制的属性。
- CopiedObjectModel3D：复制的 3D 物体模型的句柄。

3. 3D 物体模型点云的修改、分割、组合

根据定位与检测任务的需求，通常需要对 3D 物体模型进行修改、分割和组合等处理，HALCON 提供了各类算子，可以用于修改 3D 物体模型的点云或对 3D 物体模型进行分割和组合处理，相关算子如下。

* 对 3D 物体模型的属性应用阈值
select_points_object_model_3d(: : ObjectModel3D, Attrib, MinValue, MaxValue : ObjectModel3DThresholded)

- ObjectModel3D：3D 物体模型的句柄。
- Attrib：应用阈值的属性。
- MinValue、MaxValue：由 Attrib 指定属性的最小值和最大值。
- ObjectModel3DThresholded：应用阈值后的 3D 物体模型的句柄。

* 从 3D 物体模型中移除给定投影视图区域之外的所有点
reduce_object_model_3d_by_view(Region : : ObjectModel3D, CamParam, Pose : ObjectModel3DReduced)

- Region：投影图像平面中的区域。
- ObjectModel3D：3D 物体模型的句柄。
- CamParam、Pose：相机的内参和外参的位姿表示。
- ObjectModel3DReduced：移除给定区域后的 3D 物体模型的句柄。

* 采样一个 3D 物体模型，对点云均匀采样可降低点的密度
sample_object_model_3d(: : ObjectModel3D, Method, SampleDistance, GenParamName, GenParamValue : SampledObjectModel3D)

- ObjectModel3D：要采样的 3D 物体模型的句柄。
- Method：采样方法。
- SampleDistance：采样间距。
- GenParamName，GenParamValue：可调整的通用参数的名称和值。
- SampledObjectModel3D：包含采样点的 3D 物体模型的句柄。

* 简化三角化的 3D 物体模型，减少三角化 3D 物体模型的点数
`simplify_object_model_3d(: : ObjectModel3D, Method, Amount, GenParamName, GenParamValue : SimplifiedObjectModel3D)`

- ObjectModel3D：需要简化的 3D 物体模型的句柄。
- Method：用于简化的方法。
- Amount：简化程度。
- GenParamName，GenParamValue：通用参数的名称和值。
- SimplifiedObjectModel3D：简化后的 3D 物体模型的句柄。

* 平滑 3D 物体模型的 3D 点
`smooth_object_model_3d(: : ObjectModel3D, Method, GenParamName, GenParamValue : SmoothObjectModel3D)`

- ObjectModel3D：包含点云的 3D 物体模型的句柄。
- Method：平滑方法。
- GenParamName、GenParamValue：通用平滑参数的名称和值。
- SmoothObjectModel3D：平滑点云后的 3D 物体模型的句柄。

* 将 3D 物体模型分割成具有相似特征的子集
`segment_object_model_3d(: : ObjectModel3D, GenParamName, GenParamValue : ObjectModel3DOut)`

- ObjectModel3D：输入 3D 物体模型的句柄。
- GenParamName、GenParamValue：通用参数的名称和值。
- ObjectModel3DOut：输出 3D 物体模型的句柄。

* 将 3D 物体模型分割成由连接组件组成的部分
`connection_object_model_3d(: : ObjectModel3D, Feature, Value : ObjectModel3DConnected)`

- ObjectModel3D：输入 3D 物体模型的句柄。
- Feature：用于计算连接组件的属性。
- Value：两个连接组件之间距离的最大值。
- ObjectModel3DConnected：连接组件的 3D 物体模型的句柄。

* 将多个 3D 物体模型合并为一个新的 3D 物体模型
`union_object_model_3d(: : ObjectModels3D, Method : UnionObjectModel3D)`

- ObjectModel3D：输入 3D 物体模型的句柄。
- Method：合并方法。
- UnionObjectModel3D：生成的 3D 物体模型的句柄。

4. 3D 物体模型的变换

3D 物体模型通过 3D 刚性变换、3D 仿射变换和 3D 投影变换可以实现空间的变换，相关算子如下。

* 对 3D 物体模型应用刚性 3D 变换
`rigid_trans_object_model_3d(: : ObjectModel3D, Pose : ObjectModel3DRigidTrans)`

- ObjectModel3D：3D 物体模型的句柄。

- Pose：用于刚性变换的位姿。
- ObjectModel3DrigidTrans：变换后的 3D 物体模型的句柄。

* 对 3D 物体模型应用任意仿射 3D 变换
affine_trans_object_model_3d(:: ObjectModel3D, HomMat3D : ObjectModel3DAffineTrans)

- ObjectModel3D：3D 物体模型的句柄。
- HomMat3D：变换矩阵。
- ObjectModel3DAffineTrans：变换后的 3D 物体模型的句柄。

* 对 3D 物体模型应用任意投影 3D 变换
projective_trans_object_model_3d(:: ObjectModel3D, HomMat3D : ObjectModel3DProjectiveTrans)

- ObjectModel3D：3D 物体模型的句柄。
- HomMat3D：齐次投影变换矩阵。
- ObjectModel3DProjectiveTrans：变换后的 3D 物体模型的句柄。

▶ 7.3.4 3D 物体模型的特征提取

1. 显式特征提取与筛选

3D 物体模型本身包含显式的属性特征，属性内容参考表 7.1，与这些属性相关的特征通过算子 get_object_model_3d_params()实现提取，该算子的原型如下。

get_object_model_3d_params(:: ObjectModel3D, GenParamName : GenParamValue)

- ObjectModel3D：3D 物体模型的句柄。
- GenParamName：查询 3D 物体模型的通用属性名称。
- GenParamValue：通用参数的值。

如果一个 3D 物体模型中包含一组特征不一的模型，例如，3D 物体模型包含多个基本体模型或经过分割的点云模型，这些模型在 3D 物体模型中都是以单独的组件模型存在的，select_object_model_3d()算子通过全局特征筛选（如点数、体积、直径等）可以从一组模型中筛选出特定特征的模型，该算子原型如下。

select_object_model_3d(:: ObjectModel3D, Feature, Operation, MinValue, MaxValue : ObjectModel3DSelected)

- ObjectModel3D：可供选择的 3D 物体模型的句柄。
- Feature、Operation：执行测试的特征列表及组合的逻辑操作。
- MinValue、MaxValue：筛选特征参数的最小值和最大值。
- ObjectModel3DSelected：满足给定条件的 ObjectModel3D 的子集。

2. 隐式特征计算

除了可以直接获取的显式特征，3D 物体模型还可以通过计算获取隐式的几何特征，HALCON 提供了以下算子来实现 3D 物体模型几何特征的计算。

* 计算 3D 物体模型所有面的面积
area_object_model_3d(:: ObjectModel3D : Area)

- ObjectModel3D：3D 物体模型的句柄。
- Area：计算的面积。

* 计算一个 3D 物体模型的点到另一个 3D 物体模型的距离
distance_object_model_3d(:: ObjectModel3DFrom, ObjectModel3DTo, Pose, MaxDistance, GenParamName, GenParamValue :)

- ObjectModel3DFrom：源 3D 物体模型的句柄。
- ObjectModel3DTo：目标 3D 物体模型的句柄。
- Pose：源 3D 物体模型在目标 3D 物体模型中的位姿。
- MaxDistance：最大感兴趣距离。
- GenParamName、GenParamValue：通用参数的名称和值。

* 计算一个 3D 物体模型的最大直径

`max_diameter_object_model_3d(: : ObjectModel3D : Diameter)`

- ObjectModel3D：3D 物体模型的句柄。
- Diameter：计算的直径。

* 计算 3D 物体模型的平均值或二阶中心矩

`moments_object_model_3d(: : ObjectModel3D, MomentsToCalculate : Moments)`

- ObjectModel3D：3D 物体模型的句柄。
- MomentsToCalculate：需要计算的矩。
- Moments：所计算矩的值。

* 计算 3D 物体模型点周围的最小边界框

`smallest_bounding_box_object_model_3d(: : ObjectModel3D, Type : Pose, Length1, Length2, Length3)`

- ObjectModel3D：3D 物体模型的句柄。
- Type：用来估计最小框的方法。
- Pose：描述生成的边界框的位置和方向的位姿。
- Length1、Length2、Length3：边界框的边长。

* 计算 3D 物体模型点周围的最小边界球体

`smallest_sphere_object_model_3d(: : ObjectModel3D : CenterPoint, Radius)`

- ObjectModel3D：3D 物体模型的句柄。
- CenterPoint：描述球体中心点的坐标。
- Radius：球体的估计半径。

* 计算一个 3D 物体模型的体积

`volume_object_model_3d_relative_to_plane(: : ObjectModel3D, Plane, Mode, UseFaceOrientation : Volume)`

- ObjectModel3D：3D 物体模型的句柄。
- Plane：参考平面的位姿。
- Mode：在参考平面的上方和下方组合体积的方法。
- UseFaceOrientation：决定一个面的方向是否会影响底层体积的最终符号。
- Volume：计算体积的绝对值。

* 计算 3D 物体模型与平面的交集

`intersect_plane_object_model_3d(: : ObjectModel3D, Plane : ObjectModel3DIntersection)`

- ObjectModel3D：3D 物体模型的句柄。
- Plane：平面的位姿。
- ObjectModel3DIntersection：将交点描述为一组直线的 3D 物体模型。

* 计算一个 3D 物体模型的凸包

`convex_hull_object_model_3d(: : ObjectModel3D : ObjectModel3DConvexHull)`

- ObjectModel3D：3D 物体模型的句柄。

- ObjectModel3DconvexHull：描述凸包的 3D 物体模型的句柄。

```
* 在 3D 物体模型中查找边缘
edges_object_model_3d(: : ObjectModel3D, MinAmplitude, GenParamName, GenParamValue :
ObjectModel3DEdges)
```

- ObjectModel3D：要计算其边缘的 3D 物体模型的句柄。
- MinAmplitude：边缘的阈值。
- GenParamName、GenParamValue：通用参数的名称和值。
- ObjectModel3DEdges：包含边缘的 3D 物体模型的句柄。

7.3.5 3D 物体模型的可视化

1. 静态式可视化

静态式可视化是让 3D 物体模型像二维图像一样在图像窗口中显示，算子 disp_object_model_3d() 实现 3D 物体模型的静态可视化，通过指定相机内参和位姿来确定 3D 物体模型的显示视图，根据通用参数设置可以修改显示时的颜色、透明度、点的大小和坐标系等信息，但是该算子显示的只是 3D 模型的渲染效果，实际并非一张可以处理的图像，该算子原型如下。

```
disp_object_model_3d(: : WindowHandle, ObjectModel3D, CamParam, Pose, GenParamName, GenParamValue :)
```

- WindowHandle：显示窗口的句柄。
- ObjectModel3D：3D 物体模型的句柄。
- CamParam：场景相机的参数。
- Pose：物体的 3D 位姿。
- GenParamName、GenParamValue：通用参数的名称和值。

一个最简单的读取一个 3D 物体模型进行静态显示的例子，只需输入显示窗口句柄和 3D 物体模型句柄即可，其余参数省略，算子默认将使 3D 物体模型在视图中完全可见，程序如例 7-3，效果如图 7.11 所示。

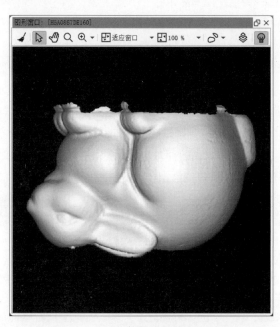

图 7.11　3D 物体模型静态显示效果

【例 7-3】 静态显示示例。

```
* 读取 3D 物体模型
read_object_model_3d('mvtec_bunny_normals', 'm', [], [], ObjectModel3D, Status)
* 打开一个显示窗口
dev_open_window(0, 0, 512, 512, 'black', WindowHandle)
* 静态显示 3D 物体模型
disp_object_model_3d(WindowHandle, ObjectModel3D, [], [], [], [])
```

由于算子 disp_object_model_3d() 只能显示渲染效果并不生成图像,如果需要渲染后的图像进行处理,则应该使用算子 render_object_model_3d(),该算子拥有与算子 disp_object_model_3d() 相似的功能,不同之处在于该算子会生成渲染后的图像,该算子原型如下。

```
render_object_model_3d(: Image : ObjectModel3D, CamParam, Pose, GenParamName, GenParamValue :)
```

- Image:渲染生成的图像。
- ObjectModel3D:3D 物体模型的句柄。
- CamParam:场景相机的参数。
- Pose:物体的 3D 位姿。
- GenParamName、GenParamValue:通用参数的名称和值。

2. 场景式可视化

HALCON 可通过场景的方式可视化 3D 物体模型,通过创建一个用于显示的 3D 场景,然后设置场景内容(包括相机内参、模型位姿、光线、3D 物体模型、标签等),便可在一个场景中可视化多个 3D 物体模型,场景式可视化的方式如下。

(1)创建一个 3D 显示的场景。

```
create_scene_3d(: : : Scene3D)
```

(2)为 3D 场景添加相机及设置相机位姿。

```
add_scene_3d_camera(: : Scene3D, CameraParam : CameraIndex)
set_scene_3d_camera_pose(: : Scene3D, CameraIndex, Pose :)
```

(3)在 3D 场景中添加光源。

```
add_scene_3d_light(: : Scene3D, LightPosition, LightKind : LightIndex)
set_scene_3d_light_param(: : Scene3D, LightIndex, GenParamName, GenParamValue :)
```

(4)将一个 3D 物体模型实例添加到 3D 场景中。

```
add_scene_3d_instance(: : Scene3D, ObjectModel3D, Pose : InstanceIndex)
set_scene_3d_instance_param(: : Scene3D, InstanceIndex, GenParamName, GenParamValue :)
```

(5)向 3D 场景添加文本标签。

```
add_scene_3d_label(: : Scene3D, Text, ReferencePoint, Position, RelatesTo : LabelIndex)
set_scene_3d_label_param(: : Scene3D, LabelIndex, GenParamName, GenParamValue :)
```

(6)可视化 3D 场景。

```
display_scene_3d(: : WindowHandle, Scene3D, CameraIndex :)
```

与静态可视化 3D 物体模型类似,3D 场景可视化的视图也并非是可处理的图像,但是也可以通过以下算子渲染获取图像。

```
render_scene_3d(: Image : Scene3D, CameraIndex :)
```

3. 交互式可视化

HALCON 提供了交互式可视化 3D 物体模型的方式,可以实现在显示窗口中旋转、缩放和平移 3D 模型,算子原型如下。

```
visualize_object_model_3d(: : WindowHandle, ObjectModel3D, CamParam, PoseIn, GenParamName, GenParamValue, Title, Label, Information : PoseOut)
```

- WindowHandle:显示窗口的句柄。
- ObjectModel3D:3D 物体模型的句柄。
- CamParam:场景相机的参数。
- PoseIn:物体的 3D 位姿。
- GenParamName、GenParamValue:通用参数的名称和值。
- Title:要显示在显示窗口左上角的文本。
- Label:要在每个显示物体模型的位置显示的文本标签。
- Information:要显示在显示窗口左下角的文本。
- PoseOut:所有可能被交互改变的物体模型的姿态。

该算子是以一种阻塞的方式显示 3D 物体模型的,即在没有退出该算子之前无法执行后面的程序。其交互方式通过鼠标单击与键盘按键组合实现,其中,旋转模型通过按住鼠标左键并移动实现,缩放模型通过按住 Shift 键+鼠标左键并移动实现,平移模型通过按住 Ctrl 键+鼠标左键并移动实现。

【例 7-4】 交互式可视化 3D 物体模型的示例,效果如图 7.12 所示。

```
* 读取 3D 物体模型
read_object_model_3d('mvtec_bunny_normals', 'm', [], [], ObjectModel3D, Status)
* 打开一个显示窗口
dev_open_window (0, 0, 512, 512, 'black', WindowHandle)
* 交互式显示 3D 物体模型
visualize_object_model_3d(WindowHandle, ObjectModel3D, [], [], [], [], [], [], [], PoseOut)
```

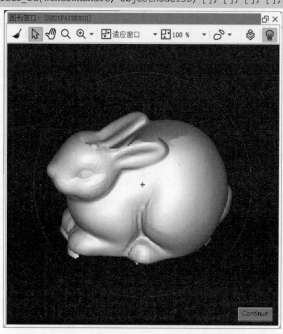

图 7.12 3D 物体模型交互式显示效果

7.4 3D 匹配

二维图像通过模板匹配可以实现图像平面的物体识别和定位,而 3D 物体模型则可以通过 3D 匹配实现空间物体的识别和定位,即 3D 匹配可以实现物体的 3D 位姿估计。3D 匹配的基本过程是先通过已知的 3D 物体模型创建用于匹配的 3D 匹配模型,然后使用匹配模型在场景的图像或 3D 物体模型中进行查找匹配。用于创建匹配模型的 3D 物体模型可以通过 CAD 模型、3D 重建或 3D 传感器获取,CAD 模型可以创建直接可用的匹配模型,而 3D 重建和 3D 传感器获取的 3D 物体模型一般是不完整且包含背景的,可以通过多角度拍摄物体再通过 3D 配准获取较为完整的模型,然后从背景中分离模型得到可用的匹配模型。本节将介绍 3D 匹配的基本知识。

▶ 7.4.1 3D 配准

HALCON 提供了直接匹配相同物体在不同视点下点云的功能,即可以利用 3D 重建或 3D 传感器获取物体表面的点云,通过不同角度拍摄物体的多个点云数据,匹配计算点云的重叠部分从而获取较为完整的物体表面点云,这种匹配被称为点云的 3D 配准。

1. 配准方法

HALCON 通过配准可以获得描述 3D 物体模型之间空间关系的位姿,配准方法分为成对配准和全局配准。成对配准是先确定一个 3D 物体模型的初始位姿,然后两个 3D 物体模型之间进行匹配,通过连续改进匹配效果,使两个 3D 物体模型的重叠部分之间的差异变得最小,匹配得到的最终位姿可用于将第一个 3D 物体模型转换为第二个 3D 物体模型的坐标系。全局配准用于改进和细化多个 3D 物体模型之间的匹配位姿,即多个成对配准的结果可以通过全局配准进行优化,经过多个成对配准组成的重叠的 3D 物体模型,通过全局配准计算和优化,可以获得更好的对齐结果,实现所有 3D 物体模型之间最小的相互匹配差异。成对配准和全局配准的算子原型如下。

```
* 成对配准
register_object_model_3d_pair(: : ObjectModel3D1, ObjectModel3D2, Method, GenParamName,
GenParamValue : Pose, Score)
```

- ObjectModel3D1、ObjectModel3D2:配准的两个 3D 物体模型。
- Method:配准方法。
- GenParamName、GenParamValue:通用参数的名称和值。
- Pose:ObjectModel3D1 在 ObjectModel3D2 的坐标系中的位姿。
- Score:两个 3D 物体模型的重叠量。

```
* 全局配准
register_object_model_3d_global(: : ObjectModels3D, HomMats3D, From, To, GenParamName,
GenParamValue : HomMats3DOut, Scores)
```

- ObjectModels3D:多个 3D 物体模型的句柄。
- HomMats3D:3D 物体模型之间的近似相对变换矩阵。
- From、To:变换矩阵的解释类型的控制参数。
- GenParamName、GenParamValue:全局 3D 物体模型配准时可调整的通用参数名称和值。

- HomMats3DOut：变换结果矩阵。
- Score：每个 3D 物体模型的重叠量。

2. 配准实例

HALCON 例程 reconstruct_3d_object_model_for_matching.hdev 展示了一个万向节 3D 模型的配准实例，其通过 3D 传感器获取同一个万向节不同视图下的 3D 物体模型进行配准，3D 传感器获取的万向节的 3D 物体模型可视化效果如图 7.13 所示。

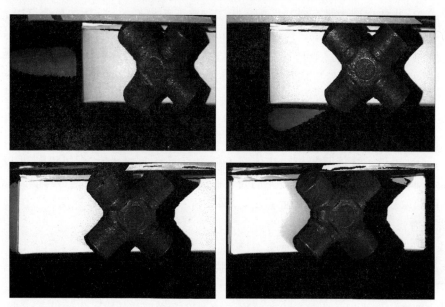

图 7.13　3D 传感器不同视图下的万向节

配准实例主要过程有如下三个步骤。

第一步：对不同视图下的 3D 物体模型进行成对配准。

首先通过循环进行不同视图下 3D 物体模型的两两成对配准，并将配准结果的位姿关系通过元组进行存储，图 7.14 展示了两个 3D 物体模型成对配准后转到同一坐标系下的效果，上面两个图是进行配准的模型，下面图是成对配准和转换后的两个 3D 物体模型的可视化。

```
* 先读取一个 3D 物体模型，用于确定成对配准的初始位姿
read_object_model_3d('universal_joint_part/universal_joint_part_xyz_00.om3', 'm', [], [],
ObjectModel3D, Status)
PreviousOM3 := ObjectModel3D
RegisteredOM3s := ObjectModel3D
* 循环进行成对配准
for Index := 1 to NumTrainingImages - 1 by 1
* 读取不同视图下的 3D 物体模型
    read_object_model_3d('universal_joint_part/universal_joint_part_xyz_' + Index $ '02d', 'm',
[], [], ObjectModel3D, Status)
    * 进行成对配准
    register_object_model_3d_pair(ObjectModel3D, PreviousOM3, 'matching', 'default_parameters',
'accurate', Pose, Score)
    * 累计结果
    pose_to_hom_mat3d(Pose, HomMat3D)
    RegisteredOM3s := [RegisteredOM3s, ObjectModel3D]
    Offsets := [Offsets, HomMat3D]
    PreviousOM3 := ObjectModel3D
end for
```

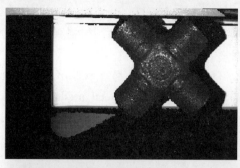

图 7.14 成对配准后转到同一坐标系的结果

第二步：对经过成对配准的 3D 物体模型进行全局配准。

经过成对配准之后，所有 3D 物体模型都可以转换到第一个 3D 物体模型的坐标系中，然后通过全局配准和相应的仿射变换来改进转换后的模型之间的关系。

```
* 进行全局配准
register_object_model_3d_global (RegisteredOM3s, Offsets, 'previous', [], 'max_num_iterations',
1, HomMat3DRefined, Score)
* 应用 3D 仿射变换
affine_trans_object_model_3d (RegisteredOM3s, HomMat3DRefined, GloballyRegisteredOM3s)
```

成对配准和全局配准后的可视化结果（彩色图片见文前彩插）如图 7.15 所示，从视觉上看都是将 3D 物体模型对齐叠加在一起，难以分辨配准效果，实际上成对配准得到的是粗略的配准效果，而全局配准后能得到较精细的配准结果。

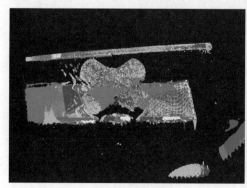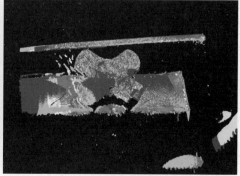

(a) 成对配准可视化   (b) 全局配准可视化

图 7.15 成对配准和全局配准的可视化结果（见彩插）

第三步：从配准后的 3D 物体模型中提取表面模型。

配准后的 3D 物体模型集合中不仅包含万向节，还包含着多余的背景，需要从 3D 物体模型集合中剔除背景从而提取出万向节的表面模型。

经过全局配准和相应的 3D 仿射变换后虽然 3D 物体模型集合都可以显示在一个模型窗口中，实际上各个 3D 物体模型还是独立存在的，通过算子 union_object_model_3d() 可以将 3D 物体模型集合组合为一个，并通过算子 sample_object_model_3d() 进行均匀采样得到点云均匀的 3D 物体模型，其效果如图 7.16 所示。

```
* 组合 3D 物体模型
union_object_model_3d(GloballyRegisteredOM3s, 'points_surface', UnionOptimized)
* 均匀采样
sample_object_model_3d(UnionOptimized, 'accurate', SampleDistance, 'min_num_points', 5, 0.5)
```

 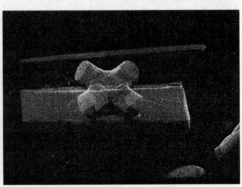

(a) 3D 物体模型集合组合成一个模型　　　　　(b) 均匀采样后的模型

图 7.16　3D 物体模型集合组合成一个模型和均匀采样后的模型可视化

接着对均匀采样后的点云模型使用算子 smooth_object_model_3d() 进行平滑处理，这里平滑处理方法会计算点云的法线，由于法线方向的一致性对于 3D 匹配过程很重要，实例里为了提取适合用于进行基于表面 3D 匹配的 3D 物体模型，先通过移动点云模型，使坐标系统的原点位于点云模型的下方，这样结合 smooth_object_model_3d() 的 mls_force_inwards 选项，平滑点云模型的法线将统一向下指向，然后再进行平滑处理，平滑处理后再将点云模型移动回原来的位置。

```
* 移动点云模型，使坐标系统的原点位于点云模型的下方
get_object_model_3d_params(SampleExact, 'center', Center)
get_object_model_3d_params(SampleExact, 'bounding_box1', BoundingBox)
hom_mat3d_identity(HomMat3DTrans)
hom_mat3d_translate_local(HomMat3DTrans, -Center[0], -Center[1], -BoundingBox[2], HomMat3DTranslate)
affine_trans_object_model_3d(SampleExact, HomMat3DTranslate, SampleExactTrans)
* 进行平滑处理
smooth_object_model_3d(SampleExactTrans, 'mls', 'mls_force_inwards', 'true', SmoothObject3DTrans)
* 将平滑后的点云模型移动回原始位置
hom_mat3d_invert(HomMat3DTranslate, HomMat3DInvert)
affine_trans_object_model_3d(SmoothObject3DTrans, HomMat3DInvert, SmoothObject3D)
```

最后，对平滑后的点云模型使用算子 triangulate_object_model_3d() 进行三角剖分生成表面，然后用算子 connection_object_model_3d() 确定模型中连接的组件，再通过算子 select_object_model_3d() 对连接组件的特征筛选确定万向节的模型。三角剖分的模型如图 7.17(a) 所示，是由细小的三角形组成的表面模型，图 7.17(b) 是连接组件的模型，三角剖分后表面模

型相连的部分各自形成单独的组件,通过组件特征筛选提取出来的万向节表面模型如图 7.18 所示。

```
* 三角剖分生成表面
triangulate_object_model_3d(SampleExact, 'greedy', [], [], Surface3D, Information)
* 确定连接组件
connection_object_model_3d(Surface3D, 'mesh', 1, ObjectModel3DConnected)
* 万向节模型筛选
select_object_model_3d(ObjectModel3DConnected, ['has_triangles', 'num_triangles'], 'and', [1, 2000], [1, 100000], ObjectModel3DSelected)
select_object_model_3d(ObjectModel3DSelected, ['central_moment_2_x', 'central_moment_2_y'], 'and', [150, 200], [400, 230], ObjectModel3DCross)
```

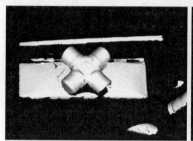 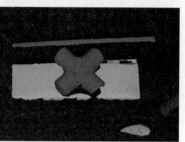

(a) 三角剖分模型　　　　　　　　(b) 连接组件模型

图 7.17　三角剖分模型和连接组件模型可视化

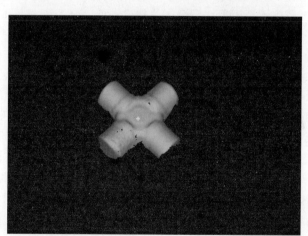

图 7.18　通过配准后提取的万向节表面模型

▶ 7.4.2　基于形状的 3D 匹配

3D 匹配中基于形状的匹配方法,是通过 3D CAD 模型创建 3D 形状模型来实现在二维图像上的 3D 匹配,与二维图像上基于形状的模板匹配类似,基于形状的 3D 匹配用于识别图像中的物体,不同之处在于,3D 形状模型由一组不同视点下 3D CAD 模型的二维投影组成,并且 3D 匹配结果返回的不是图像中物体的位置,而是 3D 物体模型的 3D 位姿。

基于形状的 3D 匹配实现过程包含以下三个基本步骤。

第一步:读取用于匹配的 CAD 3D 物体模型。

第二步:从 CAD 3D 物体模型创建用于 3D 匹配的 3D 形状模型。

第三步:使用 3D 形状模型在图像中进行匹配识别物体。

1. 读取 CAD 3D 物体模型

读取 CAD 3D 物体模型通过算子 read_object_model_3d() 来实现，详情可参考 7.3.1 节中关于 CAD 模型的获取方法。基于形状的 3D 匹配方法其匹配的对象必须是已知形状的物体，即物体的 CAD 模型必须存在，这是创建 3D 形状模型的前提。

2. 创建 3D 形状模型

创建 3D 形状模型通过算子 create_shape_model_3d() 来实现，该算子原型如下。

```
* 创建 3D 形状模型
create_shape_model_3d(:: ObjectModel3D, CamParam, RefRotX, RefRotY, RefRotZ, OrderOfRotation,
LongitudeMin, LongitudeMax, LatitudeMin, LatitudeMax, CamRollMin, CamRollMax, DistMin, DistMax,
MinContrast, GenParamName, GenParamValue : ShapeModel3DID)
```

- ObjectModel3D：输入的 CAD 3D 物体模型的句柄。
- CamParam：相机的内参。
- RefRotX、RefRotY、RefRotZ、OrderOfRotation：用以调整参考坐标系原点的旋转方式。
- LongitudeMin、LongitudeMax、LatitudeMin、LatitudeMax：模型视图的最小和最大经纬度。
- CamRollMin、CamRollMax：模型视图的最小和最大相机旋转角度。
- DistMin、DistMax：模型视图中相机到物体的最小和最大距离。
- MinContrast：匹配图像中物体的最小对比度。
- GenParamName、GenParamValue：用于创建模型的额外参数名称和值。
- ShapeModel3DID：3D 形状模型的句柄。

算子 create_shape_model_3d() 具有非常复杂的参数，这是由它创建 3D 形状模型的方式决定的，3D 形状模型的创建方式是通过模拟一个球形模型对 CAD 模型进行二维投影，CAD 模型位于球形模型的中心位置，通过一个模拟相机在球面的不同位置对 CAD 模型进行成像，用经度和纬度表示模拟相机在球面的成像范围，同时模拟相机可以绕相机坐标系的 z 轴进行旋转成像，并且可控制模拟相机到 CAD 模型的成像距离。由这种方式获取的 3D 形状模型实际上是一组 CAD 模型的二维投影图像，而且算子的参数控制了匹配的位姿范围和内存的占用，算子参数设置的模型成像范围越大则可匹配的位姿就越丰富，但是同时 CAD 模型的二维投影图像也就越多，造成更多的内存占用和更慢的匹配速度。因此，在匹配的物体位姿范围大致已知或位姿有限的情况下，可以通过算子参数限制 CAD 模型的二维投影图像范围，从而减少 3D 形状模型中的图像数量，提高匹配速度。

创建的 3D 形状模型可以用算子 write_shape_model_3d() 保存为 "*.sm3" 格式的 3D 形状模型文件，需要时便可以使用算子 read_shape_model_3d() 直接读取模型进行使用。

3. 在二维图像中进行搜索匹配

基于形状的 3D 匹配最终通过算子 find_shape_model_3d() 进行搜索匹配，该算子原型如下。

```
* 进行 3D 形状匹配
find_shape_model_3d(Image :: ShapeModel3DID, MinScore, Greediness, NumLevels, GenParamName,
GenParamValue : Pose, CovPose, Score)
```

- Image：输入的进行匹配的图像。
- ShapeModel3DID：3D 形状模型的句柄。

- MinScore：匹配结果的最小分数。
- Greediness：执行搜索的"贪婪"程度。
- NumLevels：在搜索过程中使用的金字塔的层数。
- GenParamName、GenParamValue：影响匹配的其他参数的名称和值。
- Pose：3D 形状模型匹配结果的 3D 位姿。
- CovPose：3D 位姿的标准差和协方差。
- Score：搜索到的物体 3D 形状模型的分数。

▶ 7.4.3 基于表面的 3D 匹配

基于表面的 3D 匹配方法，实现了 3D 表面模型在 3D 场景中的匹配。3D 表面模型由点云及其点法线组成，点云模型可以由 3D CAD 模型、3D 重建或其他 3D 传感器获取，通过获取的点云模型可以创建用于表面匹配的 3D 表面模型。3D 表面模型用于在 3D 物体模型中实现最佳的 3D 匹配，匹配结果返回 3D 表面模型在 3D 物体模型中的位姿。

基于表面的 3D 匹配实现过程与基于形状的 3D 匹配过程相似，包含以下三个基本步骤。

第一步：读取创建 3D 表面模型所需的 3D 物体模型。

第二步：从 3D 物体模型创建用于 3D 匹配的 3D 表面模型。

第三步：使用 3D 表面模型在 3D 物体模型中进行匹配识别物体。

1. 读取创建 3D 表面模型所需的 3D 物体模型

由 CAD 3D 物体模型、显式 3D 重建或其他 3D 传感器获取的 3D 物体模型可以通过算子 read_object_model_3d() 来读取，通过 3D 重建隐式方法获取的 3D 物体模型通过算子 xyz_to_object_model_3d() 来获取，详情可参考 7.3.1 节。通过 3D 重建或其他 3D 传感器直接获取的 3D 物体模型通常包含背景且并不完整，可以通过 7.4.1 节 3D 配准的方法来获取合适的 3D 物体模型用于创建 3D 表面模型。

由于 3D 表面模型由点云及其点法线组成，点法线可以是已经存在的或者是隐式包含的，对于只包含点云数据的 3D 物体模型，可以通过算子 surface_normals_object_model_3d() 为点云添加法线；对于从 CAD 模型获取的 3D 物体模型，则不仅需要包含点云，还要包含相应的三角形或多边形网格；对于从 3D 重建获取的 3D 物体模型则除了需要包含点云外，还需要对应生成点云的二维映射，算子 xyz_to_object_model_3d() 生成的点云便已经包含对应的二维映射。

2. 创建 3D 表面模型

创建 3D 表面模型通过算子 create_surface_model() 来实现，该算子原型如下。

*创建 3D 表面模型
```
create_surface_model(: : ObjectModel3D, RelSamplingDistance, GenParamName, GenParamValue : SurfaceModelID)
```

- ObjectModel3D：输入的 3D 物体模型的句柄。
- RelSamplingDistance：相对于物体直径的采样距离。
- GenParamName、GenParamValue：用于创建模型的额外参数名称和值。
- SurfaceModelID：3D 表面模型的句柄。

算子 create_surface_model() 通过点云采样来创建 3D 表面模型，参数 RelSamplingDistance 控制了点云采样的距离，采样距离越小，用于创建 3D 表面模型的点云数量就越多，其匹配效果也就越稳定，但同时匹配的速度也越慢；相反，采样距离越大，3D 表面模型的点云数量就越少,匹配速度快但是效果不稳定。3D 表面模型的法线对于匹配也很重要,只有当 3D 表面模型的法线和搜索物体的法线指向相同的方向时,才能找到正确的匹配。而一般 3D 重建或 3D 传感器获取的点云模型容易存在噪声并且存在背景信息,使得计算法线变得复杂,因此可以通过算子 smooth_object_model_3d()先对点云模型进行平滑处理和计算法线并统一法线的方向,再将模型从场景中分割出来,详情可以参考 7.4.1 节。

创建的 3D 表面模型可以用算子 write_surface_model()保存为"＊.sfm"格式的 3D 表面模型文件,需要时便可以使用算子 read_surface_model()直接读取模型进行使用。

3. 在 3D 物体模型中进行搜索匹配

基于表面的 3D 匹配最终通过算子 find_surface_model()进行搜索匹配,该算子原型如下。

```
* 进行 3D 表面匹配
find _ surface _ model (: : SurfaceModelID, ObjectModel3D, RelSamplingDistance, KeyPointFraction,
MinScore, ReturnResultHandle, GenParamName, GenParamValue : Pose, Score, SurfaceMatchingResultID)
```

- SurfaceModelID:3D 表面模型的句柄。
- ObjectModel3D:包含场景的 3D 物体模型的句柄。
- RelSamplingDistance:场景采样距离相对于 3D 表面模型的直径。
- KeyPointFraction:作为关键点的采样场景点的比例。
- MinScore:匹配结果的最小分数。
- ReturnResultHandle:启用在 SurfaceMatchingResultID 中返回结果的句柄。
- GenParamName、GenParamValue:影响匹配的其他参数的名称和值。
- Pose:匹配场景中 3D 表面模型的 3D 位姿。
- Score:搜索到的物体 3D 表面模型的分数。
- SurfaceMatchingResultID:如果在 ReturnResultHandle 中启用返回结果,则返回匹配结果的句柄。

▶ 7.4.4 基于可变形表面的 3D 匹配

基于可变形表面的 3D 匹配与基于表面的 3D 匹配十分相似,不同之处在于,基于可变形表面的 3D 匹配可以匹配场景中产生变形的物体;可以在可变形表面模型中定义参考点,即使变形后也可以识别出参考点的位置;并且可变形表面模型可以不断更新,根据匹配出的变形物体形状更新完善可变形表面模型。

基于可变形表面的 3D 匹配实现过程与基于表面的 3D 匹配的基本过程相似,但是多了一些可扩展的过程,其步骤如下。

第一步:读取创建可变形表面模型所需的 3D 物体模型。
第二步:从 3D 物体模型创建用于 3D 匹配的 3D 可变形表面模型。
第三步:在可变形表面模型中设置参考点。
第四步:使用可变形表面模型在 3D 物体模型中匹配识别物体。
第五步:获取匹配结果扩展可变形表面模型。

1. 读取创建可变形表面模型所需的 3D 物体模型

与基于表面的 3D 匹配读取 3D 物体模型方法一致,支持带点云和三角形或多边形网格的 CAD 3D 物体模型,支持显式 3D 重建或 3D 传感器获取的点云并添加法线的 3D 物体模型,支持隐式 3D 重建通过算子 xyz_to_object_model_3d()获取的带二维映射的 3D 物体模型。

2. 创建 3D 可变形表面模型

创建 3D 可变形表面模型通过算子 create_deformable_surface_model() 来实现，该算子原型如下。

> * 创建 3D 可变形表面模型
> create _ deformable _ surface _ model (: : ObjectModel3D, RelSamplingDistance, GenParamName, GenParamValue : DeformableSurfaceModel)

- ObjectModel3D：输入的 3D 物体模型的句柄。
- RelSamplingDistance：相对于物体直径的采样距离。
- GenParamName、GenParamValue：用于创建模型的额外参数名称和值。
- DeformableSurfaceModel：3D 可变形表面模型的句柄。

创建 3D 可变形表面模型的算子与创建 3D 表面模型的算子参数都是一样的，因为它们创建匹配模型的方法是一致的。3D 可变形表面模型可以用算子 write_deformable_surface_model() 保存为 "*.dsfm" 格式的 3D 可变形表面模型文件，需要时便可以使用算子 read_deformable_surface_model() 直接读取模型进行使用。

3. 设置参考点

设置参考点的步骤不是必需的，设置参考点的作用在于可为 3D 物体模型定义一些参考位置，为机器人抓取等任务提供一个抓取点位。参考点可以位于 3D 可变形表面模型中的任意位置，不要求一定要位于模型的表面，且参考点在匹配结果中的相对位置也是会不一样的，根据匹配的 3D 物体模型变形程度不一样而相应变形。设置参考点通过以下算子实现。

> * 在 3D 可变形表面模型中添加参考点
> add_deformable_surface_model_reference_point(: : DeformableSurfaceModel, ReferencePointX, ReferencePointY, ReferencePointZ : ReferencePointIndex)

- DeformableSurfaceModel：3D 可变形表面模型的句柄。
- ReferencePointX、ReferencePointY、ReferencePointZ：参考点在 3D 可变形表面模型坐标系中的 X、Y、Z 坐标。
- ReferencePointIndex：参考点的索引。

4. 在 3D 物体模型中进行搜索匹配

基于可变形表面的 3D 匹配最终通过算子 find_deformable_surface_model() 进行搜索匹配，该算子原型如下。

> * 进行 3D 可变形表面匹配
> find_deformable_surface_model(: : DeformableSurfaceModel, ObjectModel3D, RelSamplingDistance, MinScore, GenParamName, GenParamValue : Score, DeformableSurfaceMatchingResult)

- DeformableSurfaceModel：3D 可变形表面模型的句柄。
- ObjectModel3D：匹配场景的 3D 物体模型的句柄。
- RelSamplingDistance：场景采样距离相对于 3D 表面模型的直径。
- MinScore：匹配结果的最小分数。
- GenParamName、GenParamValue：影响匹配的其他参数的名称和值。
- Score：搜索到的物体 3D 表面模型的分数。
- DeformableSurfaceMatchingResult：匹配结果的句柄。

5. 更新扩展可变形表面模型

扩展可变形表面模型步骤也不是必需的，但是该步骤可以扩展可变形表面模型支持的变形范围,从而提高匹配的鲁棒性。扩展的方法是从匹配结果中获取变形的 3D 物体模型添加到 3D 可变形表面模型中,获取匹配结果中变形的 3D 物体模型通过算子 get_deformable_surface_matching_result()实现,该算子不仅可以获取匹配的变形模型,还可以获取匹配后的参考点的坐标,添加变形模型到 3D 可变形表面模型中通过算子 add_deformable_surface_model_sample()实现,相关的算子原型如下。

```
* 从基于可变形表面的匹配获取结果的细节
get_deformable_surface_matching_result(: : DeformableSurfaceMatchingResult, ResultName,
ResultIndex : ResultValue)
```

- DeformableSurfaceMatchingResult:3D 可变形表面匹配结果的句柄。
- ResultName、ResultIndex、ResultValue:结果属性的名称、索引和值。

```
* 将变形样本添加到 3D 可变形表面模型中。
add_deformable_surface_model_sample(: : DeformableSurfaceModel, ObjectModel3D :)
```

- DeformableSurfaceModel:3D 可变形表面模型的句柄。
- ObjectModel3D:变形的 3D 物体模型。

7.5 3D 重建

视频讲解

3D 重建是获取测量目标 3D 物体模型的方法,HALCON 中提供了实现立体视觉(双目和多目)、光度立体法、焦距深度法和激光三角测量的方法,其中,双目立体视觉和激光三角测量是比较容易集成为单体传感器使用的 3D 重建方法,因此,由这两种 3D 重建方法制造的双目相机和线激光相机是工业中比较常见的 3D 传感器。本节将介绍 HALCON 中双目立体视觉和激光三角测量的 3D 重建方法。

▶ 7.5.1 双目立体视觉

单个相机只能获取 3D 世界的二维图像,而双相机系统却可以类似于人的双眼可以感受立体的世界,双目立体视觉就是使用两个相机实现立体 3D 重建的方法。

1. 双目立体视觉原理

双目立体视觉使用两台内参一致的相机搭建双目系统,理想的双目相机系统是左右两个相机对齐且光轴平行拍摄物体图像,其成像平面图像坐标系 (u,v) 的 u 方向的成像模型如图 7.19 所示。

相机坐标系下点 $P(x^c,y^c,z^c)$ 在两个图像坐标系 (u,v) 的 u 方向上的值如公式(7-9)所示,其中,f 为相机的焦距,b 为两相机的基线距离。

$$u_1 = f\frac{x^c}{z^c} \quad u_2 = f\frac{x^c - b}{z^c} \tag{7-9}$$

点 P 在两个相机成像平面的点称为共轭点或同源点,同源点在两成像平面之间的距离称为视差,用公式(7-10)表示。

$$d = u_1 - u_2 = \frac{f \times b}{z^c} \tag{7-10}$$

由公式(7-10)可知,如果知道焦距 f、基线 b 和视差 d,便可以求得点 P 的深度值 z^c 实现深度的重建,因此,双目立体视觉的任务就是要获取焦距 f、基线 b 和视差 d 从而实现 3D 重建。双目立体视觉系统的焦距 f 和基线 b 可以通过相机标定参数获取,焦距 f 是相机的内参

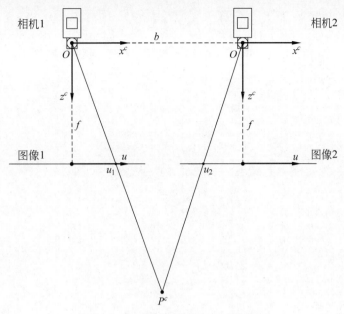

图 7.19 双目立体视觉理想成像模型

参数,基线 b 可以通过相机的外参参数根据两个相机的相对位姿计算,而视差 d 则通过立体匹配计算获得。

以上是理想状态下双目平行的立体成像,实际上,要让双目相机共面成像是非常困难的,在这种情况下,左右相机成像的差异会使立体匹配失败而无法计算视差,解决方法是通过校正左右图像对使图像达到平面对齐的效果。因此,实现双目立体视觉包含 5 个过程:搭建双目相机系统、双目标定、图像对校正、立体匹配和立体 3D 重建。

2. 双目立体视觉标定

双目立体视觉系统的标定与单个相机的标定十分相似,标定板需要放置在双相机的共同视野范围内,左右相机各自拍摄标定板的图像进行标定,如图 7.20 所示。

双目标定需要两个相机一起标定,因此无法使用标定助手实现标定,而是需要使用算子进行标定,标定前需要先用左右相机拍摄好标定板的图片,并区分好左右相机拍摄的图片。标定方法有两种,一种是使用通用相机标定数据模型(该方法可以标定单目、双目和多目相机),另一种是使用双目系统专用的标定数据模型,详情可参考 HALCON 例程 binocular_calibration.hdev 和 stereo_calibration.hdev。

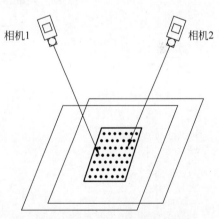

图 7.20 双目立体视觉标定

【例 7-5】 使用通用相机标定数据模型标定双目相机示例。

```
* 路径
ImgPath: = '3d_machine_vision//stereo/'
* 读取左右一个图像
read_image(ImageL, ImgPath + 'calib_distorted_l_000')
read_image(ImageR, ImgPath + 'calib_distorted_r_000')
* 获取图像尺寸
```

```
get_image_size(ImageL, WidthL, HeightL)
get_image_size(ImageR, WidthR, HeightR)
*初始化一个相机参数
gen_cam_par_area_scan_division(0.0125, 0, 7.4e-6, 7.4e-6, WidthL/2.0, HeightL/2.0, WidthL, HeightL, StartCamParL)
StartCamParR := StartCamParL
*创建一个两个相机的标定数据模型
create_calib_data('calibration_object', 2, 1, CalibDataID)
*设置左右相机的初始参数
set_calib_data_cam_param(CalibDataID, 0, [], StartCamParL)
set_calib_data_cam_param(CalibDataID, 1, [], StartCamParR)
*设置标定数据模型的标定板
set_calib_data_calib_object(CalibDataID, 0, 'caltab_30mm.descr')
*循环查找标定板
for Index := 1 to 10 by 1
    *读取左右相机拍摄的图像
    read_image(ImageL, ImgPath + 'calib_distorted_l_' + Index$'03d')
    read_image(ImageR, ImgPath + 'calib_distorted_r_' + Index$'03d')
    *搜索左右图像的校准板并将观测值存储在标定数据模型中
    find_calib_object(ImageL, CalibDataID, 0, 0, Index, [], [])
    find_calib_object(ImageR, CalibDataID, 1, 0, Index, [], [])
endfor
*执行标定
calibrate_cameras(CalibDataID, Errors)
```

【例 7-6】 使用双目系统专用的标定数据模型标定双目相机示例。

```
*路径
ImgPath := 'stereo/board/'
*读取左右一个图像
read_image(ImageL, ImgPath + 'calib_l_01')
read_image(ImageR, ImgPath + 'calib_r_01')
*获取图像尺寸
get_image_size(ImageL, WidthL, HeightL)
get_image_size(ImageR, WidthR, HeightR)
*初始化一个相机参数
gen_cam_par_area_scan_division(0.0125, 0, 1.48e-5, 1.48e-5, WidthL/2.0, HeightL/2.0, WidthL, HeightL, StartCamParL)
StartCamParR := StartCamParL
*设置标定板
CaltabFile := 'caltab_30mm.descr'
caltab_points(CaltabFile, X, Y, Z)
RowsL := []
ColsL := []
StartPosesL := []
RowsR := []
ColsR := []
StartPosesR := []
*循环查找标定板
for Index := 1 to 10 by 1
    *读取左右相机拍摄的图像
    read_image(ImageL, ImgPath + 'calib_l_' + Index$'02d')
    read_image(ImageR, ImgPath + 'calib_r_' + Index$'02d')
    *搜索左右图像的校准板
    find_caltab(ImageL, CaltabL, CaltabFile, 3, 120, 5)
    find_caltab(ImageR, CaltabR, CaltabFile, 3, 120, 5)
    *提取左右图像校准板的标记,并计算外部摄像机参数的初始值
    find_marks_and_pose(ImageL, CaltabL, CaltabFile, StartCamParL, 128, 10, 18, 0.9, 15, 100, RCoordL, CCoordL, StartPoseL)
    find_marks_and_pose(ImageR, CaltabR, CaltabFile, StartCamParR, 128, 10, 18, 0.9, 15, 100, RCoordR, CCoordR, StartPoseR)
    *累积标定板标记点坐标及位姿
    RowsL := [RowsL,RCoordL]
```

```
        ColsL := [ColsL,CCoordL]
        StartPosesL := [StartPosesL,StartPoseL]
        RowsR := [RowsR,RCoordR]
        ColsR := [ColsR,CCoordR]
        StartPosesR := [StartPosesR,StartPoseR]
endfor
* 执行标定
binocular_calibration ( X, Y, Z, RowsL, ColsL, RowsR, ColsR, StartCamParL, StartCamParR,
StartPosesL, StartPosesR, 'all', CamParamL, CamParamR, NFinalPoseL, NFinalPoseR, cLPcR, Errors)
```

3. 立体图像对校正

标定完的双目相机便可以根据标定信息执行立体图像对的校正，校正立体图像对通过两个步骤实现，先通过算子 gen_binocular_rectification_map() 生成校正的映射关系，再通过算子 map_image() 执行校正。

如果是通过双目系统专用的标定数据模型进行标定的，可以直接执行立体图像对校正。

```
* 生成校正的映射关系
gen_binocular_rectification_map(MapL, MapR, CamParamL, CamParamR, cLPcR, 1, 'viewing_direction',
'bilinear', RectCamParL, RectCamParR, CamPoseRectL, CamPoseRectR, RectLPosRectR)
* 读取左右相机图像
read_image(ImageL, ImgPath + 'calib_l_01')
read_image(ImageR, ImgPath + 'calib_r_01')
* 校正左右相机图像对
map_image(ImageL, MapL, ImageRectifiedL)
map_image(ImageR, MapR, ImageRectifiedR)
```

如果是通过通用相机标定数据模型进行标定的，则需要先从标定数据模型读取标定参数再进行立体图像对校正。

```
* 获取左右标定相机参数
get_calib_data(CalibDataID, 'camera', 0, 'params', CamParamL)
get_calib_data(CalibDataID, 'camera', 1, 'params', CamParamR)
* 获取右相机相对于左相机的位姿
get_calib_data(CalibDataID, 'camera', 1, 'pose', cLPcR)
* 生成校正的映射关系
gen_binocular_rectification_map(MapL, MapR, CamParamL, CamParamR, cLPcR, 1, 'viewing_direction',
'bilinear', RectCamParL, RectCamParR, CamPoseRectL, CamPoseRectR, RectLPosRectR)
* 读取左右相机图像
read_image(ImageL, ImgPath + 'caliper_distorted_l')
read_image(ImageR, ImgPath + 'caliper_distorted_r')
* 校正左右相机图像对
map_image(ImageL, MapL, ImageRectifiedL)
map_image(ImageR, MapR, ImageRectifiedR)
```

双目立体视觉系统的标定校正效果如图 7.21 和图 7.22 所示。图 7.21 为双目立体视觉系统拍摄同一物体时左右相机的原图像对，左右相机是交叉汇聚式拍摄物体，因此原图像对中物体发生不同方向的形变，这是由双目立体视觉系统左右相机的搭建方式决定的。双目立体视觉系统经过双目标定和立体图像对校正后，便可以得到如图 7.22 所示的校正图像对，校正后的图像对可以达到平面对齐的效果。

4. 双目立体匹配

立体匹配可以实现视差或距离的计算，返回一个视差图或距离图，视差图可以用于重建物体的 3D 信息，距离图表示的是测量物体距离双目相机系统的距离，可用于测量应用。

HALCON 中实现了三种立体匹配算法，分别是基于相关性的立体匹配、多网格立体匹配和多扫描线立体匹配。基于相关性的立体匹配是常用的立体视觉算法，该算法在左右图

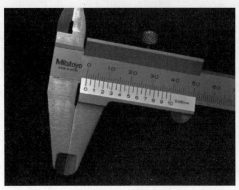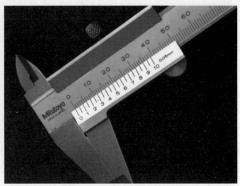

图 7.21 双目左右相机原图像对

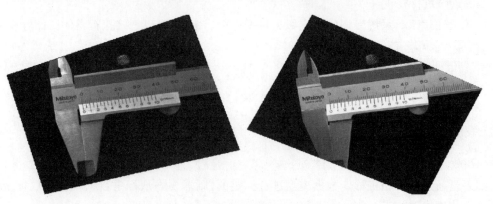

图 7.22 双目左右相机标定校正后的图像对

像中寻找特征点的匹配对,通过使用相关性计算这些匹配对之间的相似度,从而确定观测图像点的视差或距离值。多网格立体匹配是一种优化了计算效率的立体匹配算法,该算法通过将图像下采样分割成多个层级上的网格,逐级进行匹配,从而减小计算量,也会返回视差和距离值。多扫描线立体匹配是一种基于扫描线的立体匹配算法,通过对左右图像进行连续的扫描线匹配,逐行计算像素点的视差和距离值。这三种立体匹配算法各自的优缺点比较如表 7.2 所示。

表 7.2 立体匹配算法优缺点比较

立体匹配算法	优　点	缺　点
基于相关性的立体匹配	① 匹配速度快 ② 自动并行处理 ③ 对灰度值的变化具有不变性	仅适用于纹理明显的区域,没有足够纹理的区域无法重建
多网格立体匹配	① 可以根据周围区域插值无纹理区域的 3D 信息 ② 精度高于基于相关性的立体匹配 ③ 分辨率高于基于相关性的立体匹配	① 对灰度值的变化只有部分不变性 ② 边缘有些模糊 ③ 不能自动并行化
多扫描线立体匹配	① 具有少量纹理区域也可以形成 3D 信息 ② 可以保留间断点	① 运行时间随着图像大小和视差搜索范围的增加而显著增加 ② 高内存消耗

基于相关性的立体匹配计算视差和距离分别使用算子 binocular_disparity()和 binocular_distance()实现,这两个算子的原型如下。

第7章 3D视觉

```
*利用相关技术计算校正图像对的视差
binocular_disparity(ImageRect1, ImageRect2 : Disparity, Score : Method, MaskWidth, MaskHeight,
TextureThresh, MinDisparity, MaxDisparity, NumLevels, ScoreThresh, Filter, SubDisparity :)
```

- ImageRect1、ImageRect2：左右相机的校正图像。
- Disparity、Score：视差图和视差值的评估分数图。
- Method：匹配函数。
- MaskWidth、MaskHeight：相关窗口的宽和高。
- TextureThresh：纹理图像区域的方差阈值。
- MinDisparity、MaxDisparity：视差的最小和最大期望值。
- NumLevels：金字塔的层数。
- ScoreThresh：相关函数的阈值。
- Filter：下游滤波器，用于增加返回匹配的健壮性。
- SubDisparity：视差的亚像素插值。

```
*利用相关技术计算校正图像对的距离图。
binocular_distance(ImageRect1, ImageRect2 : Distance, Score : CamParamRect1, CamParamRect2,
RelPoseRect, Method, MaskWidth, MaskHeight, TextureThresh, MinDisparity, MaxDisparity,
NumLevels, ScoreThresh, Filter, SubDistance :)
```

- ImageRect1、ImageRect2：左右相机的校正图像。
- Distance、Score：距离图和距离值的评估分数图。
- CamParamRect1、CamParamRect2：左右相机的标定参数。
- RelPoseRect：右相机相对于左相机的位姿。
- Method：匹配函数。
- MaskWidth、MaskHeight：相关窗口的宽和高。
- TextureThresh：纹理图像区域的方差阈值。
- MinDisparity、MaxDisparity：视差的最小和最大期望值。
- NumLevels：金字塔的层数。
- ScoreThresh：相关函数的阈值。
- Filter：下游滤波器，用于增加返回匹配的健壮性。
- SubDistance：距离的插值。

多网格立体匹配计算视差和距离分别使用算子 binocular_disparity_mg()和 binocular_distance_mg()实现，这两个算子的原型如下。

```
*多网格法计算校正图像对的视差
binocular_disparity_mg(ImageRect1, ImageRect2 : Disparity, Score : GrayConstancy, GradientConstancy,
Smoothness, InitialGuess, CalculateScore, MGParamName, MGParamValue :)
```

- ImageRect1、ImageRect2：左右相机的校正图像。
- Disparity、Score：视差图和视差值的评估分数图。
- GrayConstancy、GradientConstancy、Smoothness：计算视差的能量函数中灰度值常数、梯度常数、平滑项的权重。
- InitialGuess：视差计算迭代的初始值。
- CalculateScore：质量测量结果是否应在分数图中返回。
- MGParamName，MGParamValue：多网格算法的参数名称和值。

```
* 多网格法计算校正图像对的距离图。
binocular_distance_mg(ImageRect1, ImageRect2 : Distance, Score : CamParamRect1, CamParamRect2,
RelPoseRect, GrayConstancy, GradientConstancy, Smoothness, InitialGuess, CalculateScore,
MGParamName, MGParamValue :)
```

- ImageRect1、ImageRect2：左右相机的校正图像。
- Distance、Score：距离图和距离值的评估分数图。
- CamParamRect1、CamParamRect2：左右相机的标定参数。
- RelPoseRect：右相机相对于左相机的位姿。
- GrayConstancy、GradientConstancy、Smoothness：计算视差的能量函数中灰度值常数、梯度常数、平滑项的权重。
- InitialGuess：视差计算迭代的初始值。
- CalculateScore：质量测量结果是否应在分数图中返回。
- MGParamName，MGParamValue：多网格算法的参数名称和值。

多扫描线立体匹配计算视差和距离分别使用算子 binocular_disparity_ms() 和 binocular_distance_ms() 实现，这两个算子的原型如下。

```
* 使用多扫描线计算校正图像对的视差
binocular_disparity_ms(ImageRect1, ImageRect2 : Disparity, Score : MinDisparity, MaxDisparity,
SurfaceSmoothing, EdgeSmoothing, GenParamName, GenParamValue :)
```

- ImageRect1、ImageRect2：左右相机的校正图像。
- Disparity、Score：视差图和视差值的评估分数图。
- MinDisparity、MaxDisparity：视差的最小和最大期望值。
- SurfaceSmoothing、EdgeSmoothing：表面和边缘的平滑度。
- GenParamName、GenParamValue：多扫描线算法的参数名称和值。

```
* 使用多扫描线计算校正图像对的距离图
binocular_distance_ms(ImageRect1, ImageRect2 : Distance, Score : CamParamRect1, CamParamRect2,
RelPoseRect, MinDisparity, MaxDisparity, SurfaceSmoothing, EdgeSmoothing, GenParamName,
GenParamValue :)
```

- ImageRect1、ImageRect2：左右相机的校正图像。
- Distance、Score：距离图和距离值的评估分数图。
- CamParamRect1、CamParamRect2：左右相机的标定参数。
- RelPoseRect：右相机相对于左相机的位姿。
- MinDisparity、MaxDisparity：视差的最小和最大期望值。
- SurfaceSmoothing、EdgeSmoothing：表面和边缘的平滑度。
- GenParamName、GenParamValue：多扫描线算法的参数名称和值。

5. 双目立体视觉 3D 重建

双目立体匹配获取视差图后，便可以根据视差图构建测量物体的 3D 物体模型，HALCON 中通过算子 disparity_image_to_xyz() 将整张视差图重建为代表 X、Y、Z 坐标的三个图像，再通过算子 xyz_to_object_model_3d() 或算子 xyz_attrib_to_object_model_3d() 便可以从 X、Y、Z 图像生成测量物体的点云模型，从视差图重建 3D 点云模型的过程如图 7.23 所示。算子 disparity_image_to_xyz() 的原型如下。

```
* 将视差图转换为标定立体系统中的 3D 点
disparity_image_to_xyz(Disparity : X, Y, Z : CamParamRect1, CamParamRect2, RelPoseRect :)
```

- Disparity：视差图。
- X、Y、Z：立体系统下物体在 X、Y、Z 坐标点的图像。
- CamParamRect1、CamParamRect2：左右相机的内参。
- RelPoseRect：右相机相对于左相机的位姿。

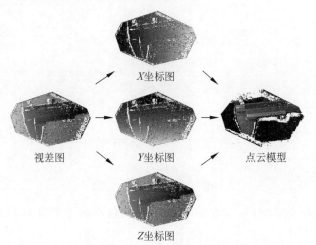

图 7.23　视差图重建 3D 点云模型的过程

7.5.2　激光三角测量

双目立体视觉实现 3D 重建是基于视差的原理，而单个相机无法直接实现 3D 重建是因为无法获取测量物体的高度，如果通过其他方式辅助单个相机获取测量物体的高度，便能实现单个相机的 3D 重建，激光三角测量便是用线激光辅助单个相机实现 3D 重建的方法。之所以称为激光三角测量，是因为其线激光成像利用了相似三角形的原理，HALCON 中实现激光三角测量的方法被称为片光技术。

1. 片光测量原理

片光技术，是指使用线激光投影在物体上进行测量，线激光投影时的光面形成了如同光片的平面，被称为片光。片光测量原理如图 7.24 所示，线激光投影器将激光线投影到测量物体上，相机拍摄获取线激光在测量物体上形成的轮廓线图像，不同高度和形状的物体会形成不同高度和形状的轮廓线，根据轮廓线便可以计算得到测量物体的高度。一幅轮廓线图像只能测量物体一条投影线的高度，由于线激光投影器和相机是需要固定的，因此想要测量物体的完整高度，则测量物体与测量系统之间必须相对运动进行测量，一般是测量系统不动而测量物体运动进行测量。

片光测量的精度与光平面和相机光轴之间的角度有关，该角称为三角剖分角。三角剖分角较小，则精度会偏低；三角剖分角较大，则精度会偏高，但是角度越大也越容易出现视野被遮挡的问题，合适的三角剖分角应该为 30°～60°。

HALCON 通过片光模型实现激光三角测量，经过标定的片光模型可以获取测量物体的视差图、X 坐标图、Y 坐标图、Z 坐标图和 3D 物体模型。片光模型获取的视差图与双目立体视觉系统中的视差图意义是不一样的，片光模型获取的视差图中每一行代表的是测量物体轮廓高度的像素表示，片光模型获得多少轮廓数量，视差图的高度便是多少。

2. 片光测量标定

在 HALCON 中片光测量支持两种方式的标定，一种是使用 HALCON 标准标定板进行

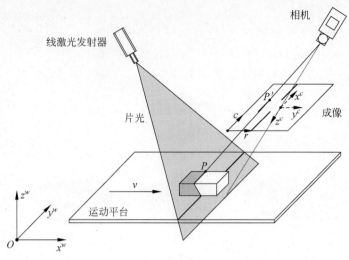

图 7.24 片光测量原理

标定,另一种是使用定制的 3D 标定块进行标定,下面仅介绍片光用 HALCON 标准标定板实现标定的方法。

HALCON 例程 calibrate_sheet_of_light_calplate.hdev 展示了使用 HALCON 标准标定板实现片光测量标定的方法,其过程分为以下三步。

第一步:标定相机。

片光测量相机的标定与普通单个相机的标定过程是一样的,该过程无须使用线激光,需要注意的是,标定板应有多张合适的倾斜摆放,并覆盖测量物体的高度,在测量范围内最高处和最低处都需要有一张摆正的标定板图像,用于为第二步的设置参考坐标系准备。标定过程主要代码如下。

```
* 初始化一个相机参数
gen_cam_par_area_scan_polynomial(0.0125, 0.0, 0.0, 0.0, 0.0, 0.0, 0.000006, 0.000006, 376.0,
120.0, 752, 240, StartParameters)
* 标定板描述
CalTabDescription : = 'caltab_30mm.descr'
CalTabThickness : = .00063
NumCalibImages : = 20
* 创建标定数据模型
create_calib_data ('calibration_object', 1, 1, CalibDataID)
set_calib_data_cam_param(CalibDataID, 0, [], StartParameters)
set_calib_data_calib_object(CalibDataID, 0, CalTabDescription)
* 循环查找标定板
for Index : = 1 to NumCalibImages by 1
    read_image(Image, 'sheet_of_light/connection_rod_calib_' + Index $ '.2')
    find_calib_object(Image, CalibDataID, 0, 0, Index, [], [])
endfor
* 执行标定并获取相机内参
calibrate_cameras(CalibDataID, Errors)
get_calib_data(CalibDataID, 'camera', 0, 'params', CameraParameters)
```

第二步:确定世界坐标系中光平面的位姿。

光平面的确定至少需要测量三个点,三个点才能确定一个平面,测量点的选取要求是在光面最低处获取两个点,再在测量的高处获取第三个点,这也是第一步相机标定时为什么要在测量范围内最高处和最低处都需要有一张摆正的标定板图像,最低处摆正的标定板用于定义世界坐标系的原点,片光打在世界坐标系"$z=0$"的平面形成轮廓线,之后便可以在世界坐标系

"z=0"平面的轮廓线上提取两个测量点,而最高处摆正的标定板用于定义一个临时坐标系,片光打在临时坐标系"z=0"的平面形成轮廓线,在该临时坐标系"z=0"平面的轮廓线上提取第三个测量点,通过拟合测量点便可以得到光平面。这里需要注意,三个测量点只是最低要求,通常为了提高拟合平面的可靠性,需要使用更多的测量点,世界坐标系和临时坐标系"z=0"平面的轮廓线上提取的点都可以用于拟合光平面。

确定世界坐标系中光平面位姿的主要代码如下。

```
*定义世界坐标系
Index := 19
get_calib_data(CalibDataID, 'calib_obj_pose', [0,Index], 'pose', CalTabPose)
set_origin_pose(CalTabPose, 0.0, 0.0, CalTabThickness, CameraPose)
*定义临时坐标系
Index := 20
get_calib_data(CalibDataID, 'calib_obj_pose', [0,Index], 'pose', CalTabPose)
set_origin_pose(CalTabPose, 0.0, 0.0, CalTabThickness, TmpCameraPose)
*提取世界坐标系"z=0"平面上轮廓线的点
read_image(ProfileImage1, 'sheet_of_light/connection_rod_lightline_019.png')
compute_3d_coordinates_of_light_line(ProfileImage1, MinThreshold, CameraParameters, [], CameraPose, X19, Y19, Z19)
*提取临时坐标系"z=0"平面上轮廓线的点
read_image(ProfileImage2, 'sheet_of_light/connection_rod_lightline_020.png')
compute_3d_coordinates_of_light_line(ProfileImage2, MinThreshold, CameraParameters, TmpCameraPose, CameraPose, X20, Y20, Z20)
*拟合光平面
fit_3d_plane_xyz([X19,X20], [Y19,Y20], [Z19,Z20], Ox, Oy, Oz, Nx, Ny, Nz, MeanResidual)
*获取光平面位姿
get_light_plane_pose(Ox, Oy, Oz, Nx, Ny, Nz, LightPlanePose)
```

第三步:标定片光测量物体运动的单步位姿。

片光测量时测量物体是相对片光系统线性运动的,第三步便是需要确定线性运动时单步的位姿。该过程无须使用片光,只需要使用相机拍摄不同步长下两幅标定版的图像即可,通过提取不同步长下标定板图像的位姿来计算单步位姿。一般为了提高提取位姿的精度,不使用连续两个运动步的标定板图像,而是使用已知运动步长的两张标定板图像来计算线性运动的移动位姿,再通过已知步长的运动位姿来计算单步的位姿。

标定片光测量物体运动单步位姿的主要代码如下。

```
*读取两个步长的标定板图像,步长为19
read_image(CaltabImagePos1, 'sheet_of_light/caltab_at_position_1.png')
read_image(CaltabImagePos20, 'sheet_of_light/caltab_at_position_2.png')
StepNumber := 19
*查找两个步长图像的标定板及其位姿
find_calib_object(CaltabImagePos1, CalibDataID, 0, 0, NumCalibImages + 1, [], [])
get_calib_data_observ_points(CalibDataID, 0, 0, NumCalibImages + 1, Row1, Column1, Index1, CameraPosePos1)
find_calib_object(CaltabImagePos20, CalibDataID, 0, 0, NumCalibImages + 2, [], [])
get_calib_data_observ_points(CalibDataID, 0, 0, NumCalibImages + 2, Row1, Column1, Index1, CameraPosePos20)
*计算两个步长图像中标定板的移动位姿
pose_to_hom_mat3d(CameraPosePos1, HomMat3DPos1ToCamera)
pose_to_hom_mat3d(CameraPosePos20, HomMat3DPos20ToCamera)
pose_to_hom_mat3d(CameraPose, HomMat3DWorldToCamera)
hom_mat3d_invert(HomMat3DWorldToCamera, HomMat3DCameraToWorld)
hom_mat3d_compose(HomMat3DCameraToWorld, HomMat3DPos1ToCamera, HomMat3DPos1ToWorld)
hom_mat3d_compose(HomMat3DCameraToWorld, HomMat3DPos20ToCamera, HomMat3DPos20ToWorld)
```

```
affine_trans_point_3d(HomMat3DPos1ToWorld, 0, 0, 0, StartX, StartY, StartZ)
affine_trans_point_3d(HomMat3DPos20ToWorld, 0, 0, 0, EndX, EndY, EndZ)
create_pose(EndX - StartX, EndY - StartY, EndZ - StartZ, 0, 0, 0, 'Rp + T', 'gba', 'point',
MovementPoseNSteps)
*计算单步的位姿
MovementPose := MovementPoseNSteps / StepNumber
```

3. 片光模型3D重建

片光系统经过标定之后,得到相机内参、相机位姿、光平面位姿和线性运动单步位姿,根据这些参数,便可以创建一个片光模型,使用该片光模型便可以采集测量物体的激光扫描轮廓图,通过测量物体轮廓线实现3D重建。

HALCON例程reconstruct_connection_rod_calib.hdev展示了使用片光模型进行3D重建的方法,其过程分为以下几步。

第一步:分配片光测量的标定参数。

分配的参数包括相机内参、相机位姿、光平面位姿和线性运动单步位姿,该过程不是必需的。如果是在片光测量标定后的程序中直接进行3D重建,这些参数可以直接使用;如果是在标定程序外的其他程序中使用,才需要分配这些参数给一组变量,本例便是这个情况,相关代码如下。

```
*分配片光标定的各个参数
gen_cam_par_area_scan_polynomial (0.0126514, 640.275, - 2.07143e + 007, 3.18867e + 011,
- 0.0895689, 0.0231197, 6.00051e - 006, 6e - 006, 387.036, 120.112, 752, 240, CamParam)
create_pose ( - 0.00164029, 1.91372e - 006, 0.300135, 0.575347, 0.587877, 180.026, 'Rp + T',
'gba', 'point', CamPose)
create_pose (0.00270989, - 0.00548841, 0.00843714, 66.9928, 359.72, 0.659384, 'Rp + T', 'gba',
'point', LightplanePose)
create_pose (7.86235e - 008, 0.000120112, 1.9745e - 006, 0, 0, 0, 'Rp + T', 'gba', 'point',
MovementPose)
```

第二步:创建片光模型。

为了节省模型的计算时间,片光模型应该在轮廓图的一个ROI内创建。如果希望重建物体的完整区域,则该ROI应该是覆盖物体测量范围的最小区域;如果只希望重建物体的特定区域,则只需选择特定区域的ROI即可。片光模型创建后,需要将片光的标定参数赋予片光模型,相关代码如下。

```
*生成ROI
gen_rectangle1(ProfileRegion, 120, 75, 195, 710)
*创建片光模型
create_sheet_of_light_model(ProfileRegion, ['min_gray', 'num_profiles', 'ambiguity_solving'],
[70, 290, 'first'], SheetOfLightModelID)
*为片光模型设置参数
set_sheet_of_light_param(SheetOfLightModelID, 'calibration', 'xyz')
set_sheet_of_light_param(SheetOfLightModelID, 'scale', 'mm')
set_sheet_of_light_param(SheetOfLightModelID, 'camera_parameter', CamParam)
set_sheet_of_light_param(SheetOfLightModelID, 'camera_pose', CamPose)
set_sheet_of_light_param(SheetOfLightModelID, 'lightplane_pose', LightplanePose)
set_sheet_of_light_param(SheetOfLightModelID, 'movement_pose', MovementPose)
```

第三步:使用片光模型测量连续采集的轮廓图中的轮廓差异。

读取每一个连续采集的物体轮廓图,通过片光模型的测量算子进行图像轮廓的测量,测量的轮廓差异会被存储在片光模型之中。测量的轮廓如图7.25所示。

```
* 循环测量物体的轮廓图
for Index : = 1 to 290 by 1
    read_image (ProfileImage, 'sheet_of_light/connection_rod_' + Index $ '.3')
    measure_profile_sheet_of_light (ProfileImage, SheetOfLightModelID, [])
endfor
```

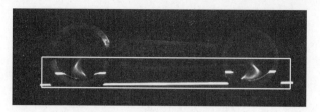

图 7.25　测量 ROI 内的轮廓

第四步：获取片光模型的测量结果。

最后，经过片光模型的测量，可以获取测量物体的视差图、X 坐标图、Y 坐标图、Z 坐标图和 3D 物体模型（彩色图片见文前彩插），效果如图 7.26～图 7.28 所示，相关代码如下。

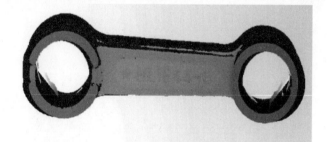

图 7.26　测量物体的视差图

图 7.27　测量物体的 X 坐标图、Y 坐标图、Z 坐标图

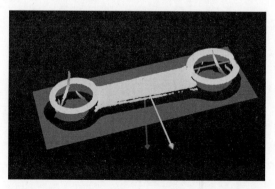

图 7.28　测量物体的 3D 物体模型（见彩插）

```
* 获取片光模型的视差图
get_sheet_of_light_result(Disparity, SheetOfLightModelID, 'disparity')
* 获取片光模型的 X 坐标图、Y 坐标图和 Z 坐标图
```

```
get_sheet_of_light_result(X, SheetOfLightModelID, 'x')
get_sheet_of_light_result(Y, SheetOfLightModelID, 'y')
get_sheet_of_light_result(Z, SheetOfLightModelID, 'z')
*获取片光模型的3D物体模型
get_sheet_of_light_result_object_model_3d(SheetOfLightModelID, ObjectModel3DID)
```

习题

在线测试

7.1 机器视觉中坐标系的表示有几种？各自表示的含义是什么？

7.2 HALCON中如何实现相机标定？

7.3 HALCON中常用的3D匹配方法有哪些？

第 8 章 HALCON联合C#编程

在 HALCON 联合 C# 编程中,最常用也是相对比较简单的用户界面封装软件就是 WinForm。WinForm 是 Windows Form 的简称,是基于.NET Framework 平台的客户端(PC 软件)开发技术,一般使用 C# 编程。WinForm 支持可视化设计,简单易上手,并可以接入大量的第三方 UI 库或自定义控件,给桌面应用开发带来了无限可能。

HALCON 联合 C# 编程常见三种方式如下。

- 将 HALCON 代码导出成 C# 代码后放到 C# 用户界面封装的程序中。
- 直接在 C# 软件用户界面封装的程序中用 HALCON 的 C# 库语句进行程序编写。(相当于第一种方式的进阶版本,适合对 C# 和 HALCON 代码比较熟悉的用户使用。)
- 利用 HALCON 引擎直接在 C# 软件用户界面封装的程序中调用 HALCON 程序。(必须安装完整的 HALCON 软件,但可以在 HALCON 软件中修改代码后在 C# 软件界面中直接观察到修改后的效果。)

第一种方式比较常用,本书将介绍第一种编程方式。

8.1 WinForm 入门

8.1.1 WinForm 安装

视频讲解

本书以 Visual Studio 2022 的 Community 版本为例,演示下载安装过程。打开浏览器,访问 Visual Studio 官网,网址为 https://visualstudio.microsoft.com/zh-hans/downloads/,选择社区版(Community)进行下载,得到安装包后,双击打开安装包,然后单击"继续"按钮,等待一会儿,等其自动完成一些设置。

安装程序初始化完成后会弹出如图 8.1 所示界面,勾选".NET 桌面开发"组件,在"安装位置"可修改安装路径,建议选择在 C 盘以外的地方进行安装,安装路径最好不要含有中文,一切准备就绪后单击底部右下方的"安装"按钮。

如果已经安装过 Visual Studio 软件,但是没有安装".NET 桌面开发"组件,可以打开软件,在菜单栏中选择"工具"→"获取工具和功能",勾选".NET 桌面开发",然后单击"修改"按钮,等待下载安装完成即可。

软件安装完成后,创建一个新项目试运行。

第一步:创建新项目。运行 Visual Studio 2022,单击"创建新项目"。

第二步:选择模板。在左边项目模板列表上方筛选栏中分别选择 C#、Windows 和"桌面",找到"Windows 窗体应用(.NET Framework)",选中之后单击"下一步"按钮,如图 8.2 所示。

图 8.1 Visual Studio 2022 安装程序的主界面

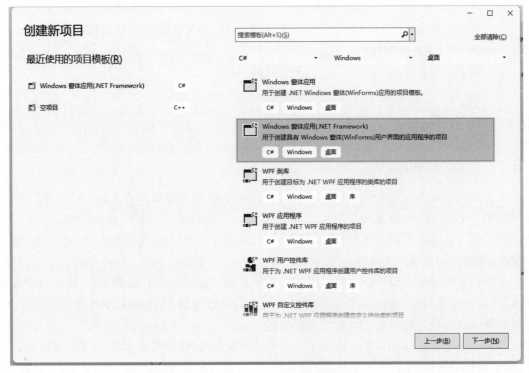

图 8.2 Visual Studio 2022 创建新项目界面

第三步：配置新项目。填写项目名称及解决方案名称，修改文件存放位置，注意最好不要出现中文。完成后单击"创建"按钮。

第四步：完成创建。项目创建完成后出现如图 8.3 所示界面，可以单击"启动"按钮或者按 F5 键运行项目，没有报错并且出现一个空白的窗体就表示已经成功创建完成了。

第8章　HALCON联合C#编程

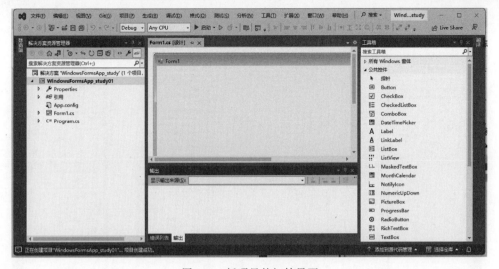

图8.3　新项目的初始界面

8.1.2　WinForm项目结构

1. 项目结构

创建完项目后,可以看到如图8.3所示的界面,首先看到"解决方案资源管理器",如果没有出现这个窗口,可以通过菜单栏的"视图"→"解决方案资源管理器"打开。这个工具是对 WinForm 里的文件资源进行整合管理,项目的所有文件资源都可以在这里找到。下面简单介绍一下 WinForm 项目结构。

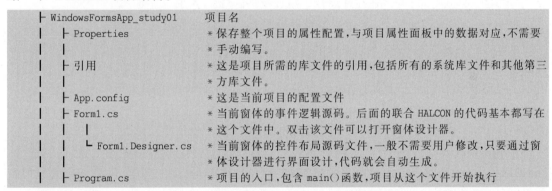

注意:查看 Form1.cs 和 Form1.Designer.cs 文件时,会发现两个文件都定义了 Form1 类,该类使用了 Partial 关键词声明,其定义的类可以在多个地方被定义,最后编译时会被当作一个类来处理。因此两个文件各司其职,最后合并为一个类编译,利用这个特性,可以将 HALCON 导出的外部函数部分单独放到一个文件里,与主程序隔离开,避免影响到主程序的编写及阅读。

2. Form1.cs

双击 Form1.cs 文件会打开窗体设计器,如图 8.4 所示。在 WinForm 中,只要是继承了 Form 的类,都会默认创建一个窗体设计器。窗体设计器就是用来对窗体进行设计工作的,可以实现窗体的可视化设计。这里介绍一下在窗体设计过程中常用到的两个工具。

1) 工具箱

可以在"视图"→"工具箱"中调出该功能,里面包含许多 Windows 风格的控件,可以在设

图 8.4 窗体设计器常用工具

计窗体时直接将需要的控件拖曳到窗体上,从而快速地构建用户界面。工具箱中包含常用的控件,如按钮、文本框、列表框等,也包括一些特殊控件,如数据网格、图表等。

2)控件属性工具

可在菜单栏中的"视图"→"属性"中调出该功能,可以通过调整控件属性来修改控件的外观、字体、显示样式等,也可以在控件属性中添加控件的触发事件。

对于 Form1.cs 这个文件,上述窗体设计器只是将设计过程可视化、简单化的工具,其底层还是由代码来实现的,后续关于窗体中的控件逻辑和其他的功能实现都需要在代码中实现。右键单击 Form1.cs 文件或者窗体设计器,单击"查看代码"选项,就可以打开 Form1.cs 的代码了。代码中定义了一个继承了 Form 的类,然后在构造函数中调用了 Form1.Designer.cs 文件中的初始化函数 InitializeComponent(),该函数包含在窗体设计器中所进行的设计对应的代码,Form1.Designer.cs 中的代码是自动生成的,一般不建议手动修改。

3. Program.cs

Program.cs 是整个应用程序的入口点,其中包含 main()函数。该文件用于定义和初始化应用程序的类和对象,以及实现应用程序的主要逻辑。我们对界面的设计都是在对继承了 Form 类的一个类进行设计,然后在主程序中创建了这样一个类,用 Application 来运行这个类的内容。

▶ 8.1.3 案例学习

接下来通过"学生信息录入系统"这个案例来介绍如何使用 WinForm 进行界面封装。

【例 8-1】 学生信息录入系统。

下面是具体操作步骤。

第一步:创建新项目。首先按照上文所述创建一个新项目。

第二步:修改窗体属性。打开窗体设计器,选中窗体,在窗体的属性窗口中找到(Name)、FormBorderStyle 以及 Text,如表 8.1 所示进行修改。

第8章　HALCON联合C#编程

表 8.1　窗口属性设置

属性名	所设参数	解　释
(Name)	Main_Form	在代码中的唯一标识符，在代码中可以通过这个属性来调用控件。根据控件的功能用途修改相应的名称，虽说支持中文，但是建议还是修改成英文格式，养成编程的好习惯
FormBorderStyle	FixedSingle	设置窗体的边框样式，这里并不想让用户随意地缩放窗体的大小，所以修改为 FixedSingle
Text	学生信息录入系统	控件的显示文本，不同的控件显示的位置不同，可以通过修改 Font、FontColor 等选项来修改文字的样式、颜色等

第三步：界面布局。

如图 8.5 所示，将各个控件从工具箱中拖出来，根据图中的控件文本显示修改控件的 Text 属性，调整控件大小以及位置。控件的大小及位置没有严格要求，整齐协调即可。在调整控件位置时，可以使用布局工具辅助，布局工具可以在"视图"→"工具栏"→"布局"中打开，一般默认在主窗口的上方工具栏中。

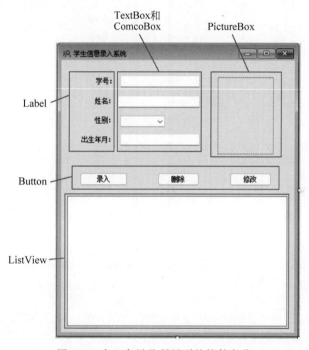

图 8.5　窗口布局及所用到的控件名称

然后添加一个状态栏，在工具箱中找到 StatusStrip 控件，双击或者拖到窗体中任意位置，就可以在窗体的最下方找到一个空的状态栏。单击如图 8.6(a)所示的三角形按钮打开状态栏的菜单栏，添加第一种也就是状态栏文本，添加的状态栏文本其实就是将一个 Label 控件嵌入状态栏中。按照如图 8.6(b)所示添加文本控件及修改其 Text 属性。注意，图中两个文本中间的空白区域其实是一个空白的文本控件，需要将该空白的文本控件属性中的 Spring 为 True，表示该控件填满剩下的空间，这样就可以将两个文本分隔开了。

第四步：修改控件属性。

修改各个控件的(Name)属性，根据控件的功能进行修改，可以参考如图 8.7 所示进行修

(a) 状态栏的菜单栏

(b) 状态栏最终效果

图 8.6　状态栏的菜单栏和状态栏最终效果

改。Label 控件在这里是为了提示用户其他控件的功能,不需要在代码中调用,所以属性(Name)默认即可。

将 PictureBox 的属性 BorderStyle 修改为 FixedSingle,显示控件边框;在属性 BackgroundImage 中选择一张图片用以提示该控件的功能(图片可用计算机自带的画图软件进行制作);将 SizeMode 修改为 StretchImage,使得加载的图片平铺满控件。修改后效果如图 8.8 所示。

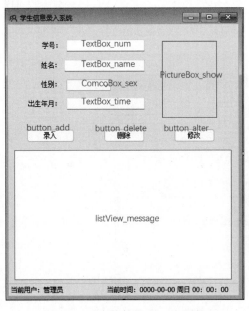

图 8.7　对应控件的(Name)属性

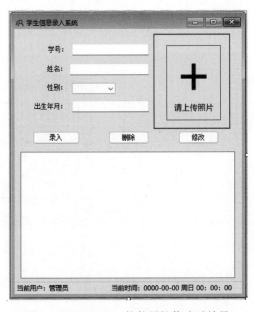

图 8.8　PictureBox 控件属性修改后效果

ListView 控件主要是用于显示和管理数据的列表视图。需要修改的属性如下。

- FullRowSelect 修改为 True,使得在列表中选中某项时,一整行都能高亮显示。
- Gridlines 修改为 True,显示表格线。
- View 修改为 Details,显示的数据风格为详细,也就是所有数据都显示。

修改完属性后,还需要添加表头,如图 8.9 所示,在选中 ListView 控件的情况下,控件的右上角会出现一个三角按钮,单击按钮后,出现 ListView 任务栏,单击"编辑列"。

图 8.9　ListView 任务栏

如图 8.10 所示,单击"添加"按钮,添加 4 个成员,分别修改其属性中的 Text 为学号、姓名、性别、出生年月。然后修改 Width,根据 ListView 控件的长度进行分配,可以在 ListView 的属性中的 Size 查看,这里的控件长度为 400,所以每一列的长度分配为 100。

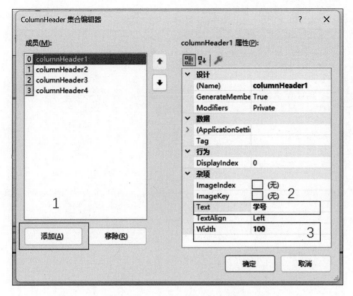

图 8.10 ListView 表头设置

完成操作后的效果如图 8.11 所示。

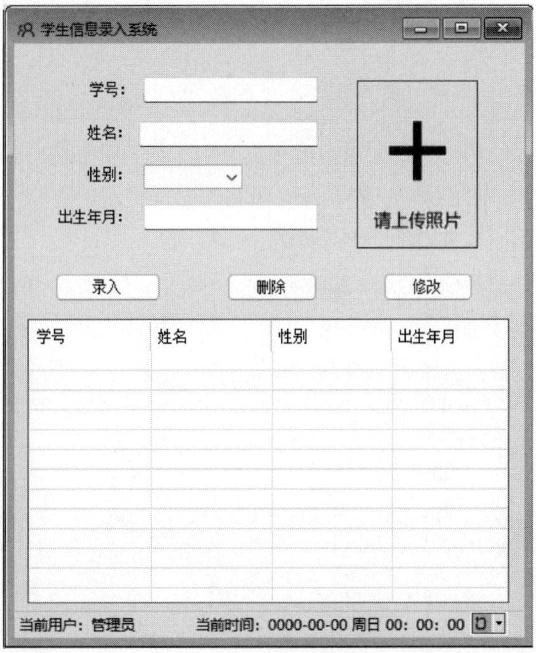

图 8.11 ListView 控件的最终效果

第五步:添加"录入"按钮的单击事件响应函数。

双击"录入"按钮,将会生成一个以按钮(Name)属性加上事件名为命名的函数,这个函数是按钮的单击事件响应函数。当用户单击"录入"按钮时,就会执行该函数。

代码逻辑:判断待录入信息是否完整,完整则执行下一步→判断待录入学生信息的学号是否与表格中已有学号重复,不重复则执行下一步→将学生信息录入表格,将图片保存到文件夹中,并以学号命名。具体代码如下。

```csharp
private void button_add_Click(object sender, EventArgs e)
{
    //判断文本输入框中是否有数据,有数据才能执行添加
    //没有数据则弹出提示框
    if (textBox_num.Text.Length > 0 && textBox_name.Text.Length > 0
&& comboBox_sex.Text.Length > 0 && textBox_time.Text.Length > 0
&& Ispic_ok == true){
        //判断图像保存的文件夹是否存在,若不存在则创建文件夹
        string path = Application.StartupPath + "\\img\\";
        if (!Directory.Exists(path)) Directory.CreateDirectory(path);
        //将需要添加的数据中的学号与表中已有的学号进行对比
        //如存在相同学号则弹出提示框提示
        bool Is_repeat = false;
        for (int i = 0; i < listView_message.Items.Count; i++){
            if(textBox_num.Text == listView_message.Items[i].SubItems[0].Text){
                MessageBox.Show("学号重复!!!");
                Is_repeat = true;
                break;
            }
        }
        if (!Is_repeat){
            listView_message.Items.Add(new ListViewItem(new string[] { textBox_num.Text,
textBox_name.Text, comboBox_sex.Text, textBox_time.Text }));
            PictureBox_show.Image.Save(path + textBox_num.Text + ".png", System.Drawing.
Imaging.ImageFormat.Png);
        }
    }
    else{
        MessageBox.Show("请将信息填写完整!!!");
    }
}
```

第六步:添加"删除"按钮的单击事件响应函数。

双击"删除"按钮以添加单击事件响应函数。

代码逻辑:判断当前选中项的数量是否大于0,大于0则代表有信息被选中执行下一步→删除表格中选中行的信息,删除文件夹中对应的图像。具体代码如下。

```csharp
private void button_delete_Click(object sender, EventArgs e)
{
    //判断是否有某一行被选中
    if (listView_message.SelectedItems.Count > 0){
        //删除信息
        listView_message.Items.RemoveAt(listView_message.SelectedIndices[0]);
        File.Delete(Application.StartupPath + "\\img\\" + textBox_num.Text + ".png");
    }
    else{
        MessageBox.Show("请选择需要删除的数据");
    }
}
```

第七步:添加"修改"按钮的单击事件响应函数。

双击"修改"按钮以修改单击事件响应函数。

代码逻辑:判断当前选中项的数量是否大于0,大于0则代表有信息被选中执行下一步→将当前输入框中的信息和图像覆盖选中行的信息。具体代码如下。

```csharp
private void button_alter_Click(object sender, EventArgs e)
{
    //判断是否有某一行被选中
    if (listView_message.SelectedItems.Count > 0){
        //覆盖表格中原有信息
        listView_message.SelectedItems[0].SubItems[0].Text = textBox_num.Text;
        listView_message.SelectedItems[0].SubItems[1].Text = textBox_name.Text;
        listView_message.SelectedItems[0].SubItems[2].Text = comboBox_sex.Text;
        listView_message.SelectedItems[0].SubItems[3].Text = textBox_time.Text;
        PictureBox_show.Image.Save(Application.StartupPath + "\\img\\" + textBox_num.Text + ".png", System.Drawing.Imaging.ImageFormat.Png);
    }
    else{
        MessageBox.Show("请选择需要修改的数据");
    }
}
```

第八步：添加 pictureBox 控件的单击事件响应函数。

双击 pictureBox 控件以修改单击事件响应函数，这里主要是用到了 openFileDialog 类来选择图片文件夹，可以自己定义这样的一个对象，也可以在工具箱中拖入 OpenFileDialog 控件，这里采用的是后者。

代码逻辑：设置 openFileDialog_img 的参数，包括单选、标题和文件类型过滤→打开选择文件对话框并判断是否选择了文件，是则执行下一步→将选择的图片显示到控件中，并把 Ispic_ok 标志位置为 1，用于后续进行逻辑判断。具体代码如下。

```csharp
private void pictureBox1_Click(object sender, EventArgs e)
{
    //openFileDialog 参数设置
    openFileDialog_img.Multiselect = false;
    openFileDialog_img.Title = "请选择照片";
    openFileDialog_img.Filter = "图片文件(*.jpg;*.png;*.jpeg)|*.jpg;*.png;*.jpeg";
    //打开选择文件对话框并判断是否选择了文件
    if (openFileDialog_img.ShowDialog() == DialogResult.OK){
        //获取选中文件路径，读入图片并显示到 PictureBox 控件中
        string filename = openFileDialog_img.FileName;
        Image img = Image.FromFile(filename);
        PictureBox_show.Image = img;
        //将标志位置为 true，代表已经读入图片
        Ispic_ok = true;
    }
}
```

第九步：添加 ListView 控件的 SelectedIndexChanged 事件响应函数。

如图 8.12 所示，在 ListView 控件的属性栏上方找到一个闪电状的按钮，单击之后会出现该控件默认所能响应的事件，找到 SelectedIndexChanged 事件，双击事件以添加事件响应函数。当在表格中选中了某一行时，这个动作就会触发该函数，将选中行的信息显示到输入框中，方便用户查看及修改信息。

如果采用普通的方式来载入图片，会导致图片文件被占用，无法完成后续对图片的修改，所以需要把图片转为字节流保存在内存流中，这样就不会占用文件，才能对图片进行覆盖操作。

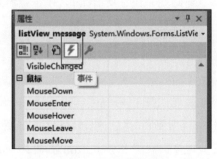

图 8.12 ListView 控件属性工具中的添加事件位置

代码逻辑：判断当前选中项的数量是否大于0，大于0则代表有信息被选中执行下一步→将选中信息显示到输入框中，方便查看及修改。具体代码如下。

```csharp
private void listView1_SelectedIndexChanged(object sender, EventArgs e)
{
    //判断是否有某一行被选中
    if (listView_message.SelectedItems.Count > 0){
        //将选中信息显示到输入框中,方便查看及修改
        textBox_num.Text = listView_message.SelectedItems[0].SubItems[0].Text;
        textBox_name.Text = listView_message.SelectedItems[0].SubItems[1].Text;
        comboBox_sex.Text = listView_message.SelectedItems[0].SubItems[2].Text;
        textBox_time.Text = listView_message.SelectedItems[0].SubItems[3].Text;
        //通过流来加载图片,把图片转为字节流保存在内存流中,这样就不会占用文件
        //可以对图片文件进行操作
        string fileName = Application.StartupPath + "\\img\\" + textBox_num.Text + ".png";
        FileStream fs = new FileStream(fileName, FileMode.Open);
        byte[] byData = new byte[fs.Length];
        fs.Read(byData, 0, byData.Length);
        fs.Close();
        MemoryStream ms = new MemoryStream(byData);
        Bitmap img = new Bitmap(ms);
        PictureBox_show.Image = img;
    }
}
```

第十步：添加定时器。

在窗体设计界面中添加一个 timer，将属性中的 Enable 设置为 True，Interval 设置为1000，表示打开这个定时器并且设置定时时长为1000ms。双击这个控件添加一个定时器触发事件函数。在函数内部设置状态栏的当前时间，这里要用到状态栏中对应 label 控件的标识符号，这里设置的是 StatusLab_time。实现的功能就是每1000ms 触发一次这个函数，将状态栏中的时间进行更新。具体代码如下。

```csharp
private void timer1_Tick(object sender, EventArgs e)
{
    StatusLab_time.Text = String.Format(@"当前时间：{0}",
        DateTime.Now.ToString("yyyy-M-dd ddd HH:mm:ss"));
}
```

到此就完成了所有工作，单击运行试着运行代码，并尝试各种功能是否正常。

🔔**小技巧** 前面介绍了 WinForm 编程中比较常用的一些方法，有一些控件不那么常用这里并没有介绍，如果需要用到这些控件，可以在 https://learn.microsoft.com/zh-cn/dotnet/api/ 这个网站上去查阅。打开网址，单击 All APIs 选择对应的框架进行搜索，这里用的框架是.NET Framework 4.7.2。然后在输入框中搜索想要查阅的控件名称，如搜索"button"，如图8.13所示，会出现有关 button 的资料，我们选择查看 button 类，也就是第一个。这里面就有关于 button 类的详细说明，如属性、事件等。当然，在 WinForm 中编写代码也会有说明，只是没有这里的详细，在编写代码过程中遇到不懂的都可以来这个网址中进行查阅，其中也有一些例子可供学习。

第 8 章　HALCON联合C#编程

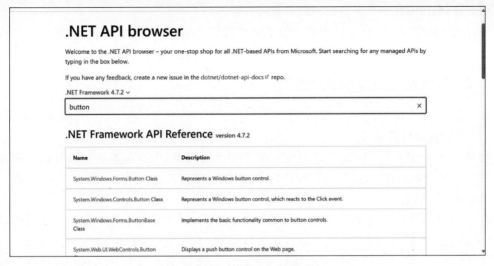

图 8.13　搜索 button 控件

8.2　HALCON 联合 WinForm

▶ 8.2.1　HALCON 代码导出

首先介绍一下如何将 HALCON 的程序变成 WinForm 能识别的编程语言也就是 C♯。打开在 HALCON 中已经写好的代码，如图 8.14 所示，在菜单栏中选择"文件"→"导出程序"，这里记得在导出程序之前最好保存一下文件，否则导出的就是未保存之前的代码了。

然后选择导出的程序存放路径，导出程序的类型，这里选择 C♯ - HALCON/.NET，编码选择 UTF-8，确认无误后单击"导出"按钮。

完成以上操作后打开导出的文件，里面就是用 C♯ 语言编写的代码了。对于导出的代码，刚开始看不懂没关系，只要知道在哪个地方可以找到联调所需要的代码就可以了。需要找到两个关键词 Procedures 和 Main procedure，在导出的代码中，这两个关键词是注释而且单独占一行，需要重点关注 Procedures 之后的外部函数和 Main procedure 之后的 action 函数。

外部函数是 HALCON 用算子库中的算子编写的函数，其内一般调用了多个 HALCON 基础算子，在 HALCON 中呈现淡蓝色，如果在代码中没有用到外部函数，那么导出代码中也就不会有这部分的内容；而 action 函数的内容可以看作导出程序的直译程序，函数的内容总体上分为以下三部分。

（1）变量声明和初始化。HALCON 中不

图 8.14　HALCON 导出 C♯ 程序

用声明变量,但是 C# 中需要对使用的变量进行申明；

（2）导出程序主体。这个导出程序中最重要的部分,跟导出前的程序一一对应。

（3）变量内存释放。对所有声明的变量进行释放。

8.2.2 环境配置及添加窗口控件

1. 项目环境配置

第一步：修改项目属性。

新建一个 WinForm 的新项目,在"解决方案资源管理器"中右击本项目打开选项卡,找到"属性"。打开之后找到"生成"选项中的"首选 32 位",取消勾选。

第二步：添加引用。

在"解决方案资源管理器"中找到"引用",右击选择"添加引用",在弹出的"引用管理器"中单击"浏览",然后在 HALCON 的安装目录下找到 HALCONdotnet.dll 和 hdevenginedotnet.dll 两个文件,选中后单击"添加"。在 HALCON 的安装目录下找到 HALCONdotnet.dll 和 hdevenginedotnet.dll 两个文件,选中后单击"添加",文件目录参考"D:\Program Files\MVTec\HALCON-23.05-Progress\bin\dotnet35"。完成以上操作后可以在引用管理器中看到添加进来的两个 dll 文件,如图 8.15 所示,勾选上后单击"确定"。

图 8.15 引用管理器

2. 添加窗口控件

如何将 HALCON 的窗口直接当作一个控件在 WinForm 中使用？操作步骤如下。

在窗口设计器中的工具箱中右击打开选项卡,找到"选择项",然后在弹出的"选择工具箱项"对话框中单击"浏览"按钮,找到刚刚添加文件的路径,选择 halcondotnet.dll 文件,然后就会在如图 8.16 所示的"选择工具箱项"界面中的".NET Framework 组件"中出现 HWindowControl 和 HSmartWindowControl 这两个窗口控件,勾选上之后确定就可以了。这样就可以在窗口设计器的工具箱中找到 HWindowControl 和 HSmartWindowControl 这两个 HALCON 窗体控件了。

HSmartWindowControl 自带图片的平移功能已经可以很轻松地实现鼠标滚轮缩放以及按原比例铺满窗口,但是不支持传统 HWindowControl 的 Draw_* 函数。HWindowControl 虽然支持传统的 Draw_* 函数,但是想要实现图像的自适应显示需要通过计算图像及窗口大小比例来实现,而处理窗口交互则需要依靠 WinForm 本身的鼠标事件来实现。

图 8.16 "选择工具箱项"对话框

▶ 8.2.3 案例学习

接下来通过将一个简单的例子来进行界面封装来学习一下,就以例 6-3 的形状模板匹配代码为例进行讲解。

【例 8-2】 形状模板匹配界面封装示例。

具体操作步骤如下。

第一步:代码导出。将形状模板匹配的 HALCON 代码导出为 C♯代码。

第二步:新建项目。新建一个 WinForm 项目,按照前面介绍的进行环境配置。

第三步:界面布局。

在进行界面布局之前,需要对项目进行模块化,也就是整个项目需要分为几个步骤完成。这里简单地将其分为两个步骤:创建模板和开始识别。如图 8.17 所示,根据步骤完成对界面的布局,这里主要用到了 hWindowControl 和 Button 控件,图中所标的为各个控件的(Name)属性,分别是 hWindowControl_main、button_create_model 和 button_find_model。

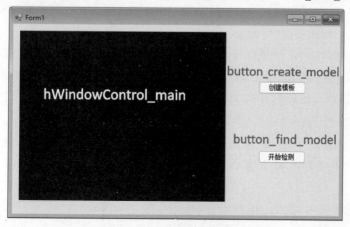

图 8.17 形状模板匹配案例的界面

第四步：初始化。将导出代码中所有变量声明都放在 Form1 类内，将 HObject 对象初始化部分复制到构造函数内。

第五步：添加外部函数。将导出代码中的外部函数部分全部复制到 Form1 类内。

第六步：添加 SetFullImagePart() 函数。

HALCON 的显示窗口默认是图像适应窗口大小，也就可能导致显示的图像比例不是原本的图像比例。SetFullImagePart() 函数的作用是修改窗口的显示范围，使得能够按照原比例居中显示图像，一般在显示图像的算子前使用，如果项目内的图片都是同样尺寸的，则在第一个显示图像算子前使用就可以，如果尺寸不同，则需要在每一个显示图像的算子前使用。

SetFullImagePart() 函数具体内容如下。

```csharp
private void SetFullImagePart(HObject IN_Image, HTuple IN_WindowHandle)
{
    HTuple img_width, img_height, window_width, window_height;
    HTuple window_row;
    HTuple window_col;
    //获取图像和窗口的尺寸
    HOperatorSet.GetImageSize(IN_Image, out img_width, out img_height);
    HOperatorSet.GetWindowExtents(IN_WindowHandle, out window_row, out window_col, out window_width, out window_height);
    //图像跟显示窗口的宽比值和高比值
    double ratioWidth = (1.0) * img_width / window_width;
    double ratioHeight = (1.0) * img_height / window_height;
    HTuple row1, row2, column1, column2;
    //宽比值比高比值大或者相等，则将图像的宽铺满窗口，高的方向则居中
    //反之则让图像高方向铺满图像，而宽方向居中
    if (ratioWidth >= ratioHeight){
        row1 = ((img_height - window_height * ratioWidth)) / 2;
        column1 = 0;
        row2 = row1 + window_height * ratioWidth;
        column2 = column1 + window_width * ratioWidth;
    }
    else{
        row1 = 0;
        column1 = ((img_width - window_width * ratioHeight)) / 2;
        row2 = row1 + window_height * ratioHeight;
        column2 = column1 + window_width * ratioHeight;
    }
    //设置窗口的显示范围
    HOperatorSet.SetPart(IN_WindowHandle, row1, column1, row2 - 1, column2 - 1);
}
```

第七步：添加"创建模板"按钮单击事件。

双击"创建模板"按钮添加鼠标单击响应事件函数，将导出代码的创建模板部分的代码复制到函数内，也就是从读入图像之后到读入待识别图像之前的代码，注意要将 OpenWindow 参数中间的宽高修改为控件的宽高以及将控件设置为父窗口（默认为 0）。然后在显示图像的代码之前使用 SetFullImagePart() 函数。

🔔 **小技巧** 在绘制 ROI 时，如果添加对应窗口的焦点设置，则可以不用多单击一次窗口去激活，会让用户体验更好，设置窗口焦点的代码为 hWindowControl_main.Focus()。

具体代码如下。

```csharp
private void button_create_model_Click(object sender, EventArgs e)
{
    //设置控件焦点，不设置的话在绘制 ROI 时需要多单击一次窗口才能进行绘制
```

```csharp
hWindowControl_main.Focus();
//读入模板图片
ho_Image.Dispose();
HOperatorSet.ReadImage(out ho_Image, "green-dot");
//获取图像尺寸
hv_Width.Dispose(); hv_Height.Dispose();
HOperatorSet.GetImageSize(ho_Image, out hv_Width, out hv_Height);
//打开窗口
HOperatorSet.SetWindowAttr("background_color", "black");
HOperatorSet.OpenWindow(0, 0, hWindowControl_main.Width, hWindowControl_main.Height, hWindowControl_main.HALCONWindow, "visible", "", out hv_WindowHandle);
HDevWindowStack.Push(hv_WindowHandle);
//窗口设置
if (HDevWindowStack.IsOpen())
{
    HOperatorSet.SetColor(HDevWindowStack.GetActive(), "green");
}
if (HDevWindowStack.IsOpen())
{
    HOperatorSet.SetDraw(HDevWindowStack.GetActive(), "margin");
}
//显示图像
if (HDevWindowStack.IsOpen())
{
    SetFullImagePart(ho_Image, hv_WindowHandle);
    HOperatorSet.DispObj(ho_Image, HDevWindowStack.GetActive());
}
//获取所要制作模板的区域
if (HDevWindowStack.IsOpen())
{
    HOperatorSet.DispText(HDevWindowStack.GetActive(), new HTuple("绘制模板区域,鼠标左键拖动进行绘制,单击右键完成绘制"),"window", "top", "left", "black", new HTuple(), new HTuple());
}
hv_Row1.Dispose(); hv_Column1.Dispose(); hv_Radius.Dispose();
HOperatorSet.DrawCircle(hv_WindowHandle, out hv_Row1, out hv_Column1, out hv_Radius);
ho_Circle.Dispose();
HOperatorSet.GenCircle(out ho_Circle, hv_Row1, hv_Column1, hv_Radius);
//获取感兴趣区域图像
ho_ImageReduced.Dispose();
HOperatorSet.ReduceDomain(ho_Image, ho_Circle, out ho_ImageReduced);
//创建模板
using (HDevDisposeHelper dh = new HDevDisposeHelper())
{
    hv_ModelID.Dispose();
    HOperatorSet.CreateScaledShapeModel(ho_ImageReduced, 5, (new HTuple(-45)).TupleRad(), (new HTuple(90)).TupleRad(), "auto", 0.8, 1.0, "auto", "none", "ignore_global_polarity", 40, 10, out hv_ModelID);
}
//获取创建的模板的参数,一般用于需要对模型参数进行调整时
hv_NumLevels.Dispose();
hv_AngleStart.Dispose();
hv_AngleExtent.Dispose();
hv_AngleStep.Dispose();
hv_ScaleMin.Dispose();
hv_ScaleMax.Dispose();
hv_ScaleStep.Dispose();
hv_Metric.Dispose();
hv_MinContrast.Dispose();
```

```csharp
            HOperatorSet.GetShapeModelParams(hv_ModelID, out hv_NumLevels, out hv_AngleStart, out hv_
AngleExtent, out hv_AngleStep, out hv_ScaleMin, out hv_ScaleMax, out hv_ScaleStep, out hv_
Metric, out hv_MinContrast);
            //获取模板的轮廓,并进行仿射变换,将其与图像对齐,制作的模板的中心坐标为原点(0,0)
            ho_Model.Dispose();
            HOperatorSet.GetShapeModelContours(out ho_Model, hv_ModelID, 1);
            hv_HomMat2D.Dispose();
            HOperatorSet.VectorAngleToRigid(0, 0, 0, hv_Row1, hv_Column1, 0, out hv_HomMat2D);
            ho_ModelTrans.Dispose();
            HOperatorSet.AffineTransContourXld(ho_Model, out ho_ModelTrans, hv_HomMat2D);
            if (HDevWindowStack.IsOpen())
            {
                HOperatorSet.DispObj(ho_Image, HDevWindowStack.GetActive());
            }
            if (HDevWindowStack.IsOpen())
            {
                HOperatorSet.DispObj(ho_ModelTrans, HDevWindowStack.GetActive());
            }
}
```

第八步:添加"开始检测"按钮单击事件。双击"开始检测"按钮添加鼠标单击响应事件函数,将导出代码中的识别对象部分的代码复制到函数内。具体代码如下。

```csharp
        private void button_find_model_Click(object sender, EventArgs e)
        {
            //读入待识别图像
            ho_ImageSearch.Dispose();
            HOperatorSet.ReadImage(out ho_ImageSearch, "green-dots");
            if (HDevWindowStack.IsOpen())
            {
                HOperatorSet.DispObj(ho_ImageSearch, HDevWindowStack.GetActive());
            }
            //进行模板匹配
            using (HDevDisposeHelper dh = new HDevDisposeHelper())
            {
                hv_Row.Dispose(); hv_Column.Dispose(); hv_Angle.Dispose(); hv_Scale.Dispose(); hv_
Score.Dispose();
                HOperatorSet.FindScaledShapeModel(ho_ImageSearch, hv_ModelID, (new HTuple(-45)).
TupleRad(), (new HTuple(90)).TupleRad(), 0.8, 1.0, 0.5, 0, 0.5, "least_squares", 5, 0.8, out hv_
Row, out hv_Column, out hv_Angle, out hv_Scale, out hv_Score);
            }
            //在窗口上显示识别到的模型数量
            if (HDevWindowStack.IsOpen())
            {
                using (HDevDisposeHelper dh = new HDevDisposeHelper())
                {
                    HOperatorSet.DispText(HDevWindowStack.GetActive(), new HTuple("识别到的对象数量:") +
(new HTuple(hv_Score.TupleLength())), "window", "top", "left", "black", new HTuple(), new HTuple());
                }
            }
        //根据找到的图像的坐标、角度及缩放比例对每个对象进行仿射变换,使得模板与识别到的对象进行
        //对齐
            for (hv_I = 0; (int)hv_I <= (int)((new HTuple(hv_Score.TupleLength())) - 1); hv_I =
(int)hv_I + 1)
            {
                hv_HomMat2DIdentity.Dispose();
                HOperatorSet.HomMat2dIdentity(out hv_HomMat2DIdentity);
                using (HDevDisposeHelper dh = new HDevDisposeHelper())
                {
```

```
            hv_HomMat2DTranslate.Dispose();
            HOperatorSet.HomMat2dTranslate(hv_HomMat2DIdentity, hv_Row.TupleSelect(hv_I),hv_
Column.TupleSelect(hv_I), out hv_HomMat2DTranslate);
        }
        using (HDevDisposeHelper dh = new HDevDisposeHelper())
        {
            hv_HomMat2DRotate.Dispose();
            HOperatorSet.HomMat2dRotate(hv_HomMat2DTranslate, hv_Angle.TupleSelect(hv_I),hv_
Row.TupleSelect(hv_I), hv_Column.TupleSelect(hv_I), out hv_HomMat2DRotate);
        }
        using (HDevDisposeHelper dh = new HDevDisposeHelper())
        {
            hv_HomMat2DScale.Dispose();
            HOperatorSet.HomMat2dScale(hv_HomMat2DRotate, hv_Scale.TupleSelect(hv_I), hv_
Scale.TupleSelect(hv_I), hv_Row.TupleSelect(hv_I), hv_Column.TupleSelect(hv_I), out hv_
HomMat2DScale);
        }
        ho_ModelTrans.Dispose();
        HOperatorSet.AffineTransContourXld(ho_Model, out ho_ModelTrans, hv_HomMat2DScale);
        if (HDevWindowStack.IsOpen())
        {
            HOperatorSet.DispObj(ho_ModelTrans, HDevWindowStack.GetActive());
        }
    }
    //显示每个识别到的对象的信息
    using (HDevDisposeHelper dh = new HDevDisposeHelper())
    {
        disp_message(hv_WindowHandle, ((("得分: " + hv_Score) + "\n") + "比例: ") + hv_
Scale,"image", hv_Row, hv_Column-80, "black", "true");
    }
}
```

到此就完成了这个案例,尝试运行一下项目,出现如图8.18所示界面后,单击"创建模板"按钮,然后在窗口中绘制模板的区域,最后单击"开始检测"按钮,就会显示最终的识别结果了。

(a) 创建模板　　　　　　　　　(b) 开始检测

图 8.18　最终显示界面

8.2.4　常用的开发技巧

1. 外部函数代码

在 HALCON 代码中,经常能看到有一些淡绿色代码,这些属于外部函数或者是库函数,并不包含在 HALCON 的算子库中,在将 HALCON 导出为 C#代码时,这些函数也会导出到文件中,像上面的 disp_message()函数,如果外部算子用得比较多,那么在导出代码中会很长,随随便便就上万行,全部放在一起会很影响代码的编写及阅读,所以一般将这部分代码拆分到单独的文件中,下面演示如何处理这部分代码。

第一步：添加类。

首先在项目中添加一个类,右击项目,选择"添加"→"新建项"。然后选择一个类的模板,文件名可随意,但是文件后缀一定要修改为".Designer.cs",否则容易误操作导致报错,如图 8.19 所示。

图 8.19　添加类

第二步：修改类名及关键字修饰。

将类名修改为与主窗口一样的名字,并用 partial 关键字修饰,表示与主窗口类是同一个类,编译的时候合并在一起。然后添加 HALCON 引用以及将从 HALCON 导出的外部函数部分复制到类中就可以在窗体的各种响应函数中调用这些外部函数了。类内具体代码如下。

```
using System;
using System.Collections.Generic;
using System.Linq;
using System.Text;
using System.Threading.Tasks;
using HALCONDotNet;
namespace find_scaled_shape_model
{
    partial class Form1
    {
        //将导出代码中的外部函数部分放到这里
    }
}
```

2. 查询导出算子

在联合编程过程中,可能会想用某一个算子,但又只知道 HALCON 算子的名称而不知道导出算子的名称,由于之前的 HALCON 函数中没有编写导致导出代码中没有这个算子,这时候可以通过重写 HALCON 代码导出来实现。如果是关键算子,这样做无可厚非,但是如果只是想用算子来进行调试,重写再导出确实有点麻烦,这时候可以在 HALCON 中的帮助文档中找到这个算子,如图 8.20 所示。如果有其他编程语言的算子,选择相应编程语言,就会有该算子的其他语言的导出函数说明,直接拿出来用就可以。

第 8 章　HALCON联合C#编程

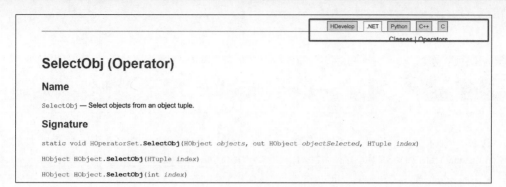

图 8.20　HALCON 不同编程语言的帮助文档

习题

视频讲解

8.1　请概述 HALCON 联合 WinForm 的基本流程。

8.2　建立 HALCON 与 WinForm 的联调界面。要求：能够读取图像并按照原始比例居中显示在界面中。

第 9 章 HALCON联合C++

Qt 是 HALCON 联合 C++ 编程中比较常用的用户界面封装软件，它是一个跨平台的 C++ 图形用户界面应用程序框架。Qt 不仅用于开发 GUI 程序，还用于开发非 GUI 程序，如控制台工具和服务器。

与 HALCON 联合 C♯ 编程一样，HALCON 联合 C++ 编程的方式也是同样的三种，本书同样只介绍第一种编程方式。

视频讲解

9.1 Qt 入门

9.1.1 Qt 的安装

本书以 Qt 的 5.5.2 版本为例，演示下载安装过程。

第一步：下载在线安装器。打开浏览器，访问 Qt 官网，网址为 https://www.qt.io/zh-cn/。单击"产品"→"Qt 开发工具"→单击"下载 Qt"→单击"选择开源版"，在接下来的页面往下拉，找到 Download the Qt online Installer 并单击，根据计算机系统下载一个 Qt 在线安装器。

第二步：安装软件。打开在线安装器之后需要登录 Qt 的账号，没有账号的按照提示注册一个就可以。登录账号成功后就按照提示去安装就可以了，本书以 Qt 的 5.15.2 版本进行演示，建议使用 5.15.2 版本进行安装。组件安装可以参考图 9.1。

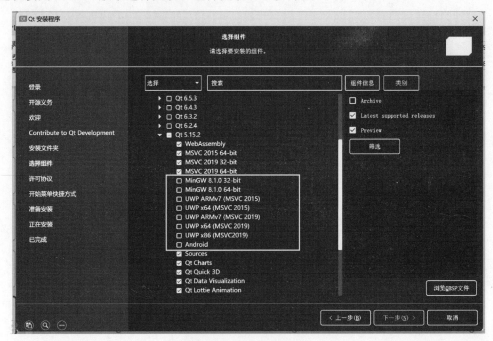

图 9.1　Qt 组件安装

然后等待下载安装结束,根据网速情况,这一步需要的时间不等,偶尔可能会出现安装失败的弹窗,重试就可以了。

注意:如果在安装后发现少勾选了或者想要添加一些组件,可以在 Qt 安装目录下找到 MaintenanceTool.exe 文件,双击打开之后进行添加,添加的步骤基本与安装时一样。

9.1.2 创建 Qt 项目

软件安装完成后,新建一个新项目来试运行一下。

第一步:创建新项目。打开 Qt 软件,选择"创建项目"。

第二步:选择模板。这里选择 Application(Qt)→Qt widgets Application。

第三步:填写项目名称以及项目存放路径。

第四步:定义构建系统。这里选择用 qmake。

第五步:项目文件命名。这里基本按照默认就可以了,也可以根据窗口的功能进行命名,记得要勾选上 Generate form 选项,否则主窗口就不会创建 UI 界面设计器,不能通过在 UI 界面拖曳控件实现窗口布局等操作,只能由代码来实现。

第六步:选择语言翻译文件。这一步用不上,直接下一步。

第七步:选择编译器。这里根据需要选择对应的编译器,本书以 Desktop Qt 5.15.2 MSVC2019 64bit 进行演示。

第八步:项目管理。保持默认设置,单击"完成"按钮。

这样就完成了一个新项目的创建,单击左下角的"运行"按钮或者按快捷键 F5 试运行,没有出现报错并且显示一个空白的窗口就表示成功了。

9.1.3 Qt 项目介绍

1. 项目结构

```
├─ untitled                              项目名
│  ├─ untitled.pro                       qmake 工程文件,在进行环境配置时需要用到,如果创建项目
│  │                                     时选择的是 Cmake,则该文件变为 CMakeLists.txt
│  │
│  ├─ 头文件
│  │   └─ mainwindow.h                   自定义窗口类的头文件
│  ├─ 源文件
│  │   ├─ main.cpp                       项目的入口,整个项目从这个文件开始执行
│  │   └─ mainwindow.cpp                 自定义窗口类的源文件
│  ├─ 界面文件
│  │   └─ mainwindow.ui                  窗口类的 UI 文件,双击可进入 UI 界面设计器,可以进行界
│                                        面可视化设计
│
```

2. main.cpp 文件

```cpp
#include "mainwindow.h"
#include <QApplication>
int main(int argc, char *argv[])
{
    QApplication a(argc, argv);
    //创建了一个窗口类对象 w
    MainWindow w;
    //w 调用了 show()方法
    w.show();
```

```
        //进入循环,等待用户输入
        return a.exec();
}
```

3. mainwindow.h 文件

```
#ifndef MAINWINDOW_H
#define MAINWINDOW_H
#include <QMainWindow>
//命名控件
QT_BEGIN_NAMESPACE
namespace Ui { class MainWindow; }
QT_END_NAMESPACE
//自定义类 MainWindow,继承了 QMainWindow 类
class MainWindow : public QMainWindow
{
//宏定义,引入 Qt 的信号与槽
    Q_OBJECT
public:
//MainWindow 类的构造函数,在创建 MainWindow 对象时需要传入一个父窗口指针
//如果没有传入,则传入默认值 nullptr,表示当前窗口对象为主窗口
    MainWindow(QWidget *parent = nullptr);
    //MainWindow 类的析构函数,在对象销毁时自动调用,执行一些资源释放工作
    ~MainWindow();
private:
//创建一个 Ui::MyWindow 类对象指针 *ui
//该指针指向的是创建项目时生成的 ui 对象,也就是 mywindow.ui 文件
//在 ui 文件中添加的一些控件都可以用这个指针来调用
    Ui::MainWindow *ui;
};
#endif //MAINWINDOW_H
```

4. mainwindow.cpp

```
#include "mainwindow.h"
#include "ui_mainwindow.h"
//mainwindow 类的构造函数
//写在这里面的代码在窗口对象创建时就会执行,所以常将需要初始化的部分放在这里
MainWindow::MainWindow(QWidget *parent)
    : QMainWindow(parent)
    , ui(new Ui::MainWindow)
{
ui->setupUi(this);
//在这之后编写需要初始化的代码
}
//析构函数,在关闭窗口时执行的内容
//在关闭窗口时需要释放资源就可以将释放资源代码放在这里面
MainWindow::~MainWindow()
{
    delete ui;
}
```

5. mainwindow.ui

双击这个文件会打开 Qt 的 UI 设计界面,如图 9.2 所示,这里介绍一些常用的功能区域。

控件列表:位于如图 9.2 所示的①处,分为多个组,如 Layouts、Spacers、Buttons 等。

UI 界面:位于如图 9.2 所示的②处,可以从控件列表中拖放某个控件到该区域,运行程序时就能看到窗体中有该控件。

布局和界面设计工具栏:位于如图 9.2 所示的③处,主要功能是在设计窗体时对控件进

行布局。

对象浏览器(Object Inspector)：位于如图 9.2 所示的④处，用树状视图显示窗体中各个控件之间的包含关系，视图有两列，显示每个控件的对象名称(ObjectName)和控件类名称。

属性编辑器(Property Editor)：位于如图 9.2 所示的⑤处，是界面设计时最常用到的编辑器。可以显示选中的组件或窗体的各种属性及其取值，并且可以修改这些属性的值。

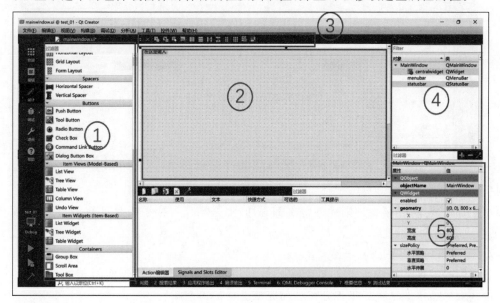

图 9.2　Qt 的 UI 界面

▶ 9.1.4　案例学习

接下来通过"学生信录入系统"这个案例来学习如何设计一个软件界面，涉及的知识点会在用到时进行讲解。

【例 9-1】　使用 Qt 完成"学生信录入系统"。

本案例分为 4 部分来完成，具体如下。

1. 创建新项目

按照前面创建新项目的步骤创建一个新项目，项目名为"students_information_entry"。创建完成后打开 UI 界面设计器，然后运行项目。这时可能会出现运行窗口与 UI 界面设计器中的窗口大小不一致的现象，如图 9.3 所示。这是因为 Qt 运行窗口默认是按照 100% 的缩放比例进行显示的，而现在的显示器显示比例大多都不是 100%。在 UI 界面设计过程中，窗口大小不一致会带来一些麻烦。

遇到这种情况有以下两种解决方法。

(1) 可以在程序入口文件 main.cpp 中的 QApplication a(argc, argv); 之前添加这样一句代码：

```
QCoreApplication::setAttribute(Qt::AA_EnableHighDpiScaling);
```

(2) 在计算机的环境变量中新建一个环境变量"QT_AUTO_SCREEN_SCALE_FACTOR"，将它设为 1，重新启动项目即可。

这样就可以使得运行的窗口与 UI 界面设计器中的大小一致了。第一种方法在每个新建

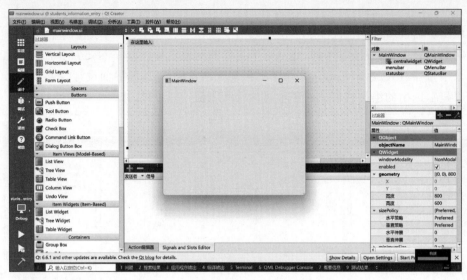

图 9.3　Qt 运行窗口与设计时不一致

的项目中都需要添加,第二种则无须每次都添加,但是当项目换了一台计算机,环境变量改变时,需要重新添加环境变量。

2. 界面布局

将所需的控件从控件列表中拖曳出来,并利用布局管理器进行界面的布局。如图 9.4 所示是最终效果。接下来将一步步介绍如何完成这样的界面布局。

图 9.4　学生信息录入系统界面

常用的界面控件布局方法如表 9.1 所示,这里主要介绍第二种方法。

表 9.1　常用的界面控件布局方法

方　　法	说　　明
绝对位置布局法	最简单的布局方式,控件位置固定,大小不能随着窗口大小的改变而改变,所以使用时一般将窗口大小固定
布局管理器布局法	利用 Qt 自带的布局管理器进行控件布局,能实现控件大小随着窗口大小改变而改变
代码控制布局法	使用麻烦,基本不用

首先需要了解一下 Qt 里的布局管理器,打开 UI 界面设计器,布局管理器在界面的正上方,总共有 6 种,如表 9.2 所示。

表 9.2 布局管理器概括

布　　局	说　　明
水平布局	将控件从左到右水平排列
垂直布局	将控件从上到下垂直排列
网格布局	将控件放置到网格中进行排列,每个控件占一个格子
表格布局	跟网格布局有点像,但是只有两列
水平分拆布局	相比水平布局和垂直布局多了分拆的功能,在两个控件之间多了一个分隔,可以拖动调整控件在整个布局中所占的比例。不常用,了解即可
垂直分拆布局	

布局其实相当于一种规则,需要作用在一个容器内,规定这个容器内控件的分布规则。在控件列表的 layouts 中有四个布局控件,它们就是应用了相应布局的容器,属于容器类控件。

在使用方法上有一点不同,利用布局管理器时要先选中至少两个控件,再单击工具栏中的对应布局,这时就会在这些控件边缘生成一个红色的边框,红色边框其实就是一个应用了布局的容器。另一种是直接从控件列表中拖出布局容器,将想要布局的控件一个个拖到容器里。最重要的一点是,各种布局可以嵌套使用,后续会进行演示。

对布局有了大概的了解之后,下面开始演示如何完成如图 9.4 所示的布局。

第一步:调整主窗口大小。

在属性窗口中找到 geometry,调整其中的宽度和高度,这里设置宽度为 378,高度为 420。并且调整窗口显示标题,在窗口的属性中找到 WindowTitle,修改为"学习信息录入系统"。

第二步:添加信息输入部分的控件。

在控件列表中拖入一个列表布局容器(Form Layout),双击这个容器可以添加控件,如图 9.5 所示,填写第一行内容,这里的"学号:"是显示在控件前的文字说明;"Label"是这个标签控件在程序中的唯一标识符,也就是控件变量名;"字段类型"是控件的类名,它是下拉框形式的,所以只支持其中的控件类型,这里需要的是一个输入框,所以选择的是 QLineEdit;最后的"字段名称"是指该控件在程序中的变量名;"行"代表了这是第一行,这里是第一行,所以不能修改,后续如果有需要在已有的表单中插入一行,可以进行修改。

填写完成后,单击"确定"按钮,就会出现如图 9.6 所示的效果。

图 9.5 添加表单布局行

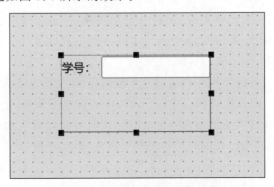

图 9.6 列表布局容器布局效果

然后重复以上操作添加完所有所需的控件之后,如图 9.7 所示。其中,"性别"一行对应的控件是下拉框(ComboBox)。

图 9.7 列表布局容器布局的最终效果

标签控件不需要对其进行控制,程序中的变量名用默认的即可,后面的控件的变量需要在程序中进行控制,其变量名如表 9.3 所示。

表 9.3 列表布局容器中的控件对应变量名

标　　签	对应的控件变量名	标　　签	对应的控件变量名
学号	LineEdit_num	性别	ComboBox_gender
姓名	LineEdit_name	出生日期	LineEdit_time

查看布局容器的属性,其各自的作用如表 9.4 所示,这里把 LayoutLabelAlignment 中的水平对齐方式改为右对齐。

表 9.4　布局容器常用属性

属　性　名	说　　　明
LayoutLeftMargin	控件距离布局容器边界的距离,依次是左、顶、右、底
LayoutTopMargin	
LayoutRightMargin	
LayoutBottomMargin	
LayoutHorizontalSpacing	控件之间的距离,分别是水平和垂直方向上的
LayoutVerticalSpacing	
LayoutLabelAlignment	表格布局容器第一列的标签控件在水平和垂直方向上的对齐方式
LayoutFormAlignment	表格布局容器第二列的控件在水平和垂直方向上的对齐方式

第三步:添加显示头像控件。

在 Qt 中常用 Label 来显示图片,但是在这里需要控件的单击事件,Label 默认没有鼠标单击事件,需要写一个基于 Label 类的自定义类,所以这里采用按钮(Push Button)来实现该功能。

从列表控件中拖出一个按钮控件,变量名改为"pushButton_pic"。

修改控件属性中的 sizePolicy,将水平策略和垂直策略都改为"Fixed"。这个属性是控制控件的水平跟垂直方向上的尺寸随着窗口缩放而变化的方式。这里的"Fixed"表示控件按照 sizeHint()提供的尺寸进行可视化,不随着窗口尺寸变化而变化。

将"minimumSize"和"maximumSize"的宽高设置为 100×140。这里设置控件最小和最大尺寸是为了限制 sizeHint()提供的值,否则 sizeHint()返回的尺寸受控件的布局和内容的影响,不一定是想要的。

然后是将图片显示到控件中,图片可以自己用计算机的画图工具画,比例控制跟控件尺寸相同就可以,当然也可以不相同,就是显示时图片不会铺满整个控件。在按钮控件的属性表中找到Icon，单击下拉菜单→"选择文件"，然后选择一张图片，会发现按钮上有一个图标，但是很小，还需要将iconSize的尺寸改为跟控件尺寸一致，并且双击按钮，删除其中的文本信息，这样就可以显示图片了。

第四步：添加按钮。

从控件列表中找到Push Button并将其拖到窗口中，一共需要三个。然后选中三个按钮，单击上方的水平布局。接着从左到右依次双击按钮修改其上的文字显示，分别修改为"录入""删除"和"修改"。然后修改属性objectName，依次为pushButton_add、pushButton_delete和pushButton_modify。

第五步：添加列表控件。

在控件列表里找到Table Widget，将其拖到窗口中。完成以上操作后窗口如图9.8所示。

第六步：整体布局。

框选列表布局容器和显示图片的Label控件，然后单击上方的"水平布局"按钮。这时会发现控件外多了一个框，这代表一个使用了水平布局的容器。选中这个容器，在属性中将layoutSpacing的值改为20，这样容器内的控件之间的距离就变大了。如果没有设置，在下一次想选中这个容器的时候，会很难选中，这时候可以在对象浏览器中去选中这个容器。

接着选中窗口，对窗口应用一个垂直布局，将窗口属性的minimumSize改为378，maximumSize改为420，设定窗口的最小缩放尺寸。

到此对于窗口的控件布局就完成了，剩下的就按照自己的喜好进行一些细节的调整，如可以对布局容器的属性进行调整，修改控件距离容器边界的距离、控件之间的距离等。运行后的效果如图9.9所示。

图9.8 未整体布局的界面

图9.9 最终界面

3. 初始化界面

虽然在UI界面可以完成大部分关于界面设计的操作，但是还是有一些必须通过代码来进行设置，接下来介绍一下这部分内容，当然其中也有部分的设置能够通过UI界面来进行设置，但是通过代码来实现整体性好一些。

初始化代码写在 mainwindow.cpp 文件的窗口类的构造函数内,其中函数内默认会有"ui->setupUi(this);"这样一句代码,这是对之前在 UI 界面设计的内容进行初始化,之后的初始化代码要放在其后面。

(1) 初始化状态栏。

Qt 的 UI 界面默认是有一个状态栏的,直接拿来用就行,不用重新创建。我们想实现的效果是状态栏左边显示"当前用户",右边实时显示当前时间。代码逻辑为:创建一个定时器,用 connect() 进行信号与槽的连接,然后让计时器开始计时,每 1s 触发一次槽函数内容,以此来实现状态栏内时间的刷新。

这里由于槽函数比较简单,直接采用 Lambda 方式写在 connect() 参数中,槽函数内容为获取当前系统时间,并显示到状态栏中。

本案例需要用到的头文件如下,添加在 mainwindow.h 文件中。

```
#include<QFileDialog>
#include<QTime>
#include<QLabel>
#include<QTimer>
#include<QMessageBox>
```

初始化状态栏具体的代码如下,添加在构造函数内。

```
QDateTime currentTime = QDateTime::currentDateTime();
QTimer * timer = new QTimer();
QLabel * time_text = new QLabel;
time_text->setText(currentTime.toString("时间: yyyy-MM-dd hh:mm:ss "));
ui->statusbar->addPermanentWidget(time_text);
ui->statusbar->setSizeGripEnabled(false);
ui->statusbar->showMessage("当前用户: 管理员");
QObject::connect(timer,&QTimer::timeout,this,[=](){
        QDateTime currentTime = QDateTime::currentDateTime();
        time_text->setText(currentTime.toString("时间: yyyy-MM-dd hh:mm:ss "));
});
timer->start(1000);          //1s 刷新一次
```

(2) 初始化表格,代码如下。

```
//添加 4 列
ui->tableWidget->setColumnCount(4);
//设置表头
QStringList HorizontalHeaderLabels;
HorizontalHeaderLabels <<"学号"<<"姓名"<<"性别"<<"出生日期";
ui->tableWidget->setHorizontalHeaderLabels(HorizontalHeaderLabels);
//设置表头平铺满整个控件
ui->tableWidget->horizontalHeader()->setSectionResizeMode(QHeaderView::Stretch);
//设置为只读
ui->tableWidget->setEditTriggers(QAbstractItemView::NoEditTriggers);
//设置隐藏列表头
ui->tableWidget->verticalHeader()->hide();
//设置交替显示背景色
ui->tableWidget->setAlternatingRowColors(true);
//设置只选择行
ui->tableWidget->setSelectionBehavior(QAbstractItemView::SelectRows);
//设置只能单选
ui->tableWidget->setSelectionMode(QAbstractItemView::SingleSelection);
//设置选中状态下的背景颜色
ui->tableWidget->setStyleSheet("selection-background-color:rgb(0,120,215)");
```

第9章　HALCON联合C++

(3) 限制输入框的输入格式。

```
//限制只输入中文
ui->LineEdit_name->setValidator(new QRegExpValidator(QRegExp("[\u4e00-\u9fa5]+$")));
//限制只输入数字
ui->LineEdit_num->setValidator(new QIntValidator(ui->LineEdit_num));
//提示日期输入格式
ui->LineEdit_time->setPlaceholderText("231018");
//限制日期的输入格式
ui->LineEdit_time->setValidator(new QRegExpValidator(QRegExp("^([0-9]{2})((0([1-9]))|(1[0-2]))((0([1-9]))|(([1|2])([0-9]))|(3[0|1]))$")));
```

(4) 添加下拉框数据。

```
//添加下拉框数据
ui->ComboBox_gender->addItem("男");
ui->ComboBox_gender->addItem("女");
```

这里添加这段代码之后可能会导致程序报错,需要在".pro"文件的最后添加以下内容。

```
msvc {
        QMAKE_CFLAGS += /utf-8
        QMAKE_CXXFLAGS += /utf-8
}
```

4. 添加控件槽函数

在UI界面中右击控件,选择"转到槽",就会弹出如图9.10所示的对话框,这里包含该控件默认的一些信号,选择后就会创建一个与选择的信号连接的槽函数,当信号触发后就会执行槽函数。

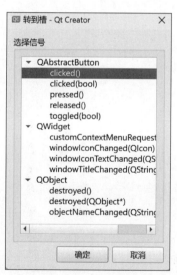

图9.10　转到槽

(1) 显示图片的按钮添加响应鼠标单击信号的槽函数,在UI界面中右击按钮,选择"clicked()",确定后会跳到创建的槽函数。槽函数内的具体代码如下。

```
bool is_pic = false;
void MainWindow::on_pushButton_pic_clicked()
{
    //获取选择的图片路径
    QString filePath = QFileDialog::getOpenFileName(nullptr, "选择文件", "", "图片文件 (*.png *.jpg *.jpeg)");
```

```
    //判断路径是否不为空
    if(!filePath.isEmpty()){
        //设置按钮的图标为所选择的图片
        ui->pushButton_pic->setIcon(QPixmap(filePath));
        is_pic = true;
    }
}
```

(2)"录入"按钮的鼠标单击信号对应的槽函数内的具体代码如下。

```
void MainWindow::on_pushButton_add_clicked()
{
    //获取当前的表格行的数量
    int count = ui->tableWidget->rowCount();
    //学号重复判断标志
    bool is_repeat = false;
    //判断输入框是否不为空,有一个为空则弹出提示框
    if(!ui->LineEdit_num->text().isEmpty()&&
       !ui->LineEdit_name->text().isEmpty()&&
       !ui->ComboBox_gender->currentText().isEmpty()&&
       !ui->LineEdit_time->text().isEmpty()){
        if(is_pic){
        //将输入框的内容赋值给变量
        int num = ui->LineEdit_num->text().toInt();
        QString name = ui->LineEdit_name->text();
        QString gender = ui->ComboBox_gender->currentText();
        QString time_birth = ui->LineEdit_time->text();
        //将要录入的学号与表格中现有内容对比,看是否学号重复
        //重复了则将 is_repeat 标志赋值为 true
        for (int i = 0; i < count; ++i) {
            if( ui->tableWidget->item(i,0)->text() ==
                ui->LineEdit_num->text()){
                QMessageBox::warning(this,"警告","学号重复了");
                is_repeat = true;
                break;
            }
        }
        //如果学号不重复,则将信息录入表格中
        if(!is_repeat){
            //在表格中新建一行
            ui->tableWidget->setRowCount(count+1);
            //创建单元格对象
            QTableWidgetItem * num_item = new QTableWidgetItem();
            num_item->setData(Qt::DisplayRole,num);
            QTableWidgetItem * name_item = new QTableWidgetItem(name);
            QTableWidgetItem * gender_item = new QTableWidgetItem(gender);
            QTableWidgetItem * time_birth_item = new QTableWidgetItem(time_birth);
            QTableWidgetItem * pic = new QTableWidgetItem();
            pic->setIcon(ui->pushButton_pic->icon());
            //设置录入信息的文本对齐方式为居中,图片作为背景
            num_item->setTextAlignment(Qt::AlignCenter);
            name_item->setTextAlignment(Qt::AlignCenter);
            gender_item->setTextAlignment(Qt::AlignCenter);
            time_birth_item->setTextAlignment(Qt::AlignCenter);
            //将信息添加到表格中
            ui->tableWidget->setItem(count,0,num_item);
            ui->tableWidget->setItem(count,1,name_item);
            ui->tableWidget->setItem(count,2,gender_item);
            ui->tableWidget->setItem(count,3,time_birth_item);
            ui->tableWidget->setItem(count,4,pic);
```

```cpp
            //选中新添加的数据行,使其高亮,方便查看添加信息的位置
            ui->tableWidget->selectRow(count);
            //添加的数据按从大到小的顺序进行排序
            ui->tableWidget->sortItems(0);
            //将视角跳转到选中行,方便查看添加信息的位置
            int current_select_row = ui->tableWidget->currentRow();
            ui->tableWidget->scrollToItem(ui->tableWidget->item(current_select_row,0),
QAbstractItemView::PositionAtCenter);
            //设置输入框中的学号自动+1
            ui->LineEdit_num->setText(QString::number(num+1));
        }
    }else{
        QMessageBox::warning(this,"警告","请添加头像");
        }
    }
    else{
        QMessageBox::warning(this,"警告","请输入完整信息!");
    }
}
```

（3）"删除"按钮的鼠标单击信号对应的槽函数内具体代码如下。

```cpp
void MainWindow::on_pushButton_delete_clicked()
{
    //获取表格当前选中行的索引
    int current_selection = ui->tableWidget->currentRow();
    //根据索引删除表格对应行的信息
    if (current_selection != -1) {
        //删除当前选中的行
        ui->tableWidget->removeRow(current_selection);
    } else {
        QMessageBox::information(this,"提示","请选中一行");
    }
}
```

（4）"修改"按钮的鼠标单击信号对应的槽函数内具体代码如下。

```cpp
void MainWindow::on_pushButton_modify_clicked()
{
    //获取当前选中行的索引
    int current_selection = ui->tableWidget->currentRow();
    //创建单元格对象指针,将目前输入框中已经修改的内容存放到指针所指内存里
    QTableWidgetItem *num_item = new QTableWidgetItem(ui->LineEdit_num->text());
    QTableWidgetItem *name_item = new QTableWidgetItem(ui->LineEdit_name->text());
    QTableWidgetItem *gender_item = new QTableWidgetItem(ui->ComboBox_gender->currentText());
    QTableWidgetItem *time_birth_item = new QTableWidgetItem(ui->LineEdit_time->text());
    QTableWidgetItem *pic = new QTableWidgetItem();
    pic->setIcon(ui->pushButton_pic->icon());
    //设置单元格的文本对齐方式为居中
    num_item->setTextAlignment(Qt::AlignCenter);
    name_item->setTextAlignment(Qt::AlignCenter);
    gender_item->setTextAlignment(Qt::AlignCenter);
    time_birth_item->setTextAlignment(Qt::AlignCenter);
    //将修改后的信息覆盖原有信息
    ui->tableWidget->setItem(current_selection,0,num_item);
    ui->tableWidget->setItem(current_selection,1,name_item);
    ui->tableWidget->setItem(current_selection,2,gender_item);
    ui->tableWidget->setItem(current_selection,3,time_birth_item);
    ui->tableWidget->setItem(current_selection,4,pic);
    //修改的数据按从大到小的顺序进行排序
    ui->tableWidget->sortItems(0);
```

```cpp
        //将视角跳转到选中行
        ui->tableWidget->scrollToItem(ui->tableWidget->item(current_selection,0),
QAbstractItemView::PositionAtCenter);
}
```

（5）表格控件的选中项改变信号触发响应槽函数的添加，信号为 itemSelectionChanged()，下面是槽函数内的具体代码。

```cpp
void MainWindow::on_tableWidget_itemSelectionChanged()
{
    //将表格内选中行的信息显示到输入框中，方便进行修改
    //这里需要对表格中的行数量进行判断，否则在删除最后一行信息时会报错
    if(ui->tableWidget->rowCount()>1){
        int current_selection = ui->tableWidget->currentRow();
        QString s_num = ui->tableWidget->item(current_selection,0)->text();
        QString s_name = ui->tableWidget->item(current_selection,1)->text();
        QString s_gender = ui->tableWidget->item(current_selection,2)->text();
        QString s_time = ui->tableWidget->item(current_selection,3)->text();
        QIcon s_icon = ui->tableWidget->item(current_selection,4)->icon();
        ui->LineEdit_num->setText(s_num);
        ui->LineEdit_name->setText(s_name);
        ui->ComboBox_gender->setCurrentText(s_gender);
        ui->LineEdit_time->setText(s_time);
        ui->pushButton_pic->setIcon(s_icon);
    }
}
```

到此本案例就已经完成了，运行的界面如图 9.11 所示。案例中的显示头像功能最好还是使用 Label 来显示，不过需要重写 Label 控件的鼠标单击事件，感兴趣的读者可以去查阅资料实现。

图 9.11　学生信息录入系统

9.2　HALCON 联合 Qt

本节还是通过一个案例来介绍 HALCON 如何与 Qt 进行联合，还是以第 6 章的模板匹配的代码来进行界面封装。

9.2.1 HALCON 代码导出

按照之前导出 C# 代码的步骤将程序导出为 C++ 格式。这里需要关注的关键词有"Procedure declarations""Procedures"和"Main procedure",分别是外部函数声明、外部函数实现和 main() 函数,通过搜索这些关键词可以快速进行定位。代码结构与之前的 C# 是基本一样的,这里不再赘述。

9.2.2 项目环境配置

接下来进行项目的环境配置。

第一步:新建一个项目,这里项目名为"find_scaled_shape_model"。

第二步:在 HALCON 的安装目录下找到"include"和"lib"文件夹,将它们复制到项目文件夹下。安装目录参考"D:\Program Files\MVTec\HALCON-23.05-Progress"。

第三步:在项目的 .pro 文件中添加如下代码。

```
# -------------- HALCON 文件配置 --------------------
INCLUDEPATH += $$PWD/include
INCLUDEPATH += $$PWD/include/HALCONcpp
LIBS += $$PWD/lib/x64-win64/HALCONcpp.lib
LIBS += $$PWD/lib/x64-win64/HALCON.lib
# ----------------- 设定源代码编码格式为 UTF-8 ------------------
msvc {
    QMAKE_CFLAGS += /utf-8
    QMAKE_CXXFLAGS += /utf-8
}
```

第四步:如果没有添加环境变量"QT_AUTO_SCREEN_SCALE_FACTOR",则需要在 main.cpp 文件中的 main() 中添加以下代码。注意需要放在 main() 函数内的第一行中。

```
QApplication::setAttribute(Qt::AA_EnableHighDpiScaling);
```

9.2.3 案例学习

接下来通过将一个简单的例子来进行界面封装来学习一下,就以例 6-3 的形状模板匹配代码为例进行讲解。

【例 9-2】 使用 Qt 完成形状模板匹配界面封装。

首先按照前面介绍的将形状模板匹配的代码导出,然后创建新项目并配置项目环境。接下来的步骤大致分为 5 部分完成。具体如下。

1. 界面布局

首先还是先进行 UI 界面的布局,如图 9.12 所示,需要两个 Push Button 控件和一个 Qlable 控件,按照之前介绍的布局方法进行布局。

其中的控件的变量名如表 9.5 所示。

表 9.5 模板匹配案例 Qt 界面所用控件

名称	控件类别	objectName
HALCON-window	Label	label_window
创建模板	Push Button	pushButton_create_model
开始检测	Push Button	pushButton_find_model

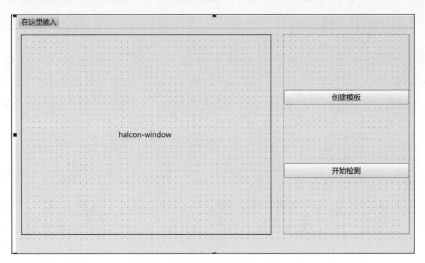

图 9.12 模板匹配案例 Qt 界面

其中,将 HALCON-window 的 frameShape 修改为 box,使得 Label 控件与其他控件区分开,整个窗口使用的是水平布局,可以修改布局容器的 Layout,使得界面相对协调,这里将 layoutSpacing 设置为 20,layoutStretch 设为 2,1。

2. 添加头文件和声明变量

在 mainwindow.h 文件中添加以下需要用到的头文件:

```
#include <QScreen>
#include <HALCONCpp.h>
#include <HDevThread.h>
```

由于案例比较小,不需要考虑内存的问题,所以将 HALCON 导出代码中 action 函数中的变量声明部分直接放到私有变量中当作全局变量。

3. 添加外部函数

将外部函数实现部分的代码复制到 mainwindow.cpp 中,由于这个案例所用到的外部函数较少,所以可以直接放到主程序文件中。对于外部函数较多的项目,如果将所有的代码都放到主程序文件中,则会影响程序的编写及阅读,需要将其单独放到另外的文件中,在后续的小技巧中会有介绍。

4. "创建模板"按钮的鼠标单击响应槽函数

添加"创建模板"按钮的鼠标单击响应槽函数,将导出代码中的创建模板部分的代码复制到函数内,就是读入图像之后到读入识别图像之前的那部分代码。这里需要修改打开窗口部分的代码,将其与 Qt 中的 Label 控件进行关联。由于之前在 main.cpp 文件中设置了启用高 DPI 缩放,Qt 的窗口默认是不开启这个的,所以需要获取显示器的缩放比例来计算窗体大小,使得窗体与控件大小匹配。

然后注意到 DispText 算子中的参数有一个特别长,这是将代码导出为 C++时进行的中文字符转换,但在前面环境配置时,已经设置能够识别中文字符,所以可以将很长的中文转义换回原来的中文,这样代码的阅读性会好些。具体代码如下。

```
void MainWindow::on_pushButton_create_model_clicked()
{
    //读入模板图像
    ReadImage(&ho_Image, "green-dot");
```

```cpp
    //获取图像尺寸
    GetImageSize(ho_Image, &hv_Width, &hv_Height);
    //获得显示屏的缩放比例
    qreal scale = QGuiApplication::primaryScreen()->devicePixelRatio();
    //获取Label控件的尺寸
    int label_width = ui->label_window->width(),
        label_heigth = ui->label_window->height();
    //获取Label控件的窗口ID
    Hlong winId = (Hlong)ui->label_window->winId();
    //打开窗口
    SetWindowAttr("background_color","black");
    OpenWindow(0,0,label_width*scale,label_heigth*scale,winId,"visible","",&hv_WindowHandle);
    HDevWindowStack::Push(hv_WindowHandle);
    //窗口设置
    if (HDevWindowStack::IsOpen())
        SetColor(HDevWindowStack::GetActive(),"green");
    if (HDevWindowStack::IsOpen())
        SetDraw(HDevWindowStack::GetActive(),"margin");
    //设置字体
    if (HDevWindowStack::IsOpen())
        SetFont(HDevWindowStack::GetActive(),"宋体-20");
    //显示图像
    if (HDevWindowStack::IsOpen())
        SetFullImagePart(ho_Image,hv_WindowHandle);
        DispObj(ho_Image, HDevWindowStack::GetActive());
    //获取所要制作模板的区域
    if (HDevWindowStack::IsOpen())
        DispText(HDevWindowStack::GetActive(),HTuple("绘制模板区域,按住鼠标左键拖动进行绘制,单击右键完成绘制"),"window", "top", "left", "black", HTuple(), HTuple());
    DrawCircle(hv_WindowHandle, &hv_Row1, &hv_Column1, &hv_Radius);
    GenCircle(&ho_Circle, hv_Row1, hv_Column1, hv_Radius);
    //获取感兴趣区域图像
    ReduceDomain(ho_Image, ho_Circle, &ho_ImageReduced);
    //创建模板
    CreateScaledShapeModel(ho_ImageReduced, 5, HTuple(-45).TupleRad(), HTuple(90).TupleRad(),
"auto", 0.8, 1.0, "auto", "none","ignore_global_polarity",40, 10, &hv_ModelID);
    //获取创建的模板的参数,一般用于需要对模型参数进行调整时
    GetShapeModelParams(hv_ModelID, &hv_NumLevels, &hv_AngleStart, &hv_AngleExtent, &hv_AngleStep, &hv_ScaleMin, &hv_ScaleMax, &hv_ScaleStep, &hv_Metric, &hv_MinContrast);
    //获取模板的轮廓,并进行仿射变换,将其与图像对齐,制作的模板的中心坐标为原点(0,0)
    GetShapeModelContours(&ho_Model, hv_ModelID, 1);
    VectorAngleToRigid(0, 0, 0, hv_Row1, hv_Column1, 0, &hv_HomMat2D);
    AffineTransContourXld(ho_Model, &ho_ModelTrans, hv_HomMat2D);
    if (HDevWindowStack::IsOpen())
        DispObj(ho_Image, HDevWindowStack::GetActive());
    if (HDevWindowStack::IsOpen())
        DispObj(ho_ModelTrans, HDevWindowStack::GetActive());
}
```

5. "开始检测"按钮的鼠标单击响应槽函数

添加"开始检测"按钮的鼠标单击响应槽函数,将导出代码中的创建模板部分的代码复制到函数内,就是读入识别图像之后的代码。与"创建模板"按钮的鼠标单击响应槽函数一样,修改一下中文转义的部分就可以了。具体代码如下。

```cpp
void MainWindow::on_pushButton_find_model_clicked()
{
    //读入待识别图像
    ReadImage(&ho_ImageSearch, "green-dots");
```

```cpp
    if (HDevWindowStack::IsOpen())
        DispObj(ho_ImageSearch, HDevWindowStack::GetActive());
    //进行模板匹配
    FindScaledShapeModel(ho_ImageSearch, hv_ModelID, HTuple(-45).TupleRad(), HTuple(90).
TupleRad(), 0.8, 1.0, 0.5, 0, 0.5, "least_squares", 5, 0.8, &hv_Row, &hv_Column, &hv_Angle, &hv_
Scale, &hv_Score);

    //在窗口上显示识别到的模型数量
    if (HDevWindowStack::IsOpen())
        DispText(HDevWindowStack::GetActive(), HTuple("识别到的对象数量: ") + (hv_Score.
TupleLength()), "window", "top", "left", "black", HTuple(), HTuple());
    //根据找到的图像的坐标、角度及缩放比例对每个对象进行仿射变换,使得模板与识别到的对象进行对齐{
    HTuple end_val37 = (hv_Score.TupleLength())-1;
    HTuple step_val37 = 1;
    for (hv_I = 0; hv_I.Continue(end_val37, step_val37); hv_I += step_val37)
    {
        HomMat2dIdentity(&hv_HomMat2DIdentity);
        HomMat2dTranslate(hv_HomMat2DIdentity, HTuple(hv_Row[hv_I]), HTuple(hv_Column[hv_
I]),&hv_HomMat2DTranslate);
        HomMat2dRotate(hv_HomMat2DTranslate, HTuple(hv_Angle[hv_I]), HTuple(hv_Row[hv_I]),
HTuple(hv_Column[hv_I]), &hv_HomMat2DRotate);
        HomMat2dScale(hv_HomMat2DRotate, HTuple(hv_Scale[hv_I]), HTuple(hv_Scale[hv_I]),
HTuple(hv_Row[hv_I]), HTuple(hv_Column[hv_I]), &hv_HomMat2DScale);
        AffineTransContourXld(ho_Model, &ho_ModelTrans, hv_HomMat2DScale);
        if (HDevWindowStack::IsOpen())
            DispObj(ho_ModelTrans, HDevWindowStack::GetActive());
    }
}
    //显示每个识别到的对象的信息
    disp_message(hv_WindowHandle, ((("得分: " + hv_Score) + "\n") + "比例: ") + hv_Scale,
"image", hv_Row, hv_Column-80, "black", "true");
}
```

到这里案例就结束了,运行的效果与之前 WinForm 中的是一样的。

小技巧 HALCON 导出的外部函数一般都比较长,像深度学习中会用到大量的外部函数算子,这部分代码放到主程序文件中,会十分影响代码的编写及阅读,所以一般开发过程中会将这部分代码放到独立的文件中,避免影响主代码的阅读。具体的操作如下。

第一步:新建一个类。在项目上右击,选择"添加新文件",选择 C/C++ 里的 C++Class。如图 9.13 所示,填写类名(Class name),这里填写"HALCON_external_function",然后进行下一步。

第二步:修改头文件。打开 HALCON_external_function.h 文件,将其中默认添加的类模板删除,然后将导出代码中的函数声明部分连同头文件引用一起复制进来,这里需要将头文件引用的双引号改为尖括号。

第三步:修改源文件。打开 HALCON_external_function.cpp 文件,将其中的默认构造函数删除,然后将导出代码中的函数实现部分的代码复制进来。

第四步:添加引用。在主程序的头文件中引用 HALCON_external_function.h 文件。

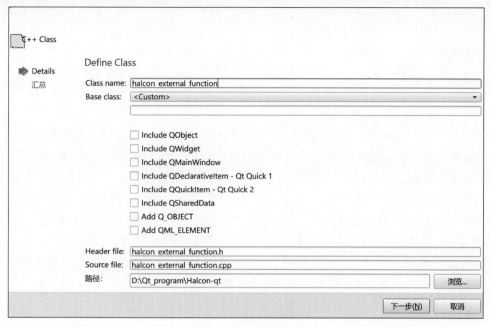

图 9.13　Qt 添加类

习题

在线测试

9.1　请概述 HALCON 联合 Qt 的基本流程。

9.2　建立 HALCON 与 Qt 的联调界面。要求：能够读取图像并按照原始比例居中显示在界面中。

第 10 章 OCR

OCR(Optical Character Recognition,光学字符识别)是指使用扫描仪或数码相机等电子设备检查纸上的字符,通过检测暗、亮的方法确定字符的形状,并使用字符识别方法把字符转换为计算机数据的过程;即对文本资料进行扫描,然后对图像文件进行图像处理和分析,最终获取文字的过程。

OCR 识别的内容主要包括汉字、英文字符、数字。至今,已经有众多开源或商业平台能实现 OCR 识别,包括云端识别、本地部署等各种方式。汉字识别以前一直是一个难点,但现在也有各种级别的汉字模型文件可供 API 调用进行在线或离线识别。本章仅讨论基于 HALCON 的 OCR 识别技术,其余各种技术方案请读者自行学习。

10.1 基本流程

OCR 识别的流程一般包括以下两个阶段。

第一阶段为图像处理阶段,主要包括:①取图;②OCR 感兴趣区域的选取和分割。此阶段应根据成图特点决定是否需要采取包括图像校正、图像滤波等操作。在实际应用中,一般还需增加模板匹配系列功能(如模板制作、模板保存、模板读取等)以满足不同姿态的工件批量识别。

第二阶段为 OCR 识别阶段,主要包括训练 OCR(或采取系统自带的文件)、读取特征、显示结果、释放分类器等步骤。

10.2 OCR 助手使用

视频讲解

OCR 助手可通过简单设置,快速实现识别功能,具备操作简单、交互性强等特点。在识别助手中,可以先选定图片中的字符,然后直接将预先的字符放入(英文字符和数字),必要时需要进行训练,可以实现字符的识别。

在菜单栏中的"助手"→"打开新的 OCR"中打开一个新的 OCR 助手,关于 OCR 助手的使用步骤如图 10.1 所示。

第一步:单击导入图像。

第二步:按照要求进行对文本图像 ROI 的选取。当 ROI 图像为正的时候可以直接使用第一个画方正的矩形,如果图像为倾斜状态,则选取第二个可倾斜矩形选框进行绘制。绘制的范围要包含全部字符且比全部字符框选的位置稍大一些,然后单击右键结束选取。

第三步:输入要读取的字符,直接在空格框里面填写完整,要注意有数字、大小写字母、空格、空行、回车、特殊字符等均需要写入。

第四步:检查字符是否包含下列情况。①字符是暗背景上的亮字符。在 HALCON 的默认识别中,OCR 分类器是默认使用亮背景、暗字符(白底黑字)的形式,如果是暗背景、亮字符

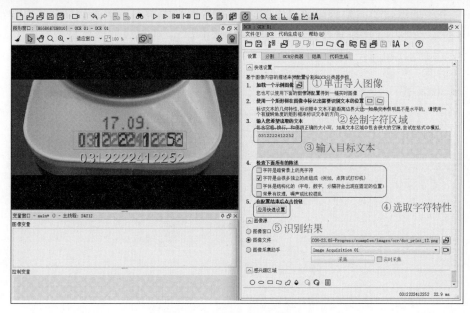

图 10.1 OCR 助手的使用步骤

的形式,选取这个点可以自动反色处理。②字符是由很多独立的点组成。在常见的 OCR 识别中,字体形态主要分为两种,一种是很典型的喷墨打印机;另一种是点阵打印机和激光打印机。点阵字符就是由单独的点构成的字符,这种字符的特点就是,它们不是属于同一连通域,需要进行比较大的膨胀处理,选取该点可以自动膨胀处理。③字体是结构化的,即在固定的地方显示出来。在项目中往往不会出现这种情况,正常情况下一般不勾选处理。④背景有纹理、噪声或比较混乱。如果有纹理和噪声时可以勾选。

第五步:应用设置,完成识别。

如果识别的效果不理想,可以进一步分割设置,如图 10.2 所示,具体步骤不再赘述。

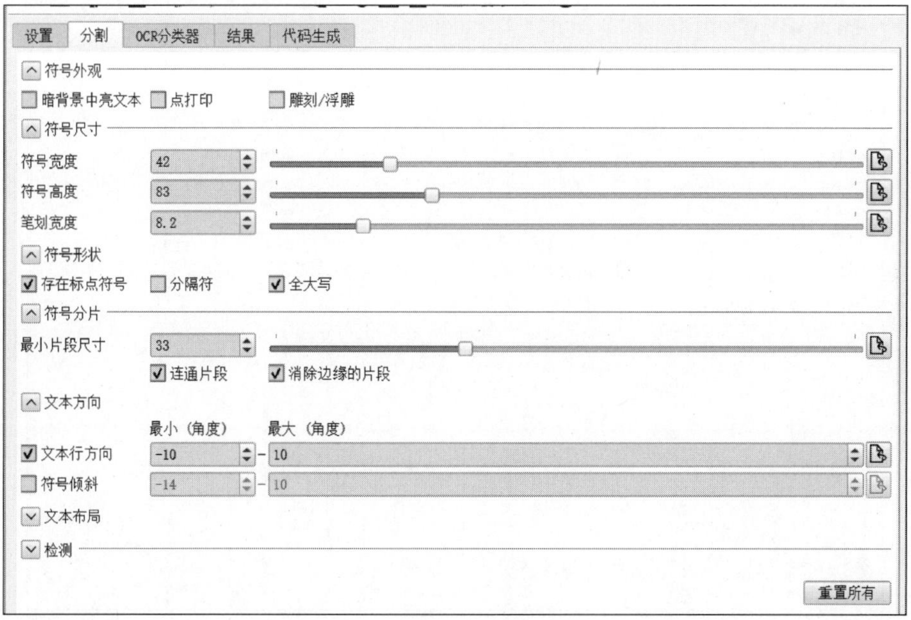

图 10.2 分割设置

OCR 分类器默认了一种常用的字体，可以根据实际情况进行选取。如果系统自带的字体不能满足要求，如图 10.3 所示可以进行训练和字体保存，具体步骤不再赘述。

图 10.3　分类器训练文件和保存

识别的结果如图 10.4 所示可以查阅，如果分数不理想可以返回修改继续优化。

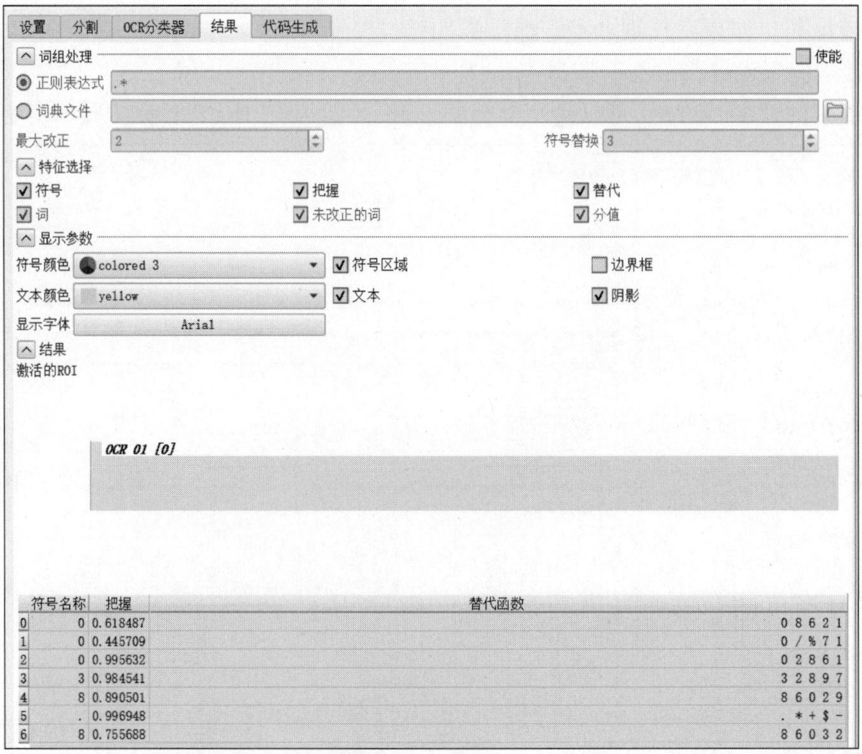

图 10.4　识别结果

最后，单击"插入代码"按钮即可生成代码，如图 10.5 所示。

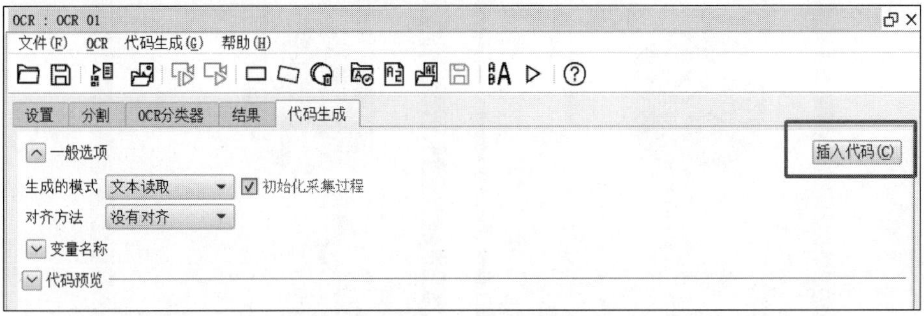

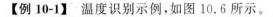

图 10.5　插入代码

10.3　编程实现 OCR 识别

采用 OCR 助手实现识别，代码较为完整也相对臃肿，可以通过自己编程实现 OCR 识别，一般流程为：ROI 定位→抠图→Blob 分析→读取已有的或训练好的 OCR 格式文件→执行识别→结果获得显示、存取等。

视频讲解

【例 10-1】　温度识别示例，如图 10.6 所示。

```
* 读取图片
read_image(Image, '温度显示.jpg')
dev_get_window(WindowHandle)
* 绘制数字区域矩形 ROI,右击结束
draw_rectangle1(WindowHandle, Row1, Column1, Row2, Column2)
* 得到矩形区域
gen_rectangle1(Rectangle1, Row1, Column1, Row2, Column2)
* 抠图
reduce_domain(Image, Rectangle1, ImageReduced)
* 灰度化
rgb1_to_gray(ImageReduced, GrayImage)
* 双峰二值化,取暗值
binary_threshold(GrayImage, Region, 'max_separability', 'dark', UsedThreshold)
* 闭运算将断的区域联合
closing_circle(Region, RegionClosing, 3.5)
* 打散
connection(RegionClosing, ConnectedRegions)
* 根据区域面积特征筛选出数字,去掉噪声
select_shape(ConnectedRegions, SelectedRegions, 'area', 'and', 2426.21, 6877.21)
* 通过设定的数字格式,赋值给句柄
read_ocr_class_mlp('Industrial_0-9+_NoRej.omc', OCRHandle)
* 字符识别,输出给 Class
do_ocr_multi_class_mlp(SelectedRegions, GrayImage, OCRHandle, Class, Confidence)
* 得到元组长度,即为识别出几个数字
totalNum: = |Class|
* 获取每个区域的包围盒,目的是得到显示坐标
smallest_rectangle1(SelectedRegions, Row11, Column11, Row21, Column21)
* 循环显示并存取为字符串
strResult: = ''
for Index : = 0 to totalNum - 1 by 1
    disp_message(WindowHandle, Class[Index], 'image', \
Row21[Index], Column21[Index], 'red', 'true')
    strResult: = strResult + Class[Index]
endfor
```

(a) 原图　　　　　　　　　　(b) 识别结果

图 10.6　温度 OCR 识别

🔔**小技巧**　注意,抠出的要识别 OCR 的区域在灰度化后一定是白底黑字,也就是背景是白色,OCR 特征为黑色,因为 HALCON 训练的 OCR 文件是基于此,否则会出现不可预料的识别结果。

10.4　汉字识别

视频讲解

HALCON 对汉字识别也提供了相应的工具和方法,一般步骤如下。

(1) 图像预处理:首先,需要对输入的图像进行预处理,以改善图像质量并减少噪声。这可能包括灰度化、二值化、滤波等操作。

(2) 字符分割:将图像中的汉字分割成单个字符。可以通过定位字符的边界、使用投影分析或连通区域分析等方法实现。

(3) 特征提取:对于分割出来的单个字符,需要提取其特征以供后续识别。特征可以包括字符的形状、结构、纹理等。

(4) 分类识别:使用分类器对提取的特征进行分类识别,以确定每个字符的具体内容。HALCON 支持多种分类器,如支持向量机(SVM)、神经网络等。可以根据具体需求选择合适的分类器,并使用训练样本对其进行训练。

需要注意的是,汉字识别是一个复杂的任务,因为汉字具有丰富的形态和结构变化。因此在实际应用中,可能需要根据具体需求对以上步骤进行调整和优化,以获得更好的识别效果。

此外,为了提高汉字识别的准确率和鲁棒性,还可以考虑使用深度学习等方法。深度学习可以自动学习字符的特征表示,并具有较强的泛化能力。HALCON 也提供了与深度学习框架的接口,可以方便地集成深度学习模型进行汉字识别。

【例 10-2】　一个汉字训练和识别的例子,如图 10.7 所示。

```
*关闭窗口
dev_close_window()
*读取图像
read_image(Image, '中文测试 1.png')
*获得图像尺寸大小
get_image_size(Image, Width, Height)
*打卡窗口
dev_open_window(0, 0, Width, Height, 'black', WindowHandle)
*预处理、Blob 分析和形态学处理,目的是将汉字分割成单独的区域
rgb1_to_gray(Image, GrayImage)
```

```
char_threshold(GrayImage, GrayImage, Characters, 2, 95, Threshold)
dilation_rectangle1(Characters, RegionDilation, 4, 4)
connection(RegionDilation, ConnectedRegions)
* 分割单独区域后进行排序
sort_region(ConnectedRegions, SortedRegions, 'character', 'true', 'row')
count_obj(SortedRegions, Number)
* 设置要训练的元组内容
words: = ['中','文','测','试']
* 准备好训练文件地址
transfile: = 'chineseword.trf'
* 训练的过程:循环将提前准备好的字符内容一一添加到训练文件中
for Index : = 1 to Number by 1
    select_obj(SortedRegions, ObjectSelected, Index)
    reduce_domain(GrayImage, ObjectSelected, ImageReduced)
    append_ocr_trainf(ObjectSelected, ImageReduced, words[Index - 1], transfile)
endfor
* 准备好字库文件地址
fontFile: = 'chineseword.omc'
* 读取训练文件名字
read_ocr_trainf_names(transfile, CharacterNames, CharacterCount)
* 生成 mlp 分类器
create_ocr_class_mlp(8, 10, 'constant', 'default',\
CharacterNames, 80, 'none', 10, 42, OCRHandle)
* 训练
trainf_ocr_class_mlp(OCRHandle, transfile, 200, 1, 0.01, Error, ErrorLog)
* 保存
write_ocr_class_mlp(OCRHandle, fontFile)
* 清除句柄
clear_ocr_class_mlp(OCRHandle)
* 读取图像测试
read_image(Image1, '中文测试 2.png')
rgb1_to_gray(Image1, GrayImage1)
binary_threshold(GrayImage1,Region,'max_separability', 'dark', UsedThreshold)
dilation_rectangle1(Region, RegionDilation1, 4, 4)
connection(RegionDilation1, ConnectedRegions1)
sort_region(ConnectedRegions1, SortedRegions1, 'character', 'true', 'column')
* 读取上面训练好的文件
read_ocr_class_mlp('chineseword.omc', OCRHandle1)
* 执行识别
do_ocr_multi_class_mlp(SortedRegions1, GrayImage1,\
OCRHandle1, Class, Confidence)
* 显示结果
disp_message(WindowHandle, '结果: ', 'image', 30, 120, 'red', 'false')
for i: = 1 to Number by 1
disp_message(WindowHandle,Class[i - 1],'image', 30, 140 + 20 * i, 'green', 'false')
endfor
```

图 10.7 训练图片和识别图片(结果)

注意：上述程序，在实际应用中可以分解成两个单独文件。一个文件为训练文件，一个文件为识别文件。训练好之后，在识别文件里即可读取（*.omc）文件。

总结：主要算子如下。

`append_ocr_trainf(Character, Image : : Class, TrainingFile :)`

4 个参数分别表示字符 Region、字符 Image、字符文本、OCR 训练的.trf 文件路径。如果该路径下不存在.trf 文件，那么它会自动生成该文件。该算子的作用是将单个字符区域、单个字符图像和对应的字符文本写入 TrainingFile 文件。

`read_ocr_trainf_names(: : TrainingFile : CharacterNames, CharacterCount)`

查询.trf 训练文件中存储有哪些字符，以及每个字符在训练器中的数量。

`create_ocr_class_mlp(: : WidthCharacter, HeightCharacter, Interpolation, Features, Characters, NumHidden, Preprocessing, NumComponents, RandSeed : OCRHandle)`

最前面的两个参数分别表示字符的宽度和高度；NumHidden 指隐藏层的层数，一般不宜过低。

`trainf_ocr_class_mlp(: : OCRHandle, TrainingFile, MaxIterations, WeightTolerance, ErrorTolerance : Error, ErrorLog)`

训练神经网络，通常参数用默认值即可。

`write_ocr_class_mlp(: : OCRHandle, FileName :)`

保存 OCR 的（*.omc）分类器到文件。

`read_ocr_class_mlp(: : FileName : OCRHandle)`

从文件中读取 OCR 的.omc 分类器。

因此，一个典型的创建 OCR 分类器的过程通常为 append_ocr_trainf()→create_ocr_class_mlp()→trainf_ocr_class_mlp()→write_ocr_class_mlp()。

视频讲解

10.5 一维码识别

一维码，又称条形码，是由一组规则排列的条、空以及对应的字符组成的标记。"条"是对光线反射率较低的部分，"空"是对光线反射率较高的部分。条和空组成的数据能够表达一定的信息，并且可以通过特定的设备进行识读。一维码技术广泛应用于各领域，其编码通常是唯一的。在实际应用中，需要通过数据库建立条码与物料信息的对应关系。常见码制包括 Code39 码（标准 39 码）、Codabar 码（库德巴码）、Code25 码（标准 25 码）、ITF25 码（交叉 25 码）、Matrix25 码（矩阵 25 码）、UPC-A 码、UPC-E 码、EAN-13 码（EAN-13 国际商品条码）、EAN-8 码（EAN-8 国际商品条码）、中国邮政码（矩阵 25 码的一种变体）、Code-B 码、MSI 码、Code11 码、Code93 码、ISBN 码、ISSN 码、Code128 码（Code128 码，包括 EAN128 码）、Code39EMS（EMS 专用的 39 码）等一维条码和 PDF417 等二维条码。EAN-13 码是 EAN 码的一种，用 13 个字符表示信息，是我国主要采取的编码标准。EAN-13 码包含商品的名称、型号、生产厂商、所有国家地区等信息。如图 10.8 所示为 EAN-13 码。

图 10.8 EAN-13 码

在 HALCON 中进行一维码识别，通常涉及以下步骤。

（1）图像采集与预处理：获取包含一维码的图像，对图像进行必要的预处理，如灰度化、二值化、去噪等，以提高一维码的可读性。

（2）定位和分割一维码：使用 HALCON 提供的工具来定位和分割图像中的一维码区域。通过寻找特定的图案（如条形码的起始和结束模式）或使用基于形状或纹理的特征来实现。

（3）解码一维码：利用 HALCON 的解码函数对分割出的一维码进行解码，并将其转换为可读的文本信息。解码过程中可能需要设置一些参数，如条形码的方向、条宽比等，以适应不同的条形码类型和图像质量。

（4）验证和纠错：对解码出的数据进行验证，确保其准确性。一维码通常包含校验位，可用于检测和解码过程中的错误。

（5）输出和使用解码结果：将解码出的文本信息输出到需要的系统或应用中，如数据库、用户界面等。根据解码结果执行相应的操作，如产品追溯、库存管理等。

【例 10-3】 一维码识别，如图 10.9 所示。

```
* 读取图像
read_image(Image, '一维码.png')
dev_get_window(WindowHandle)
* 设置区域的显示参数
dev_set_color('green')
dev_set_draw('margin')
dev_set_line_width(3)
* 创建条形码读取器对象
create_bar_code_model([], [], BarCodeHandle1)
* 设置条形码参数
set_bar_code_param(BarCodeHandle1, 'element_size_min', 8)
find_bar_code(Image,SymbolRegions,BarCodeHandle1,'auto',DecodedDataStrings)
* 求得区域中心，为显示结果准备行列坐标
area_center(SymbolRegions, Area, Row, Column)
* 清除条形码对象句柄
clear_bar_code_model(BarCodeHandle1)
* 显示结果
dev_display(Image)
dev_display(SymbolRegions)
dev_disp_text(DecodedDataStrings, 'image', Row ,\
Column , 'red', 'box_color', 'white')
```

(a) 一维码原图　　　　　　　　(b) 一维码识别结果

图 10.9　一维码识别

在这个示例中：

create_bar_code_model()算子为创建一维码模型，最后一个参数为模型句柄，在识别模型

时用到该模型句柄,否则就找不到创建的模型。

set_bar_code_param()算子为设置一维码模型参数,这里设置为element_size_min,即基本条形码元素的最小尺寸,此设置激活参数element_size_min的训练模式,低于element_size_min的值,将检测不到一维码模型。

find_bar_code()算子为查找一维码模型,参数auto为自动检测模型。

🔔 **小技巧**　HALCON自带的barcode_typical_cases.hdev提供了一些在读码异常时的调试技巧,值得借鉴,以帮助读者了解读码出错的具体环节。例如,通过以下两个阶段来获取中间结果:①检查候选区域;②检查扫描线。

10.6　二维码识别

随着时代的发展,一维码的一些不足之处越发明显,如数据容量较小(30个字符);只能包含字母和数字;尺寸相对较大,空间利用率较低;一旦遭到损坏便不能阅读等,当碰到信息量大的工业生产场景,一维码就捉襟见肘了。二维码是目前广泛应用的。二维码是指在一维码的基础上再扩展出一维的条码,使用黑白矩形图案表示二进制数据。一维码只能在水平方向上表达信息,而二维码在水平和垂直方向都可以存储信息。一维码只能由数字和字母组成,而二维码能存储汉字、数字和图片等信息。

二维码的应用非常广泛,包括在商业营销、物流追踪、票务管理和移动支付等方面,其便捷性和多样性使得二维码成为现代生活中不可或缺的一部分。二维码的格式有多种,比较常见的有QR码、Data Matrix码、PDF417码、Maxi码等。制造企业可以利用二维码在生产、质检、物流等环节实现信息的快速采集、识别和传输,提高生产效率和质量控制水平。Data Matrix是在国际制造领域广泛使用的二维码。Data Matrix的印刷特征使得它成为目前主要应用直接标记(印刷、刻制、光刻、腐蚀、冲压等方式)在产品或零部件表面的编码。它的高效容错性能使它可以承受制造或流通过程中对物品表面标识的污染,因此非常受欢迎。针对各种不同的应用,国际上已经颁布了多种形式的Data Matrix符号标准体系。

【例10-4】　二维码识别示例,如图10.10所示。

```
* 创建模型
create_data_code_2d_model('Data Matrix ECC 200', [], [], DataCodeHandle)
* 设置条码极性
set_data_code_2d_param(DataCodeHandle, 'polarity', 'any')
* 解码时长的设置,超时直接将条码丢弃
set_data_code_2d_param(DataCodeHandle, 'timeout', 800)
* 开始二维码识别
read_image(Image, 'datamatrix.jpg')
* 开始计时
count_seconds(Seconds)
* 解析二维码
find_data_code_2d(Image, SymbolXLDs, DataCodeHandle, [], [], ResultHandles, DecodedDataStrings)
* 结束计时
count_seconds(Seconds1)
* 累计耗时
time: = Seconds1 - Seconds
* 判断解码结果是否有结果
tuple_length(DecodedDataStrings, Length)
if (Length > 0)
```

```
    * 获取区域
    concat_obj(SymbolXLDs, SymbolXLDs, ObjectsConcat)
    dev_clear_window()
    dev_display(Image)
    * 绘制区域
    dev_display(ObjectsConcat)
    * 显示二维码
    disp_message(WindowHandle, DecodedDataStrings, 'image', 2, 2, 'black', 'true')
else
    dev_disp_text('解码失败', 'window', 'top', 'left', 'black', [], [])
endif
```

(a) 二维码原图　　　　(b) 二维码识别结果

图 10.10　二维码识别

对上述示例进行说明如下。

(1) create_data_code_2d_model()算子为创建二维码模型。最后一个参数为模型句柄，在识别模型时用到该模型句柄，不然就无法找到创建的模型。

(2) set_data_code_2d_param()算子为设置二维码模型参数。在工业视觉识别中，这个算子特别重要，可以通过设置识别时间等核心参数以满足产线节拍要求等。

(3) find_data_code_2d()算子为查找二维码模型，算子原型为 find_data_code_2d (Image：SymbolXLDs：DataCodeHandle，GenParamNames，GenParamValues：ResultHandles，DecodedDataStrings)。其中，Image 为输入的二维码图像；SymbolXLDs 为输出的解码成功后找的二维码边缘；DataCodeHandle 为输入句柄，是 create_data_code_2d_model()算子所创建的二维码模型句柄；GenParamNames 为输出的解码函数的属性名，默认值为 []；GenParamValues 为输出的解码函数的属性值，默认值为 []；ResultHandles 为输出的解码结果句柄；DecodedDataStrings 为输出的二维码字符串，该字符串即为所需要的结果。

小技巧　在工业视觉检测中，解码的准确率和效率非常关键。通过合理设置 set_data_code_2d_param()算子中的参数，可以提高相应效果。

(1) 解码时间设置。例如，通过设置解码时长以满足节拍要求(800 为 800 毫秒，解码不成功也放弃)。

(2) 第二，条码极性设置。极性是指条码颜色和条码背景色的区别。例如，限定条码颜色为偏明、背景色偏暗，则可设置为 set_data_code_2d_param(DataCodeHandle, 'polarity', 'light_on_dark')，如果不限定则可将最后参数设置为 any。

习题

识别自己的学生卡卡号，并通过模板匹配等方法，识别其他同学的学生卡卡号。

在线测试

第 11 章　几何测量

视频讲解

在学习测量之前,首先需要学习 HALCON 自带的测量助手。由于篇幅原因,该部分内容不再赘述,详见本章引言的视频讲解二维码。强烈建议观看该微课视频,理解和掌握测量助手对于测量后续内容的学习非常有帮助。

在生产过程中,用人工测量方式测量几何公差,存在着测量精度差、测量误差大、测量速度慢等缺点,生产效率受到很大的制约。而基于机器视觉进行几何尺寸测量系统的设计,具有测量准确、精度高、实用性好、安全可靠、无辐射、非接触式测量等人工测量及其他测量方法无法比拟的优点,从而提高了生产效率和产品质量,降低了劳动强度。

视觉测量技术是机器视觉在测量领域内的应用,即用机器视觉代替人眼来测量和判断,解决生产生活中的检测问题。视觉检测中的"检"是指发现和识别,"测"是指几何参数和物理量的测量。视觉测量技术来源于机器视觉技术,又不完全等同机器视觉。视觉测量技术是测量技术的重要手段,应遵从于测量的基本规律,又有一定的特殊性。

一般而言,有价值的测量方法应满足两个条件:首先是具备可靠性和可用性,以及高度的环境适用性,对工作环境不能有过多限制和苛刻的要求;其次,要有可靠的精度保障手段,要有可靠的误差系统分析方法及精度传递手段,从理论和工程实践两方面来保证测量的精度。

综上,视觉测量技术就是以机器视觉为理论基础,结合测量测试理论,解决工程应用领域内的测量问题。其研究对象是三维空间内形位(形态位置)尺寸,要求在满足一定精度的要求下,对被测对象实现可靠测量。

11.1　一维测量

视频讲解

一维(1D)测量主要是测量沿着直线和圆弧的距离和角度,测量对象背后的主要思想是提取与测量线或弧近似垂直的边缘。理解此过程非常重要,因为在创建测量对象和应用测量对象时,都会使用参数影响该过程。

▶ 11.1.1　创建测量区域

HALCON 通过以下方法确定 1D 边缘的位置:首先,垂直于测量线或弧(也称为轮廓线)构建等距投影线,其长度等于 ROI 的宽度,如图 11.1 所示。然后,计算沿每条投影线的平均灰度值。这些平均值的序列称为剖面。如果投影线不是水平或垂直方向的,则必须沿它们的像素值进行插值。

测量对象可以创建两种不同的形状,分别为旋转矩形和环形弧,算子原型如下。

```
* 创建旋转矩形测量对象
gen_measure_rectangle2(: : Row, Column, Phi, Length1, Length2, Width, Height, Interpolation : MeasureHandle)
* 创建环形弧测量对象
gen_measure_arc(: : CenterRow, CenterCol, Radius, AngleStart, AngleExtent, AnnulusRadius, Width, Height, Interpolation : MeasureHandle)
```

第11章 几何测量

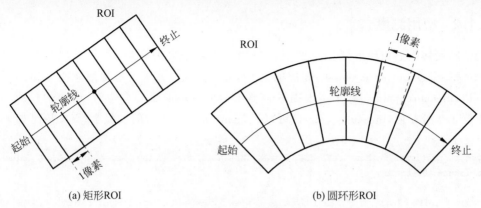

图 11.1 ROI 投影线

在创建测量区域时，可以通过运算符的参数 interpolation 来选择插值方式。如果 interpolation = ' nearest_neighbor '，则测量中的灰度值是从最近的像素的灰度值中获得的，即通过常数插值，这是最快的方法，但几何精度略低；如果 interpolation = 'bilinear'，则使用双线性插值；如果 interpolation = 'bicubic'，则使用双三次插值，用双三次插值可以得到最精确的结果，但这是最慢的方法。

投影线的长度，即 ROI 的宽度，决定了垂直于剖面线方向的平均程度。较宽的 ROI 相对应的轮廓噪声较小。因此，只要边缘近似垂直于轮廓线，ROI 就应该选择尽可能宽的。如果边缘不垂直于轮廓线，则必须选择较小的 ROI 宽度以检测边缘。注意，在这种情况下，检测的对象将包含更多的噪声，即检测为边缘的准确率会受到小幅度的干扰。

较小的 ROI 宽度可以用高斯平滑滤波器对轮廓进行平滑，其标准差用测量算子的参数 Sigma 指定。一阶导数的所有局部极值的亚像素精确位置都是候选边缘。这些候选边缘由从导数的各自位置指向平滑的灰度值轮廓的向量表示。只有那些一阶导数绝对值大于给定阈值（测量算子的另一个参数）的候选边缘才被认为是图像的边缘。对于每条边，返回它与轮廓线交点的位置。

一个旋转的矩形由它的中心(Row，Column)、它的方向 Phi，以及它的半边长度 Length1 和 Length2 来定义（见图 11.2）。圆弧由以下参数定义（见图 11.3）：圆弧的位置和大小由圆心(CenterRow，CenterColumn)和半径 Radius 定义。圆弧由其起始角度 AngleStart 和角度范围 AngleExtent 定义。圆形 ROI 的宽度由环半径 AnnulusRadius 定义。

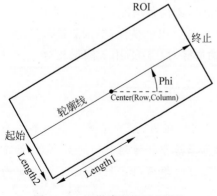

图 11.2 矩形感兴趣区(ROI)

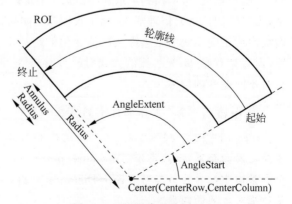

图 11.3 环形感兴趣区(ROI)

11.1.2 应用测量

创建的旋转矩形和环形弧测量区域仅适用于确定测量的区域,真正实现测量是由算子 measure_pos()或 measure_pairs()完成的。measure_pos()算子实现提取垂直于矩形或环形弧的直边,measure_pairs()算子实现提取垂直于矩形或环形弧的直边对(两个边形成一对)。这两个算子十分相似,measure_pairs()可以说是 measure_pos()的加强版,算子原型如下。

```
*测量边缘
measure_pos(Image : : MeasureHandle, Sigma, Threshold, Transition, Select : RowEdge, ColumnEdge, Amplitude, Distance)
*测量边缘对
measure_pairs(Image : : MeasureHandle, Sigma, Threshold, Transition, Select : RowEdgeFirst, ColumnEdgeFirst, AmplitudeFirst, RowEdgeSecond, ColumnEdgeSecond, AmplitudeSecond, IntraDistance, InterDistance)
```

- Image:被测量的图像。
- MeasureHandle:测量句柄,传入 gen_measure_rectangle2()生成的测量矩形。
- Sigma(input_control):高斯平滑系数,默认为 1.0。
- Threshold:可被函数认为是黑白变化的最小阈值,相邻两个像素的灰度值变化超过 Threshold 时,函数认为是一个边缘。
- Transition:边缘变化的种类,黑变白、白变黑或二者皆算。
- Select:找到的边缘选择全部还是第一个、最后一个。
- RowEdge、ColumnEdge:边缘的行列坐标。
- Amplitude:边缘两侧的两个像素的灰度差值。
- Distance:连续两个边缘的距离。
- RowEdgeFirst、ColumnEdgeFirst:第一个边中点的行列坐标。
- AmplitudeFirst、AmplitudeSecond:第一个和第二个边缘的边缘幅度(带符号)。
- RowEdgeSecond、ColumnEdgeSecond:第二个边中点的行列坐标。
- IntraDistance:同一个边缘对之间的距离。
- InterDistance:两个边缘对之间的距离。

对于不同的任务,根据应用需求,可以测量各种边缘的位置和它们之间的距离。

参数 Transition 可用于选择具有特定过渡的边对。如果 Transition 设置为"negative(负向)",则为负过渡(从白到黑或从亮到暗);如果设置为"position(正向)",则为正过渡(从暗到亮,为方便记忆可通俗理解为"弃暗投明");如果设置为"all",则两种情况均采用。实际上,所谓负向或正向反映的是边缘灰度值变化的趋势,为正即为正向。也就是说,根据测量对象的位置,返回具有光-暗-光过渡的边缘对或具有暗-光-暗过渡的边缘对。这适用于测量相对于背景具有不同亮度的物体。

> 🔔 **小技巧** 两个算子的区别到底在哪里?

measure_pos:按照方向,第一个边缘和第二个边缘之间的距离,然后是第二个和第三个边缘之间的距离,以此类推。measure_pairs:第一个边缘和第二个边缘组对为第一对,第三个和第四个组对为第二对。IntraDistance 输出的是边缘之间的距离,InterDistance 则输出的是边缘对之间的距离。

【例 11-1】 演示测量对象的基本用法,如图 11.4 所示。

```
* 这里的任务是确定开关引脚的宽度和间距
* 开关引脚之间的距离
* 读取图像
read_image(Image, 'bin_switch/bin_switch_1')
* 获取图片尺寸大小
get_image_size(Image, Width, Height)
* 关闭窗口
dev_close_window()
* 打开适应图像大小的窗口
dev_open_window_fit_image(Image, 0, 0, 640, 640, WindowHandle)
* 设置字体样式
set_display_font(WindowHandle, 14, 'mono', 'true', 'false')
* 显示图像
dev_display(Image)
* 定义 ROI 并创建测量对象
Row := 385
Column := 385
Phi := rad(-60)
Length1 := 60
Length2 := 10
Interpolation := 'nearest_neighbor'
* 提取垂直于矩形的直边
gen_measure_rectangle2(Row, Column, Phi, Length1, Length2, Width, \
Height, Interpolation, MeasureHandle)
* 确定所有具有负过渡的边对,即边对包围黑暗区域
Sigma := 1.1
Threshold := 20
Transition := 'negative'
Select := 'all'
* 提取垂直于矩形或环形弧的直边对
measure_pairs(Image, MeasureHandle, Sigma, Threshold, Transition, \
Select, RowEdgeFirst, ColumnEdgeFirst, AmplitudeFirst, RowEdgeSecond, \
ColumnEdgeSecond, AmplitudeSecond, IntraDistance, InterDistance)
* 将结果可视化
dev_display(Image)
dev_set_draw('margin')
dev_set_color('black')
gen_rectangle2(Rectangle, Row, Column, Phi, Length1, Length2)
p_disp_dimensions(RowEdgeFirst, ColumnEdgeFirst, RowEdgeSecond, \
ColumnEdgeSecond, IntraDistance, InterDistance, Phi, Length2, WindowHandle)
* 释放已分配给措施的内存
close_measure(MeasureHandle)
```

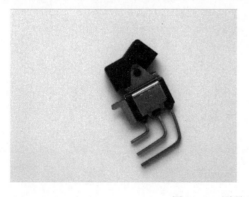 

图 11.4　测量对象的基本用法

【例 11-2】　测量引脚相关尺寸的应用示例,如图 11.5 所示.

```
* 清空屏幕,显式控制图像显示
dev_close_window()
```

```
* 读取图像
read_image(Image, 'ic_pin')
* 获取图片尺寸大小
get_image_size(Image, Width, Height)
* 打开一个新的图形窗口
dev_open_window(0, 0, Width / 2, Height / 2, 'black', WindowHandle)
* 设置字体属性
set_display_font(WindowHandle, 14, 'mono', 'true', 'false')
* 显示图像
dev_display(Image)
* 显示暂停程序继续操作的信息
disp_continue_message(WindowHandle, 'black', 'true')
stop()
* 绘制测量矩形
Row := 47
Column := 485
Phi := 0
Length1 := 420
Length2 := 10
dev_set_color('green')
dev_set_draw('margin')
dev_set_line_width(3)
* 创建一个任意方向的矩形
gen_rectangle2(Rectangle, Row, Column, Phi, Length1, Length2)
* 提取垂直于矩形的直边
gen_measure_rectangle2(Row, Column, Phi, Length1, Length2, Width, Height, \
'nearest_neighbor', MeasureHandle)
* 显示暂停程序继续操作的信息
disp_continue_message(WindowHandle, 'black', 'true')
stop ()
* 测量所有引脚的宽度和引脚之间的距离
measure_pairs(Image, MeasureHandle, 1.5, 30, 'negative', 'all', \
RowEdgeFirst, ColumnEdgeFirst, AmplitudeFirst, RowEdgeSecond, \
ColumnEdgeSecond, AmplitudeSecond, PinWidth, PinDistance)
disp_continue_message(WindowHandle, 'black', 'true')
stop()
* 显示引脚的位置
dev_set_color('red')
disp_line(WindowHandle, RowEdgeFirst, ColumnEdgeFirst, RowEdgeSecond, ColumnEdgeSecond)
* 对测量结果进行处理并显示
avgPinWidth := sum(PinWidth) / |PinWidth|
avgPinDistance := sum(PinDistance) / |PinDistance|
numPins := |PinWidth|
dev_set_color('yellow')
* 在图形窗口显示文本信息
disp_message(WindowHandle, 'Number of pins: ' + numPins, 'image', \
200, 100, 'yellow', 'false')
disp_message(WindowHandle, 'Average Pin Width: ' + avgPinWidth, \
'image', 260, 100, 'yellow', 'false')
disp_message(WindowHandle, 'Average Pin Distance: ' + avgPinDistance, \
'image', 320, 100, 'yellow', 'false')
stop()
* 局部放大测量芯片引脚宽的测量矩形
Row1 := 0
Column1 := 600
Row2 := 100
Column2 := 700
dev_set_color('blue')
```

```
disp_rectangle1(WindowHandle, Row1, Column1, Row2, Column2)
stop()
*设置显示信息
dev_set_part(Row1, Column1, Row2, Column2)
dev_display(Image)
dev_set_color('green')
dev_display(Rectangle)
dev_set_color('red')
disp_line(WindowHandle, RowEdgeFirst, ColumnEdgeFirst, RowEdgeSecond, ColumnEdgeSecond)
disp_continue_message(WindowHandle, 'black', 'true')
stop()
dev_set_part(0, 0, Height - 1, Width - 1)
dev_display(Image)
disp_continue_message(WindowHandle, 'black', 'true')
stop()
dev_set_color('green')
*绘制测量芯片引脚高度的测量矩形
Row : = 508
Column : = 200
Phi : = -1.5708
Length1 : = 482
Length2 : = 35
gen_rectangle2(Rectangle, Row, Column, Phi, Length1, Length2)
gen_measure_rectangle2(Row, Column, Phi, Length1, Length2, Width, \
Height, 'nearest_neighbor', MeasureHandle)
stop()
*测量两端引脚的高度
measure_pos(Image, MeasureHandle, 1.5, 30, 'all', 'all', RowEdge, \
ColumnEdge, Amplitude, Distance)
PinHeight1 : = RowEdge[1] - RowEdge[0]
PinHeight2 : = RowEdge[3] - RowEdge[2]
*显示测量结果
dev_set_color('red')
disp_line(WindowHandle, RowEdge, ColumnEdge - Length2, RowEdge, ColumnEdge + Length2)
disp_message(WindowHandle, 'Pin Height: ' + PinHeight1, 'image',\
RowEdge[1] + 40, ColumnEdge[1] + 100, 'yellow', 'false')
disp_message(WindowHandle, 'Pin Height: ' + PinHeight2, 'image',\
RowEdge[3] - 120, ColumnEdge[3] + 100, 'yellow', 'false')
dev_set_draw('fill')
dev_set_line_width (1)
```

图 11.5 测量引脚相关尺寸的应用

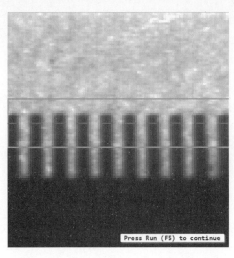
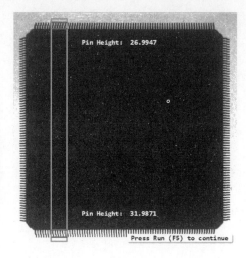

图 11.5 （续）

11.2 二维测量

HALCON 提供多种方法，适用于不同的 2D 测量任务。图像测量需要提取物体的特定特征，通常提取的 2D 特征如下。

- 测量对象的面积，即表示它的像素数。
- 测量对象的方向。
- 测量对象之间的角度。
- 测量对象的位置。
- 测量对象的尺寸，即其直径、宽度、高度和对象与对象部分之间的距离。
- 测量对象的数量关系。

选择使用哪些特征取决于测量任务的目标、所需精度以及物体在图像中的表示方式。二维测量的一般流程可总结为如图 11.6 所示。

▶ 11.2.1 图像或区域预处理

如果图像采集过程中的条件不理想，建议进行预处理，有时采集的图像是嘈杂的、杂乱的或者对象被小范围的对象干扰或重叠，以至于小点或细线干扰了均匀区域描述感兴趣的实际对象这一过程。通常应用的预处理方法是使用 mean_image() 或 binomial_filter() 消除噪声或者使用 median_image() 抑制小点或细线。进一步，常用的预处理整个图像的算子有 gray_opening_shape() 和 gray_closing_shape()；使用 smooth_image() 可以实现图像的平滑。如果想平滑图像，但又想保留边缘，可以使用各向异性扩散的方法。对于区域，孔洞可以使用 fill_up 或形态学运算符填充。形态学运算在前面章节有相关介绍，使用开运算可以"去毛刺"，闭运算可以"填空洞"。

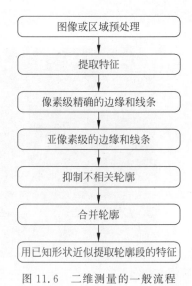

图 11.6 二维测量的一般流程

预处理后，需要将图像分割成感兴趣的目标区域。阈值算子可以根据灰度值的分布对灰度值图像或多通道图像中的单个通道进行分割。常用的阈值算子有 threshold()、binary_threshold()、auto_threshold()、dyn_threshold()、fast_threshold()和 local_threshold()。在手动选择阈值时，获取图像灰度值分布的信息可能会有所帮助。例如，gray_histo()、histo_to_thresh()和 intensity()。此外，也可以使用 HDevelop 中的在线灰度直方图检查，显式设置为"阈值"，以交互式搜索合适的阈值。用阈值算子对图像进行分割后，感兴趣的图像部分作为几个区域进行使用。对于蜂窝结构的物体，分水岭算子比阈值算子更适合，因为分水岭算子基于拓扑而不是灰度值的分布对图像进行分割。如果希望获得具有相同强度的区域，可以应用区域生长的方法。对于这两种操作方法，建议使用低通滤波器（如 binomial_filter()）进行预处理。

▶ 11.2.2　提取特征

获得待测量对象所代表的区域后，即可提取待测量对象的特征，即实际测量结果。HALCON 提供了一些算子来计算区域的面积、位置、方向或维度等特征。常见的算子如下。

- area_center()：计算任意形状区域的面积和中心位置。
- smallest_rectangle1()和 smallest_rectangle2()：计算最小的封闭矩形。

特别地，smallest_rectangle1()计算与图像坐标轴平行的最小包围矩形的角坐标，smallest_rectangle2()计算具有任意方向的最小包围矩形的半径（半长）、位置和方向。

- inner_rectangle1()：计算与坐标轴平行且完全适合区域的最大矩形的角坐标。
- inner_circle()：确定适合区域的最大圆的半径和位置。
- diameter_region()：获得区域两个边界点之间的最大距离。
- orientation_region()：用于获得区域的方向。

orientation_region()和 smallest_rectangle2()都计算对象的方向，但两者的结果可能不同，这取决于对象的形状。

如果想使用轮廓处理而不是区域处理，并且像素级精确的测量就足够了，也可以从区域处理开始，使用 gen_contour_region_xld()将区域转换为轮廓。如果可以用一个简单的轮廓形状来描述对象，但轮廓有很大的变形，那么使用轮廓加工是必要的。轮廓处理适用于高精度测量，适用于在图像中不是以均匀区域表示而是以清晰的灰度值或颜色过渡（边缘）表示的物体，以及适用于没有封闭轮廓边界的物体部分。

轮廓处理从轮廓的创建开始，获取轮廓的常用方法是提取边缘。边缘是图像中暗区和亮区之间的过渡，在数学上确定，通过计算图像梯度，也可以计算边缘幅度和边缘方向，通过选取边缘幅值高或边缘方向特定的像素点，提取区域间的轮廓。

▶ 11.2.3　像素级精确的边缘和线条

如果像素级精确的边缘提取是足够的，可以应用边缘滤波器。它产生一幅或两幅边缘图像，通过使用阈值算子选择具有给定最小边缘幅度的像素来提取边缘区域。如果需要得到厚度为 1px 的边缘，就必须对得到的轮廓进行薄化，可以通过使用算子骨架获取之。常见的像素精确边缘滤波器有 sobel_amp()算子，它是快速的。edges_image()算子不是那么快，但它包含一个迟滞阈值和一个细化,并会产生比 sobel_amp()更准确的结果。edges_image()和它对应的彩色图像 edges_color()可以通过 Filter 参数设置为' sobel_fast '来应用,但这个参数只建议用于噪点或纹理小、边缘锐利的图像。

▶ 11.2.4 亚像素级的边缘和线条

如果像素级的边缘和线条提取不精确,可以使用亚像素级的边缘和线条提取算子。这些会立即返回 XLD 轮廓。提取亚像素级精确边缘的常用算子有 edges_sub_pix()(用于一般边缘提取)、edges_color_sub_pix()(用于彩色图像边缘提取)和 zero_crossing_sub_pix()(用于提取图像中的零交叉)。用于提取亚像素级精确线条(即具有一定宽度的细线性结构)的常用算子有 lines_gauss()(用于一般线条提取),lines_facet()(用于使用 facet 模型提取线条)和 lines_color()(用于提取彩色图像中的线条)。

▶ 11.2.5 抑制不相关轮廓

通过只选择那些满足特定约束的轮廓来抑制不相关轮廓。算子 select_shape_xld()可用于选择具有特定形状特征的封闭轮廓,以及轮廓的凹凸度、圆度或面积,大约有 30 种不同的形状特征可供选择;也可以根据典型的线条特征,如长度、曲率或方向来选择开放和封闭的轮廓,算子 select_xld_point()可以与捕捉函数结合使用,以交互方式选择轮廓。

▶ 11.2.6 合并轮廓

当有多个轮廓近似于同一物体部分时,可以通过轮廓合并进一步减少线段的数量。针对以下情况提供了合适的运算符。

- 近似位于同一直线上(union_collinear_contours_xld)。
- 位于同一圆上(union_cocircular_contours_xld)。
- 相邻(union_adjacent_contours_xld)。
- 共切(union_cotangential_contours_xld)。

对于封闭轮廓或多边形,还可以使用集合理论算子将不同封闭轮廓或多边形的封闭区域组合起来。可用的运算符如下。

- intersection_closed_contours_xld 和 intersection_closed_polygons_xld 用于计算被封闭轮廓或多边形包围的区域的相交。
- difference_closed_contours_xld 和 difference_closed_polygons_xld 用于计算被封闭轮廓或多边形包围的区域之间的差。
- symm_difference_closed_contours_xld 和 symm_difference_closed_polygons_xld 用于计算被封闭轮廓或多边形包围的区域之间的对称差。
- union2_closed_contours_xld 和 union2_closed_polygons_xld 用于合并被封闭轮廓或多边形包围的区域。

也可以通过直接将轮廓转换成形状来简化轮廓,但是在轮廓上而不是区域上操作的,通过使用 shape_trans_xld()可以将轮廓转换为最小的封闭圆,具有相同力矩的椭圆、凸壳或最小的封闭矩形(平行于坐标轴或具有任意方向)。

11.2.7 用已知形状近似提取轮廓段的特征

在选择和分割之后,通常的步骤是对轮廓或轮廓段进行形状基元拟合,以获得其特定的形状参数。可用的形状基元有线、圆、椭圆和矩形。所获得的特征可以是线的端点或圆的中心和半径。如果在前面的步骤中应用了一个分段,对于每个分段,cont_approx 的值,即段的形状,可以用算子 get_contour_global_attrib_xld()查询。根据其值,可以使用相应的拟合方法将最适合的形状基元拟合到轮廓段中。

- 对于线段('cont_approx'=-1),fit_line_contour_xld()获取每个线段的参数,例如,两个端点的坐标。
- 对于圆弧('cont_approx'=1),fit_circle_contour_xld()获取圆心、半径和圆弧弧度范围。
- 对于椭圆弧('cont_approx'=0),使用 fit_ellipse_contour_xld()计算中心位置、半径以及被轮廓段覆盖的圆或椭圆的部分(由起点和终点的角度决定)。
- 对于由 union_adjacent_contours_xld 合并的线性轮廓或未分割的矩形轮廓,可以使用 fit_rectangle2_contour_xld 获取矩形的参数。

利用得到的参数,可以生成相应的轮廓,进行可视化或进一步处理。线条可以用 gen_contour_polygon_xld()生成,圆可以用 gen_circle_contour_xld()生成,椭圆可以用 gen_ellipse_contour_xld()生成,矩形可以用 gen_rectangle2_contour_xld()生成。对于可视化,使用 dev_display()等常见的可视化算子。

通过二维测量,可以测量用特定几何体表示的物体的尺寸。例如,测量的几何形状包括圆、椭圆、矩形和线条,进而获得测量对象的位置、方向和尺寸的近似值。然后,通过观察图像中对象的实际边缘位置位不位于近似对象的边界附近,对几何形状的参数进行优化,以更好地适应图像数据,并作为测量结果返回。

【例 11-3】 二维测量应用示例,测量 pumpe 的圆孔数据,如图 11.7 所示。

```
* 关闭程序运行过程中变量窗口的更新
dev_update_var('off')
dev_update_off()
* 读取图像
read_image(Image, 'pumpe')
* 获取图片尺寸大小
get_image_size(Image, Width, Height)
* 关闭窗口
dev_close_window()
* 打开窗口
dev_open_window(0, 0, Width, Height, 'light gray', WindowID)
* 设置显示信息
dev_set_part(0, 0, Height - 1, Width - 1)
dev_set_line_width(1)
dev_set_color('red')
dev_set_draw('margin')
dev_display(Image)
set_display_font(WindowID, 16, 'mono', 'true', 'false')
* 显示暂停程序继续操作的信息
disp_continue_message(WindowID, 'black', 'true')
stop ()
fast_threshold(Image, Region, 0, 70, 150)
dev_set_colored(3)
* 打散连通区域
connection(Region, ConnectedRegions)
```

*筛选
select_shape(ConnectedRegions, SelectedRegions, ['outer_radius', 'anisometry', 'area'], 'and', [5, 1, 100], [50, 1.8, 99999])
*变换区域的形状
shape_trans(SelectedRegions, RegionTrans, 'outer_circle')
*边缘膨胀
dilation_circle(RegionTrans, RegionDilation, 5.5)
*联合
union1(RegionDilation, RegionUnion)
*提取区域中的图像
reduce_domain(Image, RegionUnion, ImageReduced)
*清空屏幕窗口
dev_clear_window()
*显示所提取图像
dev_display(ImageReduced)
disp_continue_message(WindowID, 'black', 'true')
stop()
*创建并选择相关轮廓
threshold_sub_pix(ImageReduced, Border, 80)
select_shape_xld(Border, SelectedXLD, ['contlength', 'outer_radius'], 'and', [70, 15], [99999, 99999])
segment_contours_xld(SelectedXLD, ContoursSplit, 'lines_circles', 4, 2, 2)
select_shape_xld(ContoursSplit, SelectedXLD3, ['outer_radius', 'contlength'], 'and', [15, 30], [45, 99999])
union_cocircular_contours_xld(SelectedXLD3, UnionContours2, 0.5, 0.1, 0.2, 2, 10, 10, 'true', 1)
sort_contours_xld(UnionContours2, SortedContours, 'upper_left', 'true', 'column')
dev_clear_window()
dev_set_color('white')
dev_display(ImageReduced)
dev_display(SortedContours)
disp_continue_message(WindowID, 'black', 'true')
stop()
*将圆放入轮廓中,并得到等高线与圆的平均方差
count_obj(SortedContours, NumSegments)
dev_display(Image)
dev_display(SortedContours)
NumCircles := 0
disp_message(WindowID, 'Circle radius and average distance', 'window', 10, 10, 'white', 'false')
disp_message(WindowID, 'between circle and contour:', 'window', 30, 10, 'white', 'false')
for i := 1 to NumSegments by 1
    select_obj(SortedContours, SingleSegment, i)
    NumCircles := NumCircles + 1
    fit_circle_contour_xld(SingleSegment, 'atukey', -1, 2, 0, 5, 2, Row, Column, Radius, StartPhi, EndPhi, PointOrder)
    gen_circle_contour_xld(ContCircle, Row, Column, Radius, 0, rad(360), 'positive', 1)
    dev_display(ContCircle)
    dist_ellipse_contour_xld(SingleSegment, 'algebraic', -1, 0, Row, Column, 0, Radius, Radius, MinDist, MaxDist, AvgDist, SigmaDist)
    disp_message(WindowID, NumCircles, 'window', Row - 10, Column - 5, 'white', 'false')
    disp_message(WindowID, 'R' + NumCircles + ': ' + Radius $ '.3', 'window', (i - 1) * 50 + 30, 450, 'white', 'false')
    disp_message(WindowID, 'D_avg: ' + AvgDist $ '.3', 'window', ((i - 1) * 50) + 50, 450, 'white', 'false')
end for
dev_update_window('on')

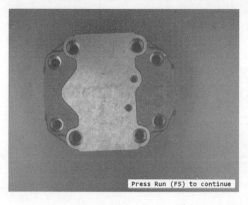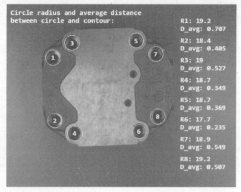

图 11.7　pumpe 的二维测量

11.3　卡尺测量

如果要测量由圆、椭圆、矩形或直线等简单形状表示的对象，并且对它们的位置、方向和尺寸有大致的了解，则可以使用 2D 卡尺来确定确切的形状参数。使用卡尺测量的一般过程包含创建测量模型、设置测量对象的图像大小、创建测量模型 ROI、修改模型/对象参数、模板匹配对齐、应用测量、获取测量结果和清除测量对象等几个步骤。

▶ 11.3.1　创建测量模型

首先，必须使用 create_metrology_model()创建测量模型。在该模型中，将存储与要测量的对象相关的所有所需信息。该算子原型如下。

```
create_metrology_model(MetrologyHandle)
```

▶ 11.3.2　设置测量对象的图像大小

创建测量模型后，使用 set_metrology_model_image_size()算子将执行测量的图像的大小添加到模型中，该算子原型如下。

```
set_metrology_model_image_size( MetrologyHandle, Width, Height)
```

▶ 11.3.3　创建测量模型 ROI

接着将测量对象添加到模型中，同时将测量对象的近似参数和控制测量的参数添加到模型中，对于每个形状，根据其几何类型，使用不同算子如下。

```
*将圆或圆弧添加到测量模型中
add_metrology_object_circle_measure(: : MetrologyHandle, Row, Column, Radius, MeasureLength1, MeasureLength2, MeasureSigma, MeasureThreshold, GenParamName, GenParamValue : Index)
*将椭圆或椭圆弧添加到测量模型中
add_metrology_object_ellipse_measure(: : MetrologyHandle, Row, Column, Phi, Radius1, Radius2, MeasureLength1, MeasureLength2, MeasureSigma, MeasureThreshold, GenParamName, GenParamValue: Index)
*将直线添加到测量模型中
add_metrology_object_line_measure(: : MetrologyHandle, RowBegin, ColumnBegin, RowEnd, ColumnEnd, MeasureLength1, MeasureLength2, MeasureSigma, MeasureThreshold, GenParamName, GenParamValue : Index)
*将一个矩形添加到测量模型中
```

```
add_metrology_object_rectangle2_measure(: : MetrologyHandle, Row, Column, Phi, Length1, Length2,
MeasureLength1, MeasureLength2, MeasureSigma, MeasureThreshold, GenParamName, GenParamValue : Index)
* 将测量对象添加到测量模型中
add_metrology_object_generic(: : MetrologyHandle, Shape, ShapeParam, MeasureLength1, MeasureLength2,
MeasureSigma, MeasureThreshold, GenParamName, GenParamValue : Index)
```

这里以 add_metrology_object_line_measure 算子为例进行说明,其他算子不再赘述。

函数原型:

```
add_metrology_object_line_measure(: : MetrologyHandle, RowBegin, ColumnBegin, RowEnd, ColumnEnd,
MeasureLength1, MeasureLength2, MeasureSigma, MeasureThreshold, GenParamName, GenParamValue : Index)
```

函数说明:添加直线测量对象到模型。

函数参数:

MeasureHandle:输入测量模型的句柄。

RowBegin:输入测量区域行坐标起始点。

ColumnBegin:输入测量区域列坐标起始点。

RowEnd:输入测量区域行坐标终止点。

ColumnEnd:输入测量区域列坐标终止点。

MeasureLength1:输入垂直于边界的测量区域的一半长度。默认值:20,参考值:10,20,30。

MeasureLength2:输入与边界相切的测量区域的一半长度。默认值:5,参考值:3,5,10。

MeasureSigma:输入用于平滑的高斯函数的 sigma。默认值:1,参考值:0.4,0.6,0.8,1.0,1.5,2.0,3.0,4.0,5.0,7.0,10.0。

MeasureThreshold:输入测量阈值(这里是边缘的梯度值初始值,根据 sigma 参数进行计算得到最终的边缘判断梯度值)。默认值:30,参考值:5.0,10.0,20.0,30.0,40.0,50.0,60.0,70.0,90.0,110.0。

GenParamName:输入参数名称。例如,'distance_threshold','end_phi','instances_outside_measure_regions','max_num_iterations','measure_distance','measure_interpolation','measure_select','measure_transition','min_score','num_instances','num_measures','point_order','rand_seed','start_phi'。

GenParamValue:输入参数值。例如,1,2,3,4,5,10,20,'all','true','false','first','last','positive','negative','uniform','nearest_neighbor','bilinear','bicubic'。

Index:输出创建测量对象的索引值。

小技巧 在卡尺测量里,创建对象测量模型是成败的关键。算子参数非常多,初学者往往会不知如何下手。这里的内容与测量助手部分的许多内容密切相关,请读者务必仔细消化理解测量助手部分的微课视频。另外,给出几个实用技巧:第一,线的起始点和终止点构建,可以在图上采用拟合绘制方式得到初步的位置;第二,sigma 一般采用默认即可;第三,MeasureThreshold 阈值是最关键的参数,要根据线和背景的灰度值差异进行判断得到基本数据,当然也可以优先采用系统默认的 30;第四,GenParamName,GenParamValue 两个参数可以默认为空,即[ ]。

▶ 11.3.4 修改模型/对象参数

添加测量对象后,可以设置模型和测量对象的参数,其算子如下。

第11章 几何测量

```
* 设置测量模型的参数
set_metrology_model_param(: : MetrologyHandle, GenParamName, GenParamValue :)
* 为测量模型的测量对象设置参数
set_metrology_object_param(: : MetrologyHandle, Index, GenParamName, GenParamValue :)
```

▶ 11.3.5 对齐测量模型

对齐模型是为了使添加到卡尺模型中的测量对象能精准查找到测量的边缘，对齐需要确定测量物体的坐标和角度，一般可通过模板匹配得到测量物体的坐标和角度，模板匹配请参考第 6 章内容，而对齐模型使用算子 align_metrology_model() 实现，该算子原型为

```
* 测量模型的对齐
align_metrology_model(: : MetrologyHandle, Row, Column, Angle :)
```

▶ 11.3.6 应用测量

对齐模型后便可以开始测量，测量使用算子 apply_metrology_model() 实现，该算子原型为

```
* 测量和拟合一个计量模型中所有测量对象的几何形状
apply_metrology_model(Image : : MetrologyHandle :)
```

▶ 11.3.7 获取测量结果

从应用测量后获取测量结果有三个不同的算子，分别为 get_metrology_object_result()、get_metrology_object_measures() 和 get_metrology_object_result_contour()。get_metrology_object_result() 算子获取测量模型的测量结果，get_metrology_object_measures() 算子获取测量区域和测量模型的测量对象的边缘位置结果，get_metrology_object_result_contour() 算子获取测量对象的结果轮廓，相关算子原型如下。

```
* 获取测量模型的测量结果
get_metrology_object_result(: : MetrologyHandle, Index, Instance, GenParamName, GenParamValue :
Parameter)
* 获取测量区域和测量模型的测量对象的边缘位置结果
get_metrology_object_measures(: Contours : MetrologyHandle, Index, Transition : Row, Column)
* 获取测量对象的结果轮廓
get_metrology_object_result_contour(: Contour : MetrologyHandle, Index, Instance, Resolution :)
```

▶ 11.3.8 清除测量对象

最后，测量完毕使用 clear_metrology_model() 算子删除测量模型并释放分配的内存。

【例 11-4】 卡尺测量实例，测量几何形状，如图 11.8 所示。

```
* 清空屏幕,显式控制图像显示
dev_close_window()
dev_update_off()
read_image(Image, '1.png')
dev_open_window_fit_image (Image, 0, 0, -1, -1, WindowHandle)
dev_display(Image)
* 创建测量模型
create_metrology_model(MetrologyHandle)
Row1 : = 60.4159
Column1 : = 69.5854
Row2 : = 60.4159
```

```
Column2 := 243.094
* 添加找直线工具,给定参数,显示过程卡尺的轮廓
add_metrology_object_line_measure(MetrologyHandle, Row1, Column1, Row2, Column2, 20, 5, 1, 30, [], [], Index)
get_metrology_object_model_contour(Contour, MetrologyHandle, 0, 1.5)
get_metrology_object_measures(Contours, MetrologyHandle, 'all', 'all', Row, Column)
dev_set_color('cyan')
dev_display(Contour)
dev_display(Contours)
* 执行找直线并显示结果
apply_metrology_model(Image, MetrologyHandle)
get_metrology_object_result(MetrologyHandle, 0, 'all', 'result_type', 'all_param', Parameter)
get_metrology_object_result_contour(Contour1, MetrologyHandle, 0, 'all', 1.5)
dev_set_line_width(3)
dev_set_color('red')
dev_display(Contour1)
clear_metrology_model(MetrologyHandle)
* 清空屏幕,显式控制图像显示
dev_close_window()
dev_update_off()
read_image(Image, '1.png')
dev_open_window_fit_image(Image, 0, 0, -1, -1, WindowHandle)
dev_display(Image)
* 创建测量模型
create_metrology_model(MetrologyHandle)
Row1 := 130.086
Column1 := 143.525
Radius := 20.9306
* 添加找圆工具,给定参数,显示过程卡尺
add_metrology_object_circle_measure(MetrologyHandle, Row1, Column1, Radius, 12, 3, 1, 30, [], [], Index)
get_metrology_object_model_contour(Contour, MetrologyHandle, 0, 1.5)
get_metrology_object_measures(Contours, MetrologyHandle, 'all', 'all', Row, Column)
dev_set_color('cyan')
dev_display(Contour)
dev_display(Contours)
* 执行找圆并显示结果
apply_metrology_model(Image, MetrologyHandle)
get_metrology_object_result(MetrologyHandle, 0, 'all', 'result_type', 'all_param', Parameter)
get_metrology_object_result_contour(Contour1, MetrologyHandle, 0, 'all', 1.5)
dev_set_line_width(3)
dev_set_color('red')
dev_display(Contour1)
clear_metrology_model(MetrologyHandle)
* 清空屏幕,显式控制图像显示
dev_close_window()
dev_update_off()
dev_open_window_fit_image(Image, 0, 0, -1, -1, WindowHandle)
read_image(Image, '2.png')
dev_display(Image)
* 创建测量模型
create_metrology_model(MetrologyHandle)
Row1 := 127.999
Column1 := 64.0592
Phi := rad(90)
Radius1 := 104.787
Radius2 := 31.8445
* 添加找椭圆工具,给定参数,显示过程卡尺
add_metrology_object_ellipse_measure(MetrologyHandle, Row1, Column1, Phi, Radius1, Radius2, 12, 3, 1, 30, [], [], Index)
```

```
get_metrology_object_model_contour(Contour, MetrologyHandle, 0, 1.5)
get_metrology_object_measures(Contours, MetrologyHandle, 'all', 'all', Row, Column)
dev_set_color('cyan')
dev_display(Contour)
dev_display(Contours)
* 执行找椭圆并显示结果
apply_metrology_model(Image, MetrologyHandle)
get_metrology_object_result(MetrologyHandle, 0, 'all', 'result_type', 'all_param', Parameter)
get_metrology_object_result_contour(Contour1, MetrologyHandle, 0, 'all', 1.5)
dev_set_line_width(3)
dev_set_color('red')
dev_display(Contour1)
clear_metrology_model(MetrologyHandle)
* 清空屏幕,显式控制图像显示
dev_close_window()
dev_update_off()
read_image(Image, '1.png')
dev_open_window_fit_image(Image, 0, 0, -1, -1, WindowHandle)
dev_display(Image)
* 创建测量模型
create_metrology_model(MetrologyHandle)
Row1 := 180.346
Column1 := 261.975
Length1 := 194.727
Length2 := 120.459
Phi := rad(-0.264078)
* 添加找矩形工具,给定参数,显示过程卡尺
add_metrology_object_rectangle2_measure(MetrologyHandle, Row1, Column1, Phi, Length1, Length2, 12, 3, 1, 30, [], [], Index)
get_metrology_object_model_contour(Contour, MetrologyHandle, 0, 1.5)
get_metrology_object_measures(Contours, MetrologyHandle, 'all', 'all', Row, Column)
dev_set_color('cyan')
dev_display(Contour)
dev_display(Contours)
* 执行找矩形并显示结果
apply_metrology_model(Image, MetrologyHandle)
get_metrology_object_result(MetrologyHandle, 0, 'all', 'result_type', 'all_param', Parameter)
get_metrology_object_result_contour(Contour1, MetrologyHandle, 0, 'all', 1.5)
dev_set_line_width(3)
dev_set_color('red')
dev_display(Contour1)
clear_metrology_model(MetrologyHandle)
* 清空屏幕,显式控制图像显示
dev_close_window()
dev_update_off()
read_image(Image, '1.png')
dev_open_window_fit_image(Image, 0, 0, -1, -1, WindowHandle)
dev_display(Image)
* 创建测量模型
create_metrology_model(MetrologyHandle)
Row1 := 138.007
Column1 := 291.483
Length1 := 21.4609
Length2 := 21.0581
Phi := rad(-0)
* 添加找矩形工具,给定参数,显示过程卡尺
add_metrology_object_generic(MetrologyHandle, 'rectangle2', [Row1, Column1, Phi, Length1, Length2], 12, 3, 1, 30, [], [], Index)
get_metrology_object_model_contour(Contour, MetrologyHandle, 0, 1.5)
get_metrology_object_measures(Contours, MetrologyHandle, 0, 'all', Row, Column)
```

```
dev_set_color('cyan')
dev_display(Contour)
dev_display(Contours)
* 添加找圆工具,给定参数,显示过程卡尺
Row2 : = 130.086
Column2 : = 143.525
Radius : = 20.9306
add_metrology_object_generic(MetrologyHandle, 'circle', [Row2, Column2, Radius], 12, 3, 1, 30,
[], [], Index1)
get_metrology_object_model_contour(Contour2, MetrologyHandle, 1, 1.5)
get_metrology_object_measures(Contours3, MetrologyHandle, 1, 'all', Row3, Column3)
dev_set_color('green')
dev_display(Contour2)
dev_display(Contours3)
dev_set_line_width (3)
* 执行找矩形并显示结果
apply_metrology_model(Image, MetrologyHandle)
get_metrology_object_result(MetrologyHandle, 0, 'all', 'result_type', 'all_param', Parameter1)
get_metrology_object_result_contour(Contour1, MetrologyHandle, 0, 'all', 1.5)
get_metrology_object_result(MetrologyHandle, 1, 'all', 'result_type', 'all_param', Parameter2)
get_metrology_object_result_contour(Contour3, MetrologyHandle, 1, 'all', 1.5)
dev_set_color('red')
dev_display(Contour1)
dev_display(Contour3)
clear_metrology_model(MetrologyHandle)
* 清空屏幕,显式控制图像显示
dev_close_window()
dev_update_off()
read_image(Image, '1.png')
dev_open_window_fit_image(Image, 0, 0, -1, -1, WindowHandle)
dev_display(Image)
* Matching 01: ************************************************
* Matching 01: 模型初始化
* Matching 01: ************************************************
set_system('border_shape_models', 'false')
* Matching 01: 从基本区域构建 ROI
gen_rectangle1(ModelRegion, 41.9811, 50.1341, 322.331, 481.792)
* Matching 01: 从原图提取模型模板
reduce_domain(Image, ModelRegion, TemplateImage)
* Matching 01: 创建形状模板
create_shape_model(TemplateImage, 5, rad(0), rad(360), rad(1), ['none','no_pregeneration'], 'use_
polarity', [30,30,0], 10, ModelID)
* Matching 01: 获取模型轮廓,以便稍后将其转换为图像
get_shape_model_contours(ModelContours, ModelID, 1)
* Matching 01: 获取参考位置
area_center(ModelRegion, ModelRegionArea, RefRow, RefColumn)
vector_angle_to_rigid(0, 0, 0, RefRow, RefColumn, 0, HomMat2D)
affine_trans_contour_xld(ModelContours, TransContours, HomMat2D)
* Matching 01: 显示模型轮廓
dev_display (Image)
dev_set_color('green')
dev_set_draw('margin')
dev_display(ModelRegion)
dev_display(TransContours)
stop()
* Matching 01: 匹配形状模板
find_shape_model(Image, ModelID, rad(0), rad(360), 0.5, 0, 0.5, 'least_squares', [5,1], 0.75,
Row, Column, Angle, Score)
dev_display(Image)
for I : = 0 to |Score| - 1 by 1
```

```
        hom_mat2d_identity(HomMat2D)
        hom_mat2d_rotate(HomMat2D, Angle[I], 0, 0, HomMat2D)
        hom_mat2d_translate(HomMat2D, Row[I], Column[I], HomMat2D)
        affine_trans_contour_xld(ModelContours, TransContours, HomMat2D)
        dev_set_color('green')
        dev_display(TransContours)
        stop()
endfor
*创建测量模型
create_metrology_model(MetrologyHandle)
Row1 : = 130.086
Column1 : = 143.525
Radius : = 20.9306
*添加找圆工具,给定参数,显示过程卡尺
add_metrology_object_circle_measure(MetrologyHandle, Row1, Column1, Radius, 12, 3, 1, 30, [], [], Index)
get_metrology_object_model_contour(Contour, MetrologyHandle, 0, 1.5)
get_metrology_object_measures(Contours, MetrologyHandle, 'all', 'all', Row3, Column3)
dev_set_color('cyan')
dev_display(Contour)
dev_display(Contours)
*执行找圆并显示结果
apply_metrology_model(Image, MetrologyHandle)
get_metrology_object_result(MetrologyHandle, 0, 'all', 'result_type', 'all_param', Parameter)
get_metrology_object_result_contour(Contour1, MetrologyHandle, 0, 'all', 1.5)
dev_set_line_width(3)
dev_set_color('red')
dev_display(Contour1)
stop()
*绑定测量卡尺到形状模板上
set_metrology_model_param(MetrologyHandle, 'reference_system', [Row, Column, 0])
*读取另一幅图像
threshold(Image, Region, 0, 255)
area_center(Region, Area, Row5, Column5)
hom_mat2d_identity(HomMat2D)
hom_mat2d_rotate(HomMat2D, 0.2, Row5, Column5, HomMat2D)
affine_trans_image(Image, ImageAffineTrans, HomMat2D, 'constant', 'false')
find_shape_model(ImageAffineTrans, ModelID, rad(0), rad(360), 0.5, 0, 0.5, 'least_squares', [5, 1], 0.75, Row2, Column2, Angle1, Score1)
align_metrology_model(MetrologyHandle, Row2, Column2, Angle1)
get_metrology_object_measures(Contours1, MetrologyHandle, 'all', 'all', Row4, Column4)
dev_clear_window()
dev_display(ImageAffineTrans)
dev_set_line_width(1)
dev_set_color('cyan')
dev_display(Contours1)
*模板匹配的同时测量圆的相关参数
apply_metrology_model(ImageAffineTrans, MetrologyHandle)
get_metrology_object_result(MetrologyHandle, 0, 'all', 'result_type', 'all_param', Parameter1)
get_metrology_object_result_contour(Contour2, MetrologyHandle, 0, 'all', 1.5)
dev_set_line_width(3)
dev_set_color('red')
dev_display(Contour2)
clear_metrology_model(MetrologyHandle)
clear_shape_model(ModelID)
```

1D测量和测量助手适用于求距离(如工件之间的线线距离),2D测量适用于工件的找边、找圆等测量,卡尺测量一般应用于工件中某些特定特征的测量(通过鼠标交互,如画圆、画线、画矩形等方式进行拟合)。读者可根据项目实际情况进行灵活应用,可单独或组合使用。

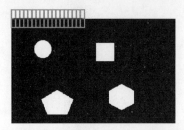
(a) 执行找直线并显示结果

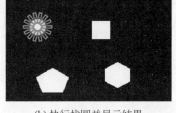
(b) 执行找圆并显示结果

(c) 执行找椭圆并显示结果

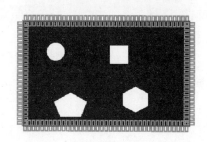
(d) 执行找矩形并显示结果

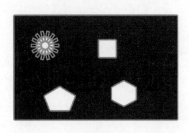
(e) 创建测量模型(以圆形为例)

(f) 待测图进行模板匹配并测量参数

图 11.8 卡尺测量几何形状(见彩插)

习题

11.1 选取橡皮、学生卡等身边物品,编写代码实现测量。

11.2 测量图 11.9(钣金工件)里所有圆的中心坐标和半径。

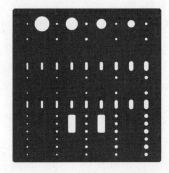

图 11.9 题 11.2 图

第 12 章　缺陷检测

缺陷检测是机器视觉应用中的重要领域,也是机器视觉应用方面的难点。缺陷检测极具行业特点,不同行业、不同产品的缺陷检测算法有可能有较大区别。缺陷检测行业里一个共性的挑战是由于现场光照、环境等变化,影响系统的稳定性和可靠性,因此导致项目的后续维护存在一定的隐患。当前,缺陷检测分为传统视觉方法和深度学习方法,本章只讨论传统视觉方法,深度学习方法请参考后续深度学习章节。

常见的缺陷有凹凸、污点瑕疵、划痕、裂缝、探伤等。本章根据检测对象来划分,介绍三种在 HALCON 中常见的缺陷检测方法。

12.1　差分法

视频讲解

像素灰度值差分是指先设定标准目标,然后通过对标准目标和待检测图像(或区域)作差,以求出有差异的地方。该方法主要用来检测物品表面的缺陷,其检测流程如下。

(1) 读取图像。

通过相机实时采图(或打开离线图片)。

(2) ROI 提取。

对一般图像进行 Blob 分析,提取图像上的 ROI 检测区域。

(3) 差分处理。

对 ROI 区域直接进行差分处理,或者与没有缺陷的图像进行差分处理。

(4) 根据差集面积判断该物品是否有缺陷。

像素灰度值差分法实质上就是以模板图像的灰度值为模板,每次计算出待检测图像的灰度值,然后与标准图像作差,结果差异越大则说明缺陷越明显。因此,在实际项目开发中,需要将客户的要求与实际情况相结合,以设定合理的差值阈值。

【例 12-1】　检测塑料工件表面缺陷。来自官方自带例子 detect_indent_fft.hdev。

```
dev_update_window ('off')
*一次性读取三张图像
read_image (Fins, 'fin' + [1:3])
get_image_size (Fins, Width, Height)
dev_close_window ()
dev_open_window (0, 0, Width[0]/1.5, Height[0]/1.5, 'black', WindowID)
for Index := 1 to 3 by 1
    *根据索引选取图像
    select_obj (Fins, Fin, Index)
    dev_display (Fin)
    *双峰二值化,选取亮的区域(得到背景区域)
    binary_threshold (Fin, Background, 'max_separability', 'light', UsedThreshold)
    dev_set_color ('blue')
    dev_set_draw ('margin')
```

```
        dev_set_line_width (4)
        dev_display (Background)
        * 闭运算处理,圆形结构元素半径为 250。闭运算是先膨胀后腐蚀的组合操作,主要用于填充小的
        * 孔洞和平滑物体边界
        closing_circle (Background, ClosedBackground, 250)
        dev_set_color ('green')
        dev_display (ClosedBackground)
        * 差分计算,将闭运算后的区域和先前区域相减,得到像素不同的区域
        difference (ClosedBackground, Background, RegionDifference)
        * 采用开运算,矩形结构元素,尺寸为 5。开运算是先腐蚀后膨胀的组合操作,能够消除小物体和细
        * 小的凹陷
        opening_rectangle1 (RegionDifference, FinRegion, 5, 5)
        dev_display (Fin)
        dev_set_color ('red')
        dev_display (FinRegion)
        dev_set_draw ('margin')
        area_center (FinRegion, FinArea, Row, Column)
        disp_message (WindowID, 'NG', 'image', Row + 20, Column + 20, 'red', 'true')
        stop ()
    end for
```

运行结果如图 12.1 所示。

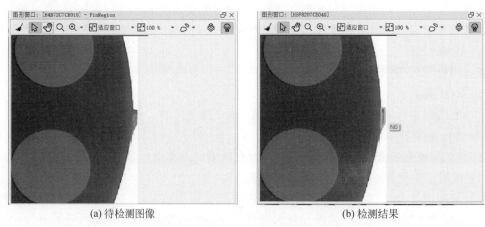

(a) 待检测图像　　　　　　　　　　(b) 检测结果

图 12.1　塑料工件表面缺陷检测对比

12.2　差分模型法

差分模型法也称差异模型法,往往和模板匹配结合,以满足不同姿态摆放工件的缺陷检测需求。

▶ 12.2.1　基础原理

将待检测的图像与标准图像进行比对,找出待检测图像与标准图像的明显差异。标准图像可以通过选取若干良品图像进行训练获得,也可以通过对一张良品图像进行处理得到。训练后得到标准图像和一张方差图像,方差图像中包含图像中每个像素点灰度值允许变化的范围。标准图像和方差图像用来创建一个差分模型,如此,其他图像就可以与差分模型做比较了。

12.2.2 详细流程

差分模型法详细流程如图 12.2 所示。

第一步：获取图像。

使用的图像分为用于训练差异模型的图像和实际检测图像。根据具体情况决定是否采用预处理。如图像为彩色的，则须灰度化。如果存在噪声，则须滤波等。

第二步：创建差分模型。

图像预处理完之后，使用 create_variation_model()算子创建一个用于对比的差分模型。

第三步：对齐 ROI 或图像。

由于用于训练差异模型的图像对每个点的灰度偏差都要进行计算，因此，参考图像或者是待检测的 ROI 需要先经过严格的对齐，避免可能的旋转和位移影响准确性。同样地，实际检测图像也需要对齐，只有对齐后的图像才可以进行点对点的灰度值比较。

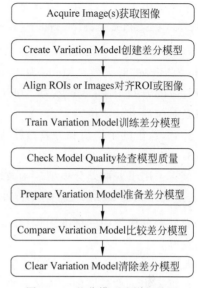

图 12.2　差分模型法详细流程

具体过程：确定一个 ROI→再根据 ROI 建立形状模板→在待对齐图像上通过形状模板匹配获得该 ROI 及其仿射参数→使用 affine_trans_image()算子将图像进行仿射变换，可使图像与 ROI 进行重合，便于计算后续的对比点的灰度值。

第四步：训练差分模型。

为了使理想的差异模型适应正常的容错范围，使用 train_variation_model()算子通过多张良品样本对差异模型进行训练。

第五步：检查模型质量。

检查训练后的模型质量，从而获取到差分模型的标准图像和方差图像。

第六步：准备差分模型。

设置差分模型的绝对阈值和相对阈值。

第七步：比较差分模型。

先对检测图像进行形状匹配，找到 ROI，而后应用仿射变换使之与参考图像的 ROI 对齐，使用 compare_variation_model()将 ROI 跟差分模型进行对比，得到存在差异的局部区域。这一步往往包含模板匹配内容。

第八步：清除差分模型。

待检查完毕，使用 clear_variation_model()算子清除差分模型。

12.2.3 核心算子

1. create_variation_model()算子

该算子用于创建模型。函数原型：

```
create_variation_model(: : Width, Height, Type, Mode : ModelID)
```

Mode 参数有三个选择：'standard'、'robust'、'direct'。默认为'standard'，具体差异可参考后续内容解读。

2. train_variation_model() 算子

该算子用于训练模型。函数原型：

`train_variation_model(Images : : ModelID :)`

当 create_variation_model() 算子中 Mode 选择 'standard' 或 'robust' 时，此算子有效；当 Mode 为 'direct' 时无效。Mode 为 'standard' 时，训练采用求多幅平均值的方式获取理想图像以及对应的方差图像；Mode 为 'robust' 时，训练采用求多幅图像的中间值的方式获取理想图像以及对应的方差图像。

注意，这里的求均值和方差是针对同一坐标位置的不同图像。

3. get_variation_model() 算子

该算子用于获取差分模型。函数原型：

`get_variation_model(: Image, VarImage : ModelID :)`

返回差分模型中的标准图像（Image）和方差图像（VarImage），用来检查创建的差分模型是否良好。

4. prepare_variation_model 算子

该算子用于准备模型。函数原型：

`prepare_variation_model(: : ModelID, AbsThreshold, VarThreshold :)`

根据 train_variation_model() 算子训练结果，结合输入的 AbsThreshold 和 VarThreshold 参数确定最终的上限和下限图像，即确认公差带。设置差分模型的绝对阈值和相对阈值。绝对阈值 AbsThreshold 即待检测图像与标准图像的差值（灰度差），相对阈值 VarThreshold 为当前图像与方差图像的最小差异比例因子。AbsThreshold 和 VarThreshold 各自可以包含一个或两个值。如果设定两个值，则为太亮和太暗的像素灰度值确定不同的阈值。如果指定一个值，则该值是均为太亮和太暗的像素灰度值。

该过程的具体原理：$i(x,y)$ 为标准图像灰度值，$v(x,y)$ 为方差图像灰度值，a_u、a_l 为 AbsThreshold 设置的两个值（两个值可以相同），b_u、b_l 为 VarThreshold 设置的两个值（两个值可以相同）。常见的两种设置方式如下。

(1) a_u = AbsThreshold[0]，a_l = AbsThreshold[1]，b_u = VarThreshold[0]，b_l = VarThreshold[1]。

(2) a_u = AbsThreshold，a_l = AbsThreshold，b_u = VarThresholl，b_l = VarThreshold。

因此，上限和下限公式为

$$t_u(x,y) = i(x,y) + \max\{a_u, b_u v(x,y)\}$$

$$t_l(x,y) = i(x,y) - \max\{a_l, b_l v(x,y)\}$$

待检测图像某像素点的灰度值在上限和下限之间即合格，否则为缺陷像素。

经验之谈：在进行差分模型检测时，这两个参数的设置非常重要。AbsThreshold 值必须大于或等于 0，默认为 10，调试建议值：0,5,10,15,20,30,40,50。VarThreshold 值必须大于或等于 0，默认为 2，调试建议值：1,1.5,2,2.5,3,3.5,4,4.5,5。此外，在调试时一般优先采用成组参数，如 10 和 2 组合。

5. compare_variation_model 算子

该算子用于比较模型。函数原型：

```
compare_variation_model(Image : Region : ModelID :)
```

在公差带内的图像为合格部分,其他为不合格部分。待检测图像与差分模型进行比较,超过公差带的区域在 Region 参数中返回。

该过程的具体原理:如果当前待检测图像灰度值 $c(x,y)$ 满足下式条件(超过上限或小于下限,即不在公差带范围内),则将这些像素点区域进行输出。

$$c(x,y) > t_u(x,y) \lor c(x,y) < t_l(x,y)$$

与其他区域的处理相同,可以使用 connection 等算子进行连通性分析,然后根据区域的特征(如面积)对区域进行选择。

6. inspect_shape_model()算子

该算子用于创建形状模型的表示。严格地说,这个算子是模板匹配内容。函数原型:

```
inspect_shape_model(Image : ModelImages, ModelRegions : NumLevels, Contrast :)
```

模型的表示是在多个图像金字塔级别上创建的,其中,级别的数量由 NumLevels 确定。在其典型用法中,使用 NumLevels 和 Contrast 的不同参数多次调用 inspect_shape_model(),直到获得满意的模型为止。之后,使用由此获得的参数调用 create_shape_model(),create_scaled_shape_model() 或 create_aniso_shape_model()。

▶ 12.2.4 例子精读

【例 12-2】 使用差分模型。该例子参考 Print Check 例子进行了适当修改。

```
*1 获取图像
dev_update_off()
read_image(Image, 'pen/pen-01')
get_image_size(Image, Width, Height)
dev_close_window()
dev_open_window(0, 0, Width, Height, 'black', WindowHandle)
set_display_font(WindowHandle, 16, 'mono', 'true', 'false')
dev_set_color('red')
dev_display(Image)
threshold(Image, Region, 100, 255)
fill_up(Region, RegionFillUp)
difference(RegionFillUp, Region, RegionDifference)
shape_trans(RegionDifference, RegionTrans, 'convex')
dilation_circle(RegionTrans, RegionDilation, 8.5)
reduce_domain(Image, RegionDilation, ImageReduced)
*生成模板表示,根据区域再生成 XLD 骨架,然后获得中心坐标
inspect_shape_model(ImageReduced, ModelImages, ModelRegions, 1, 20)
gen_contours_skeleton_xld(ModelRegions, Model, 1, 'filter')
area_center(RegionDilation, Area, RowRef, ColumnRef)
*2 创建差分模型:创建模板,再生成差分模型
create_shape_model(ImageReduced, 5, rad(-10), rad(20), 'auto', 'none', 'use_polarity', 20, 10, ShapeModelID)
create_variation_model(Width, Height, 'byte', 'standard', VariationModelID)
*3 循环读取图片->摆正->训练
for I := 1 to 15 by 1
    read_image(Image, 'pen/pen-' + I$'02d')
    find_shape_model(Image, ShapeModelID, rad(-10), rad(20), 0.5, 1, 0.5, 'least_squares', 0, 0.9, Row, Column, Angle, Score)
    if (|Score| == 1)
        *找到检测区域->摆正->采用良品图片训练差分模型
        vector_angle_to_rigid(Row, Column, Angle, RowRef, ColumnRef, 0, HomMat2D)
        affine_trans_image(Image, ImageTrans, HomMat2D, 'constant', 'false')
```

```
        *4 训练
        train_variation_model(ImageTrans, VariationModelID)
        dev_display(ImageTrans)
        dev_display(Model)
    endif
end for
stop()
*5 获取训练信息：MeanImage 为均值图片；VarImage 为均值图片和标准图片的差异图片
get_variation_model(MeanImage, VarImage, VariationModelID)
*6 准备差分模型参数
prepare_variation_model(VariationModelID, 20, 3)
*清除训练中保存的数据,但是并没清除最终的训练结果
clear_train_data_variation_model(VariationModelID)
*显示上面训练出来的数据(图片信息)
erosion_rectangle1(RegionFillUp, RegionROI, 1, 15)
dev_display(MeanImage)
set_tposition(WindowHandle, 20, 20)
dev_set_color('green')
write_string(WindowHandle, 'Reference image')
disp_continue_message(WindowHandle, 'black', 'true')
stop()
dev_display(VarImage)
set_tposition(WindowHandle, 20, 20)
dev_set_color('green')
write_string(WindowHandle, 'Variation image')
disp_continue_message(WindowHandle, 'black', 'true')
stop()
*使用模板进行测试
dev_set_draw('margin')
NumImages := 30
for I := 1 to 30 by 1
    *读取图片进行匹配,然后进行仿射变换进行摆正
    read_image(Image, 'pen/pen-' + I$'02d')
    find_shape_model(Image, ShapeModelID, rad(-10), rad(20), 0.5, 1, 0.5, 'least_squares', 0, 0.9, Row, Column, Angle, Score)
    if(|Score| == 1)
        vector_angle_to_rigid(Row, Column, Angle, RowRef, ColumnRef, 0, HomMat2D)
        affine_trans_image(Image, ImageTrans, HomMat2D, 'constant', 'false')
        reduce_domain(ImageTrans, RegionROI, ImageReduced)
        *7 将当前变换后区域同模板进行对比,得到差异区域,并进行筛选,然后显示印刷缺陷区域
        compare_variation_model(ImageReduced, RegionDiff, VariationModelID)
        connection(RegionDiff, ConnectedRegions)
        select_shape(ConnectedRegions, RegionsError, 'area', 'and', 20, 1000000)
        count_obj(RegionsError, NumError)
        dev_clear_window()
        dev_display(ImageTrans)
        dev_set_color('red')
        dev_display(RegionsError)
        set_tposition(WindowHandle, 20, 20)
        if(NumError == 0)
            dev_set_color('green')
            write_string(WindowHandle, 'Clip OK')
        else
            dev_set_color('red')
            write_string(WindowHandle, 'Clip not OK')
        endif
    endif
    if(I < NumImages)
        disp_continue_message(WindowHandle, 'black', 'true')
        stop()
```

```
        endif
    endfor
*8 清除模型
clear_shape_model(ShapeModelID)
clear_variation_model(VariationModelID)
```

运行结果如图 12.3 所示。

图 12.3　差分模型检测结果

12.2.5　总结

差分模型法使用标准图像与待检测图像灰度值相比较,来判断产品是否为良品,适用于印刷品检测、产品表面检测等。对于图像中的大面积灰度一致区域,主要利用待检测图像与标准图像比较得出差异区域,对于图像中的边缘位置区域,主要利用待检测图像与方差图像比较得出差异区域。所以在实际应用中,应根据实际情况,合理设置 AbsThreshold 和 VarThreshold 的值,以得到满意的效果。

12.3　快速傅里叶变换

12.3.1　基础原理之时域、频域、空间域

视频讲解

在理解快速傅里叶变换之前,先简单了解相关基础概念。本节内容不阐述复杂的数学推理,尽量以白话形式结合讲解数字图像内容,帮助读者理解概念内涵。笔者一直推崇的是从"实战会用"到"原理理解"的螺旋式上升的学习模式。但值得注意的是,本节内容仍需耐心、细心和反复研读。

什么是时域?从人类有所认知开始,看到的景象、经历的生活都与时间联系。植物的生长、人的身高变化、运输工具的移动都会随着时间发生改变。这种以时间作为参照来观察动态世界的方法称为时域分析。因此我们认为,这个世界上的一切都是在不断变化的,并且永远不会静止下来。例如,电子仪器中的示波器,是典型的看时域内容。自变量是时间,即横轴是时间,纵轴是信号的变化。其动态信号是描述信号在不同时刻取值的函数。

什么是频域?频域是时域的倒数,是用来描述信号频率特征的坐标系。频域的最大特点

在于:它是一种数学构造,并非真实存在。例如,电子仪器中的频谱仪,是典型的看频域内容。自变量是频率,即横轴是频率,纵轴是该频率信号的幅度,也就是通常说的频谱图。频谱图描述了信号的频率结构及频率与该频率信号幅度的关系。

时域分析法与频域分析法是对信号的两个观察面,如图 12.4 所示。时域分析是以时间轴为坐标表示动态信号的关系;频域分析是把信号变为以频率轴为坐标表示出来。一般来讲,时域的表达方式比较直观,频域的表达方式比较简洁,对分析问题也比较深入、方便。二者相辅相成,密不可分。而贯穿时域与频域的方法之一,就是傅里叶分析。傅里叶分析可分为傅里叶级数(Fourier Serie)和傅里叶变换(Fourier Transformation)。动态信号从时间域变换到频率域主要通过傅里叶级数和傅里叶变换实现。周期信号靠傅里叶级数,非周期信号靠傅里叶变换。时域函数通过傅里叶或者拉普拉斯变换就变成了频域函数。

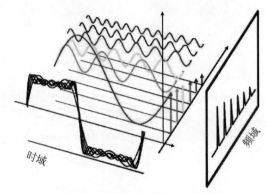

图 12.4　时域分析法与频域分析法

应用在机器视觉领域,有个广泛使用的概念——空间域。空间域简称空域,又称图像空间,指由图像元组成的空间。在图像空间中以长度(距离)为自变量直接对像元值进行处理称为空间域处理。即像素空间中,在空间域的处理就是在像素级的处理,通过傅里叶变换后,得到的是图像的频谱,表示图像的能量梯度。空间域实质上是把图像看成一个二维矩阵形式 [nWidth, nHeight],或者二维函数形式 $F(x,y) = \text{Gray\_Intensity}$ 进行图像处理。$F(x,y)$ 为该坐标的灰度值。因此,前述的时域转换可理解为空间域,处理对象为图像像元的灰度值。

将一幅图像的像元值在空间上变化分解为具有不同振幅、空间频率和相位的简振函数的线性叠加,图像中各种空间频率成分的组成和分布称为空间频谱。这种对图像的空间频率特征进行分解、处理和分析称为空间频率域处理或波数域处理。

与时域和频域可互相转换相似,空间域与频域也可互相转换,处理的一般步骤如下。
- 对图像进行傅里叶变换,将图像由图像空间转换到频域空间。
- 在空间频率域中对图像的频谱做分析处理,以改变图像的频率特征。

即设计不同的数字滤波器,对图像的频谱进行滤波。频域处理主要用于与图像空间频率有关的处理中。例如,图像恢复、边缘增强、图像锐化、图像平滑、噪声抑制、频谱分析、纹理分析等处理和分析中。

12.3.2　基础原理之快速傅里叶变换

傅里叶变换可简单分为离散傅里叶变换和快速傅里叶变换两种。

离散傅里叶变换(Discrete Fourier Transform,DFT)的算法属于线性变换。对每个采样点,都要做一次全部点的加权求和的运算,因此当采样点比较多时,运算速度会很慢。

快速傅里叶变换(Fast Fourier Transform,FFT)是 DFT 的快速算法,运算结果和 DFT 是相等的。其原理是利用权值的对称性与周期性,把采样点分解成两份,每份的点数是原来的一半,这样运算量也会减半。

频率特征是指图像的灰度变化特征,低频特征是灰度变化不明显,如图像整体轮廓,高频特征是图像灰度变化剧烈,如图像边缘和噪声。一个重要的经验结论:低频反映图像整体轮廓,高频反映图像噪声,中频反映图像边缘、纹理等细节。

本节主要讨论快速傅里叶变化。傅里叶变换一般应用在以下几种情况。
- 具备一定纹理特征的图像,纹理可以理解为条纹,如布匹、木板、纸张等材质。
- 需要提取对比度低或者信噪比低的特征。
- 图像尺寸较大或者需要与大尺寸滤波器进行计算,此时转换至频域计算,具有速度优势。因为空间域滤波为卷积过程(加权求和),而频域计算是直接相乘。

▶ 12.3.3 一般流程

在 HALCON 中,傅里叶变换是将图像从空间域转换到频域,在频域中进行滤波,再从频域转换到空间域,然后进行图像处理,即:空间域→频域→滤波→空间域→图像处理。空间域转换为频域,得到的是频谱图;经过特定的滤波后,再转换回空间域。显而易见,在这个过程中,滤波环节非常重要。滤波的作用到底是什么?实际上,在空间域进行 Blob 分析等方法,很难实施图像预处理或缺陷检测,但是使用傅里叶变换将图像从空间域转换到频域后,能较为轻松去除噪声或获取特征,这就像切换一个方法或赛道一样。

所谓滤波器,是指为了获得不同频率成分的有用信号,往往要滤掉不需要频率区域的信号。通常滤波器按其频率响应分为低通、高通、带阻和带通滤波器。高通滤波器,顾名思义,即将高频部分保留,会将图像中的轮廓提取出来(噪声和轮廓就是灰度值变化剧烈的地带)。低通滤波器,顾名思义,即将低频部分保留,只显示灰度值变化不剧烈的区域,会过滤掉边缘轮廓和噪声(即高频部分),使得图片变得模糊。带阻滤波器,衰减一定频率范围内的信号,允许低于某个阈值或高于另一个阈值的频率通过。带通滤波器,只允许特定频带内的信号通过,允许高于低阈值和低于高阈值的频率通过。

在 HALCON 中,应用于纹理等缺陷检测的流程一般如下。

第一步:FFT 变换,实现空间域到频域的转换。

第二步:卷积滤波,目的是得到想要的特征。

第三步:FFT 逆变换,实现频域到空间域的转换。

第四步:已经得到明显的缺陷特征了,进行合适的图像处理即可。

HALCON 里,涉及 FFT 变换的算子非常多,功能非常强。简单起见,本节内容仅以代表性做法为例进行阐述。通常使用下面的代码即可实现整个流程。先把空间域转换为频域,做完频域空间的算法后(convol_fft()卷积计算),再把频域转换回空间域。

```
sigma := 3
* 生成高斯滤波器
gen_gauss_filter(ImageFilter, sigma, sigma, 0.0, 'none', 'rft', Width, Height)
* 空间域->频域转换
rft_generic(img, ImageFFT, 'to_freq', 'none', 'complex', Width)
* 进行卷积计算并输出图像
convol_fft(ImageFFT, ImageGauss, ImageConvol1)
* 频域->空间域转换
rft_generic(ImageConvol1, ImageFFT1, 'from_freq', 'n', 'real', Width)
```

12.3.4 核心算子

1. gen_gauss_filter()

上节内容代码里，生成合适的滤波器是关键。最难理解和应用的是算子 gen_gauss_filter()，可以说，整个功能能否实现，和这个算子的使用有极大关系，算子原型如下。

`gen_gauss_filter(: ImageGauss : Sigma1, Sigma2, Phi, Norm, Mode, Width, Height :)`

- ImageGauss(out)：生成的滤波器图像。
- Sigma1、Sigma2：Sigma1 是由角度 Phi 确定的滤波器在空间域中的主方向（x 方向）上的标准偏差。Sigma2 是滤波器在空间域中垂直于主方向（y 方向）的标准偏差。
- Phi：空间域主方向角度参数。
- Norm：滤波器的归一化因子。注：如果使用 fft_image() 和 fft_image_inv() 进行过滤，必须设置参数 Norm='none' 和 Mode='dc_center'。
- Mode：频率图中心位置。注：如果使用实值快速傅里叶变换算子 rft_generic()，则 Mode='rft'；如果使用快速傅里叶变换算子 fft_generic()，则可以使用 Mode='dc_edge' 来提高效率。
- Width、Height：生成滤波图像的宽、高。

gen_gauss_filter() 产生一个高斯核，根据输入的参数对高斯核矩阵做傅里叶变换（实现从空间域到频域的转换），得到频域的滤波器。

2. rft_generic()

gen_gauss_filter() 得到的滤波器，输出为一个图像，进行卷积之后图像就产生了变化，例如，外环得到减弱，内环得到保留（高低通滤波器的效果），或者在某个方向上得到保留（Gabor 滤波器的效果），再还原到时域，发现跟原图变化很大。一般需要使用两次，因为在频域处理完之后，还需要转换成空间域。rft_generic() 用于计算图像的实值快速傅里叶变换。

`rft_generic(Image : ImageFFT : Direction, Norm, ResultType, Width :)`

- Image：输入图像。
- ImageFFT(out)：傅里叶变换输入图像。
- Direction：计算正向或反向变换。'to_freq' 是空间域→频域的变换，ResultType 一般选择 'complex'；'from_freq' 是频域→空间域的变换，ResultType 一般选择 'byte'（灰度图像）。
- Norm：变换的归一化因子。
- ResultType：输出图像的图像类型，配合 Direction 参数设置。
- Width：输入图像的宽度。

3. convol_fft()

convol_fft() 将复合图像 ImageFFT 的像素乘以滤波图像滤波器的对应像素。

`convol_fft(ImageFFT, ImageFilter : ImageConvol : :)`

4. sub_image()

做高斯高通滤波时常会用到图像相减算子 sub_image()，如在最后的结果是要用原图像减去滤波后的图像才能得到锐化图像。该算子的参数形式如下。

`sub_image(ImageMinuend, ImageSubtrahend : ImageSub : Mult, Add :)`

第一个参数 ImageMinuend 是被减图像，第二个参数 ImageSubtrahend 是减数图像，第三个参数 ImageSub 是结果图像，第四个参数 Mult 是乘数因子，第五个参数 Add 是灰度补充值。算子可以用以下计算式子表达。

$$\text{ImageSub} = (\text{ImageMinuend} - \text{ImageSubtrahend}) \times \text{Mult} + \text{Add} \qquad (12\text{-}1)$$

乘以 Mult 是要拉大两幅图像相减后的对比度，加上一个 Add 是为了增加相减后的图像的整体亮度。

5. gray_range_rect()

该算子用一个矩形掩膜计算像素点的灰度范围。算子原型为

`gray_range_rect(Image : ImageResult : MaskHeight, MaskWidth :)`

- Image：输入图像。
- ImageResult：输出的灰度图值范围。
- MaskHeight，MaskWidth：矩形掩膜大小。

gray_range_rect 计算每个图像点在大小为（MaskHeight，MaskWidth）的矩形掩码内的输入图像 Image 的灰度值范围，即最大灰度值和最小灰度值的差值（max-min），输出图像 ImageResult。如果参数 MaskHeight 或 MaskWidth 为偶数，则将它们更改为下一个较小的奇数值。在图像的边界，灰度值被镜像。

该算子经常使用在背景均匀的缺陷检测中，原图像灰度值相近的背景区域灰度值将变得很小，而有缺陷的位置区域灰度值则变得比较大，即起到提升对比度的作用。

6. min_max_gray()

该算子用于判断区域内灰度值的最大值和最小值。算子原型为

`min_max_gray(Regions, Image : : Percent : Min, Max, Range)`

- Regions：分析计算的图片区域。
- Image：输入灰度值图片。
- Percent：被去除的直方图两边像素点所占总像素数的百分比。
- Min、Max、Range：得到的最小值、最大值及灰度值范围。

Percent 的主要作用是减少计算量，去除极小值和极大值的影响，尽量获得所需要的灰度值的最小值和最大值，以更好获得图像灰度特征。如果没有把握，则直接设置为 0 即可。

▶ 12.3.5 例子精读

【例 12-3】 检测塑料工件表面缺陷，如图 12.5 所示。来自官方自带例子 detect_indent_fft. hdev。

```
dev_update_off()
dev_close_window()
read_image(Image, 'plastics/plastics_01')
get_image_size(Image, Width, Height)
dev_open_window(0, 0, Width, Height, 'black', WindowHandle)
set_display_font(WindowHandle, 14, 'mono', 'true', 'false')
dev_set_draw('margin')
dev_set_line_width(3)
dev_set_color('red')
* 针对特定图像尺寸优化 FFT 速度
optimize_rft_speed(Width, Height, 'standard')
* 结合两个高斯构造一个合适的滤波(非常关键)
Sigma1 := 10.0
Sigma2 := 3.0
```

```
gen_gauss_filter(GaussFilter1, Sigma1, Sigma1, 0.0, 'none', 'rft', Width, Height)
gen_gauss_filter(GaussFilter2, Sigma2, Sigma2, 0.0, 'none', 'rft', Width, Height)
*图片减操作
sub_image(GaussFilter1, GaussFilter2, Filter, 1, 0)
*迭代处理图像
NumImages := 11
for Index := 1 to NumImages by 1
    read_image(Image, 'plastics/plastics_' + Index$'02')
    rgb1_to_gray(Image, Image)
    *频域变换
    rft_generic(Image, ImageFFT, 'to_freq', 'none', 'complex', Width)
    *实现频域卷积
convol_fft(ImageFFT, Filter, ImageConvol)
    *反变换
rft_generic(ImageConvol, ImageFiltered, 'from_freq', 'n', 'real', Width)
    *用一个矩形掩膜计算灰度范围,以提升对比度
gray_range_rect(ImageFiltered, ImageResult, 10, 10)
    *得到区域内灰度值的最大值、最小值和范围
    min_max_gray(ImageResult, ImageResult, 0, Min, Max, Range)
    threshold(ImageResult, RegionDynThresh, max([5.55,Max * 0.8]), 255)
    connection(RegionDynThresh, ConnectedRegions)
    select_shape(ConnectedRegions, SelectedRegions, 'area', 'and', 4, 99999)
    union1(SelectedRegions, RegionUnion)
    closing_circle(RegionUnion, RegionClosing, 10)
    connection(RegionClosing, ConnectedRegions1)
    select_shape(ConnectedRegions1, SelectedRegions1, 'area', 'and', 10, 99999)
    area_center(SelectedRegions1, Area, Row, Column)
    dev_display(Image)
    Number := |Area|
    *将区域面积赋给 Number 用于后面检查是否存在缺陷
    if(Number)
    *判断是否存在缺陷并且显示相关信息
        gen_circle_contour_xld(ContCircle, Row, Column, gen_tuple_const(Number,30), gen_tuple_const(Number,0), gen_tuple_const(Number,rad(360)), 'positive', 1)
        ResultMessage := ['Not OK',Number + ' defect(s) found']
        Color := ['red','black']
        dev_display(ContCircle)
    else
        ResultMessage := 'OK'
        Color := 'forest green'
    endif
    disp_message(WindowHandle, ResultMessage, 'window', 12, 12, Color, 'true')
    if (Index != NumImages)
        disp_continue_message(WindowHandle, 'black', 'true')
        stop ()
    endif
endfor
```

本例子的关键是构造了两个高斯滤波器,进行相减后构造了一个带通滤波器(保证缺陷频率可以通过)用于提取缺陷。另外,该例子的 Blob 分析也很有技巧,如采用 gray_range_rect 提升对比度,进而采用 min_max_gray 获得最大灰度值和最小灰度值,为阈值分割奠定基础。

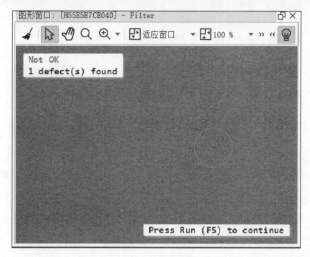

图 12.5　检测结果

习题

12.1　检测如图 12.6 所示的划痕缺陷。

12.2　去除如图 12.7 所示条纹阴影。

图 12.6　题 12.1 图

图 12.7　题 12.2 图

第 13 章　3D 视觉应用

近年来,3D 视觉应用在工业检测中占据了越来越重要的位置,一方面是因为机器视觉的需求逐渐从平面检测延伸到立体检测,如高度测量、体积测量和 3D 定位等的需求增加;另一方面是因为 3D 传感器的快速发展,如双目相机、TOF 传感器、结构光相机和线激光相机等大量普及。3D 视觉根据任务需求的不同,应该选择不同的 3D 传感器,从精度需求选择,双目相机、TOF 传感器和散斑结构光相机精度在毫米级别,适用于精度要求较低的定位应用;条纹结构光相机和线激光相机精度可以达到微米级别,适用于精度要求较高的定位和 3D 测量等应用;而更高精度的光谱共聚焦传感器精度可以达到 50~300nm,白光干涉仪精度更是可以达到 10~50nm,这类传感器不仅精度更高,而且可以测量透明和高反光的物体,适用于超高精度要求的 3D 表面分析。

本章将用以下三个应用案例介绍 HALCON 中 3D 视觉的应用。
- 基于 3D 物体模型的筛选处理应用。
- 基于表面 3D 匹配的定位应用。
- 基于 3D 物体模型的平面度和高度测量应用。

13.1　基于 3D 物体模型的筛选处理应用

视频讲解

▶ 13.1.1　应用解析

通过 3D 物体模型的特征属性,从中筛选出特定特征的目标模型,这是实现 3D 物体模型筛选的基本原理。

本节以 TOF 传感器获取的 XYZ 图,生成 3D 物体点云模型,对点云模型进行分割和特征计算处理,根据直径和体积特征,筛选出目标模型。主要实现过程如下。

第一步:读取 XYZ 图,生成 3D 物体模型。

XYZ 图如图 13.1(a)所示,该图由代表 X、Y 和 Z 图像的三通道组成,生成 3D 物体模型的方法是先用 decompose3()算子将 XYZ 图进行通道拆分得到 X、Y 和 Z 图像,再由 X、Y 和 Z 图像通过 xyz_to_object_model_3d()算子生成 3D 物体模型,由 prepare_object_model_3d()算子三角化后的 3D 物体模型如图 13.1(b)所示。

第二步:分割背景,连通组件分析得到各自独立的组件模型。

通过 3D 物体模型的 z 值,使用 select_points_object_model_3d()算子将背景分割,得到仅包含处理对象的 3D 物体模型,如图 13.2(a)所示,此时分割背景后的 3D 物体模型依然还是一个整体,特征计算需要得到每个单独组件的特征,以进行后续筛选,通过 3D 物体模型的连通组件分析,使用 connection_object_model_3d()算子以距离为分割条件,可以将整体的 3D 物体模型分割为独立的组件模型,如图 13.2(b)所示。

第三步:计算每个组件模型的直径和体积特征。

使用 max_diameter_object_model_3d()算子可以直接计算每个组件模型的直径,体积计

第13章　3D视觉应用

(a) XYZ图

(b) 3D物体模型

图 13.1　处理的图像和点云模型

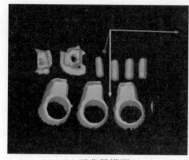
(a) 无背景模型

(b) 独立组模型

图 13.2　分割组件

算则通过 volume_object_model_3d_relative_to_plane()算子实现,体积的计算需要一个参考平面,得到的体积是 3D 物体模型到参考平面所包围的体积,而参考平面是通过位姿参数给出的,本应用中以分割背景的 z 值所在平面为参考平面,计算每个组件模型的体积。

第四步:特征筛选获取所需组件模型。

3D 物体模型特征筛选通过 select_object_model_3d()算子实现,该算子可以组合不同的特征进行筛选,组合运算包含"与"和"或"的逻辑运算,通过直径和体积特征的组合"与"运算,可以筛选出目标模型。不过需要注意 select_object_model_3d()算子筛选体积的方式,该算子内部给出了计算体积时 $z=0$ 的参考平面,且该参考平面无法修改,因此进行筛选的体积特征与第三步 volume_object_model_3d_relative_to_plane()算子计算的体积不一样,为了使 select_object_model_3d()算子筛选的体积与 volume_object_model_3d_relative_to_plane()算子计算的体积一致,以第三步中参考平面的 z 值为平移距离,生成 z 向平移矩阵,在应用中使用 affine_trans_object_model_3d()算子将 3D 物体模型整体进行平移,使参考平面变为 $z=0$ 所在平面,此时 volume_object_model_3d_relative_to_plane()算子计算的体积便与 select_object_model_3d()算子筛选的体积一致。

经过直径与体积的筛选,便得到如图 13.3 所示的目标模型。

▶ 13.1.2　核心算子

1. select_points_object_model_3d()算子

该算子实现了对 3D 物体模型属性的阈值分割,原型如下。

```
select_points_object_model_3d(: : ObjectModel3D, Attrib, MinValue, MaxValue : ObjectModel3DThresholded)
```

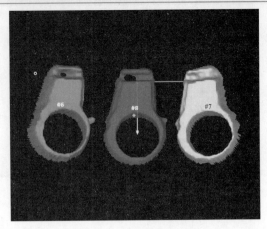

图 13.3 应用筛选结果

- ObjectModel3D：3D 物体模型的句柄。
- Attrib：应用阈值的属性。
- MinValue、MaxValue：由 Attrib 指定属性的最小值和最大值。
- ObjectModel3DThresholded：简化后的 3D 物体模型的句柄。

本应用中使用该算子来剔除 3D 物体模型的背景，由于背景点云是在一个平面上，其 z 值在同一水平，因此使用 z 值属性阈值分割可以剔除背景，参数设置方法是将参数 Attrib 设置为 'point_coord_z'，参数 MinValue 和 MaxValue 分别设置 z 值的最小和最大范围，只要背景平面的 z 值在这个范围之外即可剔除背景。

2. connection_object_model_3d()算子

该算子实现了将 3D 物体模型分割成由连接组件组成的部分，原型如下：

connection_object_model_3d(: : ObjectModel3D, Feature, Value : ObjectModel3DConnected)

- ObjectModel3D：输入 3D 物体模型的句柄。
- Feature：用于计算连接组件的属性。
- Value：两个连接组件之间距离的最大值。
- ObjectModel3DConnected：连接组件的 3D 物体模型的句柄。

本应用使用该算子将无背景的 3D 物体模型分割成各自独立的模型，对于点云模型，最常用的分割方法是按几何距离进行分割，参数设置方法是将参数 Feature 设置为 'distance_3d'，再将参数 Value 设置为需要分割的距离值，对于点之间的几何距离低于该距离值的，则认为这些点是连通的，被分割出来的独立模型之间的距离都大于此值。

3. select_object_model_3d()算子

该算子实现了根据全局特征从 3D 物体模型数组中选择 3D 物体模型，原型如下：

select_object_model_3d(: : ObjectModel3D, Feature, Operation, MinValue, MaxValue : ObjectModel3DSelected)

- ObjectModel3D：可供选择的 3D 物体模型的句柄。
- Feature、Operation：执行测试的特征列表及组合的逻辑操作。
- MinValue、MaxValue：筛选特征参数的最小值和最大值。
- ObjectModel3DSelected：满足给定条件的 ObjectModel3D 的子集。

本应用使用该算子通过直径和体积两个特征对 3D 物体模型数组进行了筛选，筛选方式是将参数 Feature 设置为 ['volume', 'diameter_object']，表示有直径和体积两个特征需要筛选,这两个特征的逻辑运算通过参数 Operation 设定为'and',表示筛选关系需要同时满足两个特征设定的值,设定值的范围由参数 MinValue 和 MaxValue 设置给出。

▶ 13.1.3 例子精读

```
* ************************************************************
*                基于 3D 物体点云模型的筛选处理应用
* ************************************************************
* ******************************
* 第一步：读取 XYZ 图,生成 3D 物体模型
* ******************************
* 加载 XYZ 图像
read_image(Image, 'time_of_flight/engine_cover_xyz_01.tif')
zoom_image_factor(Image, Image, 2, 2, 'constant')
get_image_size(Image, Width, Height)
* 打开一个新的图形窗口进行显示
dev_open_window(0, 0, 2 * Width, 2 * Height, 'black', WindowHandle)
set_display_font(WindowHandle, 14, 'mono', 'true', 'false')
* 通道拆分
decompose3(Image, X, Y, Z)
* X, Y, Z 图像合成点云
xyz_to_object_model_3d(X, Y, Z, ObjectModel3DID)
* 点云三角化
prepare_object_model_3d(ObjectModel3DID, 'segmentation', 'true', [], [])
* 3D 可视化的操作说明
Instructions[0] := '旋转：左键'
Instructions[1] := '缩放：Shift + 左键'
Instructions[2] := '移动：Ctrl + 左键'
* 3D 可视化的通用参数设置：颜色、坐标系、透明度
GenParamName := ['color', 'disp_pose', 'alpha']
GenParamValue := ['green', 'true', 0.7]
* 交互式可视化 3D 物体模型
visualize_object_model_3d(WindowHandle, ObjectModel3DID, [], [], GenParamName, GenParamValue,
'未处理的模型', [], Instructions, Pose)
* ************************************************
* 第二步：分割背景,连通组件分析得到各自独立的组件模型
* ************************************************
* 按 z 值阈值分割背景,z 值范围为 500~670mm
MinValue := 500
MaxValue := 670
select_points_object_model_3d(ObjectModel3DID, 'point_coord_z', MinValue, MaxValue,
ObjectModel3DIDReduced)
visualize_object_model_3d(WindowHandle, ObjectModel3DIDReduced, [], [], GenParamName,
GenParamValue, '分割背景', [], Instructions, Pose)
* 计算连通组件
connection_object_model_3d(ObjectModel3DIDReduced, 'distance_3d', 10, ObjectModel3DIDConnections)
* ************************************
* 第三步：计算每个组件模型的直径和体积特征
* ************************************
* 计算每个组件体积
volume_object_model_3d_relative_to_plane(ObjectModel3DIDConnections, [0, 0, MaxValue, 0, 0, 0],
0], 'signed', 'true', Volume)
* 计算每个组件直径
max_diameter_object_model_3d(ObjectModel3DIDConnections, Diameter)
* 打开一个新窗口显示体积、直径数据结果
dev_open_window(0, 2 * Width + 10, 400, 2 * Height, 'black', WindowHandle1)
set_display_font(WindowHandle1, 14, 'mono', 'true', 'false')
Indices := [0:|ObjectModel3DIDConnections| - 1]
```

```
disp_message(WindowHandle1, '连接组件的特征:', 'window', 12, 12, 'white', 'false')
ResultMessage := '# 直径 体积'
ResultMessage := [ResultMessage,Indices $ '1' + '' + (Diameter) $ '7.1f' + ' mm ' + (Volume * 0.001) $ '7.3f' + ' cm3']
disp_message(WindowHandle1, ResultMessage, 'window', 50, 12, 'white', 'false')
* 3D 可视化的颜色数量设置
* dev_set_window(WindowHandle)
GenParamName[0] := 'colored'
GenParamValue[0] := 12
visualize_object_model_3d(WindowHandle, ObjectModel3DIDConnections, [], [], GenParamName, GenParamValue, '连接组件 ' + |ObjectModel3DIDConnections|, '#' + Indices, Instructions, Pose)
* ****************************
* 第四步：特征筛选获取所需组件模型
* ****************************
* 体积和直径阈值
MinVolume := 3e005
MaxVolume := 6e005
MinDiameter := 150
MaxDiameter := 200
* 创建一个矩阵
hom_mat3d_identity(HomMat3DIdentity)
* 矩阵添加平移量
hom_mat3d_translate(HomMat3DIdentity, 0, 0, -MaxValue, HomMat3DTranslation)
* 3D 物体模型应用矩阵变换
affine_trans_object_model_3d(ObjectModel3DIDConnections, HomMat3DTranslation, ObjectModel3DTranslated)
* 为每个组件添加标签
for Index := 0 to |ObjectModel3DIDConnections| - 1 by 1
    set_object_model_3d_attrib_mod(ObjectModel3DTranslated[Index], '&Index', [], Index)
endfor
* 重新计算每个组件体积
volume_object_model_3d_relative_to_plane(ObjectModel3DTranslated, [0, 0, 0, 0, 0, 0, 0], 'signed', 'true', Volume1)
* 组合筛选体积与直径
select_object_model_3d(ObjectModel3DTranslated, ['volume', 'diameter_object'], 'and', [MinVolume,MinDiameter], [MaxVolume,MaxDiameter], ObjectModel3DSelected)
* 特征筛选标题
Title := ['特征筛选：', '' + (MinVolume * 1e-3) $ '3.1f' + ' cm3 <= 体积 <= ' + (MaxVolume * 1e-3) $ '3.1f' + ' cm3','与：' + (MinDiameter) $ '.1f' + ' mm <= 直径 <= ' + (MaxDiameter) $ '.1f' + ' mm']
* 创建显示标签
Label := []
for Index := 0 to |ObjectModel3DSelected| - 1 by 1
    get_object_model_3d_params (ObjectModel3DSelected[Index], '&Index', FormerIndex)
    Label := [Label,'#' + FormerIndex]
endfor
* 交互式显示筛选结果
visualize_object_model_3d(WindowHandle, ObjectModel3DSelected, [], [], GenParamName, GenParamValue, Title, Label, Instructions, Pose)
```

13.2 基于表面 3D 匹配的定位应用

▶ 13.2.1 应用解析

3D 定位应用实际上是获取目标物在场景中的位姿，与工业机器人等配合可以实现引导定位、无序抓取等工作。3D 匹配是实现 3D 定位的常用技术。

本节同样以 TOF 传感器获取的 XYZ 图为处理数据,通过图像区域处理提取用于 3D 匹配的物体模型区域,从而生成用于匹配的 3D 物体模型,进一步使用 3D 物体模型创建基于表面匹配的表面模型,之后便可以在新的场景中匹配识别表面模型,从而达到定位的效果。主要实现过程如下。

第一步:读取 X、Y、Z 图,提取表面模型区域。

首先读取 X、Y、Z 图,使用 decompose3() 算子进行通道拆分得到 X 图、Y 图和 Z 图。Z 图如图 13.4(a) 所示,对 Z 图使用 threshold() 算子进行阈值化处理得到不含背景的区域,使用 connection() 算子进行连通域分析得到连通区域,如图 13.4(b) 所示。再通过 select_obj() 算子选择目标区域的连通域,使用 union1() 算子将连通区域联合为一个区域,如图 13.4(c) 所示。最后使用 reduce_domain() 算子将模型区域的图像截取出来,得到只包含模型区域图像的 Z 图,如图 13.4(d) 所示。

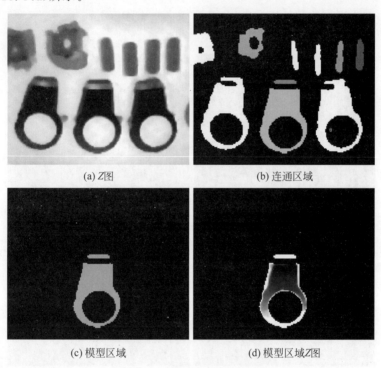

(a) Z图　　　　　　　　　　　(b) 连通区域

(c) 模型区域　　　　　　　　　(d) 模型区域Z图

图 13.4　提取表面模型图像

第二步:创建基于表面 3D 匹配的表面模型。

使用 xyz_to_object_model_3d() 算子生成只含模型点云的 3D 物体模型,如图 13.5 所示,再使用 create_surface_model() 算子创建基于表面的 3D 匹配模型,该模型便是用于在 3D 场景中识别定位的模型。

第三步:匹配 3D 场景中的表面模型。

匹配模型需先加载新的匹配场景,3D 匹配为了加快匹配速度,通常可以先剔除场景的背景部分,使用与第一步类似的阈值分割方法,便可以得到无背景的场景点云模型,然后使用 find_surface_model() 算子在场景点云模型中匹配表面模型,该算子的参数 Score 输出了匹配的分数,可以根据匹配的分数结果对目标进行进一步筛选判断,参数 Pose 保存了匹配到的目标的位姿,即定位的结果,通过刚性变换 rigid_trans_object_model_3d() 算子可以将表面模型

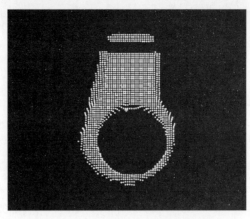

图 13.5 识别目标 3D 物体模型

变换到场景中,并用不同的颜色显示,以凸显原始场景中的匹配结果。图 13.6 显示了不同场景中匹配的结果。

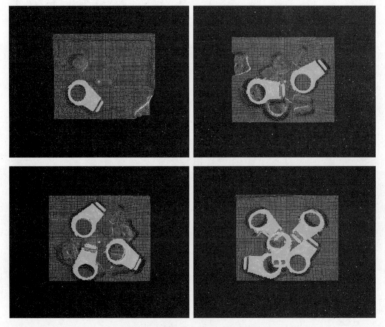

图 13.6 基于表面匹配不同场景的匹配结果

▶ 13.2.2 核心算子

1. create_surface_model() 算子

该算子创建了执行基于表面的 3D 匹配所需的表面模型,原型如下。

```
create_surface_model(: : ObjectModel3D, RelSamplingDistance, GenParamName, GenParamValue : SurfaceModelID)
```

- ObjectModel3D:输入的 3D 物体模型句柄。
- RelSamplingDistance:相对于物体直径的采样距离。
- GenParamName、GenParamValue:用于创建模型的额外参数名称和值。
- SurfaceModelID:3D 表面模型的句柄。

本应用使用该算子来创建基于表面的 3D 匹配所需的表面模型,表面模型是由原 3D 物体模型采样后得到的,参数 RelSamplingDistance 用于设置对表面模型的采样距离,采样距离越小,得到的表面模型点也越密集,表面模型的特征也就越明显;相反,采样距离越大,得到的表面模型点也越稀疏,特征也就越不明显。

2. find_surface_model()算子

该算子用于在 3D 场景中找到表面模型的最佳匹配,原型如下。

```
find_surface_model(: : SurfaceModelID, ObjectModel3D, RelSamplingDistance, KeyPointFraction,
MinScore, ReturnResultHandle, GenParamName, GenParamValue : Pose, Score, SurfaceMatchingResultID)
```

- SurfaceModelID:3D 表面模型的句柄。
- ObjectModel3D:包含场景的 3D 物体模型的句柄。
- RelSamplingDistance:相对于物体直径的采样距离。
- KeyPointFraction:作为关键点的采样场景点的比例。
- MinScore:匹配结果的最小分数。
- ReturnResultHandle:启用在 SurfaceMatchingResultID 中返回结果的句柄。
- GenParamName、GenParamValue:影响匹配的其他参数的名称和值。
- Pose:匹配场景中 3D 表面模型的 3D 位姿。
- Score:搜索到的物体 3D 表面模型的分数。
- SurfaceMatchingResultID:如果在 ReturnResultHandle 中启用返回结果,则返回匹配结果的句柄。

本应用使用该算子来匹配 3D 场景中的表面模型,该算子是与 create_surface_model()算子配合使用的,需要先创建好表面模型才能进行匹配。参数 KeyPointFraction 控制采样场景点中被选为关键点的比例,关键点是用于比对和匹配表面模型的参数,关键点越多匹配效果就越稳定,但是匹配速度会更慢;相反,关键点越少,匹配速度会越快,但是匹配效果不稳定。应用中参数 GenParamName 和 GenParamValue 设置为'num_matches'和 10,表示的是匹配的最大表面模型数量是 10 个。匹配结果通过参数 Pose 和 Score 查看,通过参数 Pose 可知道表面模型在场景中的位姿。

3. rigid_trans_object_model_3d()算子

该算子对 3D 物体模型应用刚性 3D 变换,原型如下。

```
rigid_trans_object_model_3d(: : ObjectModel3D, Pose : ObjectModel3DRigidTrans)
```

- ObjectModel3D:3D 物体模型的句柄。
- Pose:用于刚性变换的位姿。
- ObjectModel3DrigidTrans:变换后的 3D 物体模型的句柄。

本应用使用该算子将表面模型变换到场景中,用于显示匹配结果的位置。只需要输入表面匹配结果的位姿参数给 Pose,即可将表面模型变换到场景中。

▶ 13.2.3 例子精读

```
*****************************************************************
*                    基于表面 3D 匹配的定位应用
*****************************************************************
```

```
* 第一步：读取 XYZ 图,提取表面模型区域
* ********************************
* 加载 XYZ 图像
read_image(Image, 'time_of_flight/engine_cover_xyz_01')
dev_open_window_fit_image(Image, 0, 0, -1, -1, WindowHandle)
set_display_font(WindowHandle, 14, 'mono', 'true', 'false')
* 通道拆分
decompose3(Image, Xm, Ym, Zm)
* 阈值去除背景
threshold(Zm, ModelZ, 0, 650)
* 连通区域组件分析
connection(ModelZ, ConnectedModel)
* 选择表面模型区域
select_obj(ConnectedModel, ModelROI, [10, 9])
* 联合表面模型区域
union1(ModelROI, ModelROI)
* 截取表面模型区域的图像
reduce_domain(Zm, ModelROI, Zm)
* ******************************************************
* 第二步：生成模型区域的 3D 物体模型,创建基于表面的 3D 匹配模型
* ******************************************************
* 显示模型区域
dev_display(Zm)
dev_display(ModelROI)
* 生成表面模型区域的 3D 物体模型
xyz_to_object_model_3d(Xm, Ym, Zm, ObjectModel3DModel)
* 创建基于表面的 3D 匹配的表面模型
create_surface_model (ObjectModel3DModel, 0.03, [], [], SFM)
* 3D 可视化的操作说明
Instructions[0] := '旋转：左键'
Instructions[1] := '缩放：Shift + 左键'
Instructions[2] := '移动：Ctrl + 左键'
* 交互式可视化表面模型的 3D 物体模型
visualize_object_model_3d(WindowHandle, ObjectModel3DModel, [], [], [], [], '表面模型', [],
Instructions, PoseOut)
* ******************************
* 第三步：匹配 3D 场景中的表面模型
* ******************************
for Index := 2 to 10 by 1
    * **********
    * 加载匹配场景
    * **********
    read_image(Image, 'time_of_flight/engine_cover_xyz_' + Index $ '02')
    decompose3(Image, X, Y, Z)
    threshold(Z, SceneGood, 0, 666)
    reduce_domain(Z, SceneGood, ZReduced)
    * 不含背景场景 3D 物体模型
    xyz_to_object_model_3d(X, Y, ZReduced, ObjectModel3DSceneReduced)
    * 在匹配场景中匹配表面模型
    find_surface_model(SFM, ObjectModel3DSceneReduced, 0.05, 0.3, 0.2, 'true', 'num_matches',
10, Pose, Score, SurfaceMatchingResultID)
    * **********
    * 将结果可视化
    * **********
    ObjectModel3DResult := []
    for Index2 := 0 to |Score| - 1 by 1
        * 匹配分数判断
        if (Score[Index2] < 0.11)
            continue
        endif
```

```
        CPose := Pose[Index2 * 7:Index2 * 7 + 6]
        * 刚性变换将表面模型变换到场景中
        rigid_trans_object_model_3d(ObjectModel3DModel, CPose, ObjectModel3DRigidTrans)
        ObjectModel3DResult := [ObjectModel3DResult,ObjectModel3DRigidTrans]
    endfor
    * 含背景场景 3D 物体模型
    xyz_to_object_model_3d(X, Y, Z, ObjectModel3DScene)
    * 可视化结果
    Message := '场景: ' + Index
    Message[1] := '匹配 ' + |ObjectModel3DResult|
    ScoreString := sum(Score$'.2f' + '/')
    Message[2] := '匹配分数: ' + ScoreString{0:strlen(ScoreString) - 4}
    NumResult := |ObjectModel3DResult|
    tuple_gen_const(NumResult, 'green', Colors)
    tuple_gen_const(NumResult, 'circle', Shapes)
    tuple_gen_const(NumResult, 3, Radii)
    Indices := [1:NumResult]
    visualize_object_model_3d (WindowHandle, [ObjectModel3DScene,ObjectModel3DResult], [], [],\
    ['color_' + [0,Indices],'point_size_0'], ['gray',Colors,1.0], Message, [], Instructions, PoseOut)
endfor
```

13.3 基于 3D 物体模型的平面度和高度测量应用

▶ 13.3.1 应用解析

在工业 3D 测量中，平面度和高度是比较常见的测量应用，且都需要以某个参考平面作为测量基准，高度是测量物体到参考平面的距离，平面度是测量表面相对于参考平面所具有的凹凸偏差。

本节以放置于平面上的箱体为测量对象，选择指定的平面区域生成点云，拟合该平面点云作为基准平面，计算该指定区域的平面度，同时计算箱体到基准平面的高度。应用主要实现过程如下。

第一步：读取 XYZ 图，生成 3D 物体模型。

首先读取测量对象 XYZ 图和原图，如图 13.7 所示，并使用 decompose3()算子对 XYZ 图进行通道拆分得到 X 图、Y 图和 Z 图，通过 xyz_to_object_model_3d()算子生成 3D 物体点云模型，如图 13.8 所示。

(a) 测量对象XYZ图

(b) 测量对象原图

图 13.7　测量对象

第二步：提取基准平面测量区域，拟合基准平面。

通过 gen_circle()算子和 union2()算子的配合使用选取平面的指定 ROI，如图 13.9(a)所示，该 ROI 所在平面作为测量的参考平面。使用 reduce_domain()算子截取 Z 图的该区域，从

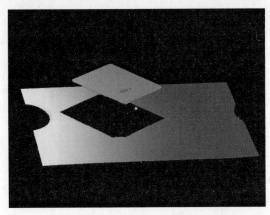

图 13.8 测量对象 3D 物体点云模型

而使用 xyz_to_object_model_3d() 算子生成该区域的点云。再使用 connection_object_model_3d() 算子做连通点云的分割，得到独立的检测点云区域，如图 13.9(b) 所示。

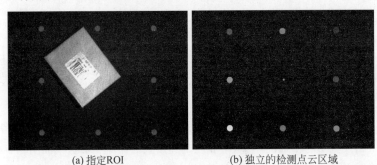

(a) 指定ROI　　　　　　　　(b) 独立的检测点云区域

图 13.9 检测平面区域

通过 get_object_model_3d_params() 算子获取独立检测点云每个区域的中心点坐标，遍历所有中心点坐标，再使用 gen_object_model_3d_from_points() 算子生成仅包含中心点的 3D 物体模型，以中心点代替原来的独立区域点云，可以简便计算。以仅包含中心点的 3D 物体模型通过 fit_primitives_object_model_3d() 算子将点拟合为平面，该平面便是测量的基准平面，检测区域点云与拟合的平面效果如图 13.10 所示。

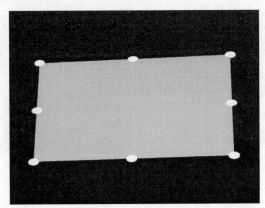

图 13.10 检测区域点云与拟合的平面效果

第三步：测量基准面所在平面的平面度。

使用 distance_object_model_3d() 算子可以计算一个 3D 物体模型中的点到另一个 3D 物

体模型的距离，以仅包含中心点的 3D 物体模型为第一个 3D 物体模型，计算其到拟合平面模型的距离，通过 get_object_model_3d_params()算子获取计算结果，平面度便是计算结果最大值与最小值的差值。

第四步：测量物体高度。

高度测量需要先获取测量的对象，通过 select_points_object_model_3d()算子以 z 坐标为分割，可以分割出仅包含测量箱子的 3D 物体模型，如图 13.11(a)所示。再使用 distance_object_model_3d()算子计算箱子的 3D 物体模型到基准平面的距离，以 get_object_model_3d_params()算子获取计算的测量结果，测量结果的最大值便是物体测量的最大高度，均值是物体测量的平均高度，箱子的 3D 物体模型与基准平面如图 13.11(b)所示。

 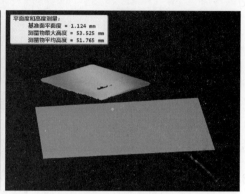

(a) 高度测量对象3D物体模型　　　　　　(b) 高度测量对象3D物体模型与基准面

图 13.11　高度测量对象

▶ 13.3.2　核心算子

1. fit_primitives_object_model_3d()算子

该算子实现了将点云拟合为 3D 基本体的功能，原型如下。

```
fit_primitives_object_model_3d(: : ObjectModel3D, GenParamName, GenParamValue : ObjectModel3DOut)
```

- ObjectModel3D：输入 3D 物体模型的句柄。
- GenParamName、GenParamValue：通用参数的名称和值。
- ObjectModel3DOut：输出 3D 物体模型的句柄。

通常使用该算子拟合测量的基准平面，参数设置方法是将参数 GenParamName 设置为 'primitive_type'，表示需要拟合 3D 基本体，再将参数 GenParamValue 设置为 'plane'，表示拟合的是平面，拟合结果为参数 ObjectModel3DOut 保存的模型，拟合为平面所以参数 ObjectModel3DOut 保存的就是平面模型。

2. distance_object_model_3d()算子

该算子计算一个 3D 物体模型的点到另一个 3D 物体模型的距离，原型如下。

```
distance_object_model_3d(: : ObjectModel3DFrom, ObjectModel3DTo, Pose, MaxDistance, GenParamName, GenParamValue :)
```

- ObjectModel3DFrom：源 3D 物体模型的句柄。
- ObjectModel3DTo：目标 3D 物体模型的句柄。
- Pose：源 3D 物体模型在目标 3D 物体模型中的位姿。
- MaxDistance：最大感兴趣距离。

- GenParamName、GenParamValue：通用参数的名称和值。

通常使用该算子计算基准面所在平面和测量物体到基准平面的距离，参数 MaxDistance 设置为 0 表示计算所有距离，参数 GenParamName 设置为 'signed_distances' 表示计算距离是否分正负方向，通过参数 GenParamValue 设置为 'true' 或 'false' 决定了是否分正负方向，为 'true' 表示计算结果有正负，为 'false' 表示距离是正值。距离计算结果隐藏于输入模型 ObjectModel3DFrom 之中。

3. get_object_model_3d_params()算子

该算子用于返回 3D 物体模型的属性，原型如下。

`get_object_model_3d_params(: : ObjectModel3D, GenParamName : GenParamValue)`

- ObjectModel3D：3D 物体模型的句柄。
- GenParamName：查询 3D 物体模型的通用属性名称。
- GenParamValue：通用参数的值。

通常使用该算子获取了 3D 物体模型的中心坐标和距离计算的结果，获取 3D 物体模型的中心坐标的方法是将参数 GenParamName 设置为 'center'，参数 GenParamValue 将输出一组 3D 物体模型的每个中心点坐标，获取距离计算结果的方法是将参数 GenParamName 设置为 '&distance'，参数 GenParamValue 将输出代表每个点距离值的数组。

▶ 13.3.3　例子精读

```
* ****************************************************************
*                基于 3D 物体模型的高度和平面度测量应用
* ****************************************************************
* **********************************
* 第一步：读取 XYZ 图,生成 3D 物体模型
* **********************************
* 加载 XYZ 图像
read_image(Image, 'boxes/cardboard_boxes_xyz_01')
read_image(Image1, 'boxes/cardboard_boxes_01')
get_image_size(Image, Width, Height)
* 打开一个新的图形窗口进行显示
dev_open_window(0, 0, Width/2, Height/2, 'black', WindowHandle)
set_display_font(WindowHandle, 14, 'mono', 'true', 'false')
* 通道拆分
decompose3(Image, X, Y, Z)
* X, Y, Z 图像合成点云
xyz_to_object_model_3d(X, Y, Z, ObjectModel3D)
* 3D 可视化的操作说明
Instructions[0] := '旋转：左键'
Instructions[1] := '缩放：Shift + 左键'
Instructions[2] := '移动：Ctrl + 左键'
* 3D 可视化的通用参数设置：颜色、坐标系、透明度
GenParamName := ['lut','color_attrib','disp_pose']
GenParamValue := ['color1','coord_z','true']
visualize_object_model_3d(WindowHandle, ObjectModel3D, [], [], GenParamName, GenParamValue,
[], [], Instructions, PoseOut)
* ***************************************
* 第二步：提取基准平面测量区域,拟合基准平面
* ***************************************
* 生成测量基准平面 ROI
```

```
gen_circle(ROI_0, 120, 240, 20)
gen_circle(TMP_Region, 120, 640, 20)
union2(ROI_0, TMP_Region, ROI_0)
gen_circle(TMP_Region, 120, 1040, 20)
union2(ROI_0, TMP_Region, ROI_0)
gen_circle(TMP_Region, 480, 240, 20)
union2(ROI_0, TMP_Region, ROI_0)
gen_circle(TMP_Region, 480, 1040, 20)
union2(ROI_0, TMP_Region, ROI_0)
gen_circle(TMP_Region, 840, 240, 20)
union2(ROI_0, TMP_Region, ROI_0)
gen_circle(TMP_Region, 840, 640, 20)
union2(ROI_0, TMP_Region, ROI_0)
gen_circle(TMP_Region, 840, 1040, 20)
union2(ROI_0, TMP_Region, ROI_0)
* 截取基准平面测量区域
reduce_domain(Z, ROI_0, ImageReduced)
xyz_to_object_model_3d(X, Y, ImageReduced, ObjectModel3D1)
* 连通组件分析,分离每个检测区域点云
connection_object_model_3d(ObjectModel3D1, 'distance_3d', 0.01, ObjectModel3DConnected)
visualize_object_model_3d(WindowHandle, ObjectModel3DConnected, [], [], 'colored', 12, [], [],
[], PoseOut4)
* 获取每个检测区域点云中心坐标
get_object_model_3d_params(ObjectModel3DConnected, 'center', GenParamValue1)
* 每个区域点云中心坐标索引
xIndex: = [0:3:|GenParamValue1|-1]
yIndex: = [1:3:|GenParamValue1|-1]
zIndex: = [2:3:|GenParamValue1|-1]
* 每个区域点云中心坐标的 x、y 和 z 值
xP: = GenParamValue1[xIndex]
yP: = GenParamValue1[yIndex]
zP: = GenParamValue1[zIndex]
* 生成基准平面测量点模型
gen_object_model_3d_from_points(xP, yP, zP, ObjectModel3D2)
* 拟合基准平面
fit_primitives_object_model_3d(ObjectModel3D2, 'primitive_type', 'plane', ObjectModel3DOut)
visualize_object_model_3d(WindowHandle, [ObjectModel3DOut,ObjectModel3DConnected], [], [], [],
[], [], [], [], PoseOut2)
* ******************************
* 第三步:测量基准面所在平面的平面度
* ******************************
* 计算基准平面测量点模型点到基准面的距离
distance_object_model_3d(ObjectModel3D2, ObjectModel3DOut, [], 0, 'signed_distances', 'true')
* 获取距离计算结果
get_object_model_3d_params(ObjectModel3D2, '&distance', GenParamValue2)
* 计算平面度
flatness: = (max(GenParamValue2) - min(GenParamValue2)) * 1000
* *******************
* 第四步:测量物体高度
* *******************
* 高度测量区域
```

```
select_points_object_model_3d(ObjectModel3D,'point_coord_z',0.5,0.7,
ObjectModel3DThresholded)
visualize_object_model_3d(WindowHandle,ObjectModel3DThresholded,[],[],GenParamName,
GenParamValue,[],[],[],PoseOut3)
*计算测量物体点到基准面的距离
distance_object_model_3d(ObjectModel3DThresholded,ObjectModel3DOut,[],0,'signed_distances',
'false')
*获取距离计算结果
get_object_model_3d_params(ObjectModel3DThresholded,'&distance',GenParamValue3)
*计算高度:最大高度和平均高度
maxHeight:=max(GenParamValue3)*1000
meanHeight:=mean(GenParamValue3)*1000
*可视化结果
Title:=['平面度和高度测量:','' + '基准面平面度 = ' + (flatness)$'.3f' + 'mm','' + '测
量物最大高度 = ' + (maxHeight)$'.3f' + 'mm','' + '测量物平均高度 = ' + (meanHeight)$'.
3f' + 'mm']
visualize_object_model_3d(WindowHandle,[ObjectModel3DOut,ObjectModel3DThresholded],[],
[],GenParamName,GenParamValue,Title,[],Instructions,PoseOut2)
```

习题

13.1 测量图 13.12 中物体的高度和体积。

13.2 测量图 13.13 中物体边框的外框尺寸。

图 13.12 题 13.1 图　　　　　　　　　图 13.13 题 13.2 图

第 14 章　机器视觉中的深度学习

深度学习作为机器学习的一个分支,逐渐在机器视觉中拓展应用。本章先向读者介绍深度学习的基础概念,再介绍深度学习助手 DLT 的使用以及典型案例的推理,最后介绍深度学习与 C♯的混合编程。DLT 软件版本为 Deep Learning Tool 23.08。

14.1　基础入门

视频讲解

14.1.1　基础概念

1. 深度学习

学习是人类通过观察,积累经验,掌握某项技能或能力;机器学习则是让机器也能像人类一样,通过观察大量的数据和训练,发现事物规律,从而获得某种分析问题、解决问题的能力。深度学习(Deep Learning)是机器学习算法中最热门的分支,利用人工神经网络模型来模拟和学习人脑处理信息的方式,通过构建多隐藏层次的神经网络来实现对数据的高度抽象和复杂表达,并进一步输入预测函数中得到结果,从而实现对复杂模式、特征的学习和提取。深度学习需要解决的关键问题是贡献度分配问题,即系统中不同组件或参数对系统最终输出结果的贡献或影响。

目前,深度学习采用的模型主要是神经网络,神经网络可以使用误差反向传播算法,从而可以较好地解决贡献度分配问题。深度学习的本质就是提取特征,也可以说是特征工程,不需要人参与特征选取的过程。好的特征应该具有大小、尺度和旋转的不变性,良好的特征表达对最终算法的准确性可以起到十分关键的作用。

2. 神经网络

神经网络(Neural Network)是一种模拟生物神经系统工作原理的数学计算模型,由多个神经元组成。通常分为输入层、隐藏层和输出层。输入层接收外部输入数据,隐藏层用于进行非线性变换和特征提取,输出层产生最终的预测结果。如图 14.1 所示,每一个圆都代表一个神经元,包含多层隐藏层(至少 4 层)。一般来说,隐藏层层数越多,可以表达越复杂的函数。然而,层数越多既有优势也有劣势,优势是可以学习更复杂的数据,劣势是可能对训练数据产生过拟合。隐藏层之间通过激活函数连接,激活函数的目的是将线性函数表达转换为非线性函数表达,以提升神经网络模型的表达能力。常用的激活函数有 Sigmoid 函数、Tanh 函数、ReLU 函数,本书对函数不做深入讨论。

神经网络模型训练得以实现是通过前向传播计算损失(Loss)的,根据损失的值进行反向推导,并调整相关参数。因此,损失是指导参数进行调整的关键值,顺着损失降低的方向是神经网络参数调整的目标方向。在神经网络的训练中,常用的损失函数有均方误差和交叉熵误差。

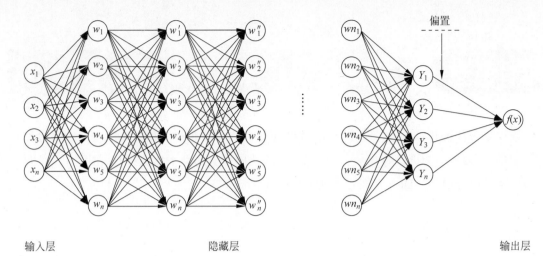

图 14.1　神经网络示意图

3. 卷积神经网络

在基本了解了神经网络之后,再来了解一下在深度学习中使用广泛的卷积神经网络。卷积神经网络(Convolutional Neural Network,CNN)是一种具有局部连接(非全连接)、权重共享(权重相同)等特性的深层前馈神经网络。CNN 的结构可以分为三层:卷积层(Convolutional Layer)、池化层(Max Pooling Layer)和全连接层(Max Pooling Layer)。卷积层可以看作特定的滤波器,用来提取图像的特征;池化层用于降低卷积层提取特征的维数,压缩参数量,加速网络运算;全连接层对图像特征进行分类。

CNN 的核心思想是利用卷积操作对输入数据进行特征提取。从数学意义上讲,卷积是一种运算,给定一个二维图像 X 和一个滤波器 W,则输入图像 X 和滤波器 W 的二维卷积定义为

$$Y = W * X \tag{14-1}$$

其中,$*$ 表示二维卷积运算。图 14.2 为二维卷积运算示例。

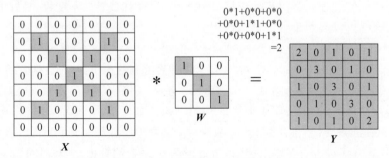

图 14.2　二维卷积运算示例

卷积操作使用一个滤波器(也称为卷积核,如图 14.2 中的 W)在输入数据(如图 14.2 中的 X)上进行滑动操作,卷积窗口从输入数据的左上角开始,从左到右、从上到下滑动,滑动的距离称为步长,按元素相乘再求和,计算出不同位置的卷积结果。这些结果代表数据中的局部特征,如边缘、纹理等。通过堆叠多个卷积层,网络可以逐渐提取更加抽象和高级的特征。

CNN 中卷积层的作用是提取一个局部区域的特征,对输入数据和卷积核权重进行卷积,并在添加标量偏置后输出结果,不同的卷积核相当于不同的特征提取器。卷积层输出的结果被称为特征映射(Feature Map),被视为一个输入映射到下一层的空间维度的转换器。

卷积层的每个神经元都通过卷积核对数据窗口内的数据进行卷积运算,所有神经元共享同一个卷积核,数据窗口的滑动可以依据不同的步长滑动。所有神经元的输出构成特征图。卷积核是用于图像处理的滤波器,不同的卷积核将提取图像的不同特征。卷积运算共享卷积核权值参数,因此大大降低了权值参数的存储容量与训练计算量。

感受野(Receptive Field)是 CNN 中的重要概念之一,是 CNN 中某一层输出结果的一个元素对应输入层的一个映射,即特征映射上的一个点对应的输入图上的区域,如图 14.2 所示,输出结果 Y 左上角的数字 2 对应的感受野是输入数据 X 左上角 3×3 的区域。当卷积步长为 1,又不做填充(Padding)操作时,经过卷积层计算后的特征映射会变小。例如,7×7 大小的数据与 3×3 的卷积核进行卷积,生成的特征映射为 5×5,若要保持输入与输出的数据大小不变,则需要做填充操作,即补 0,做完填充操作的输出数据如图 14.3 所示。

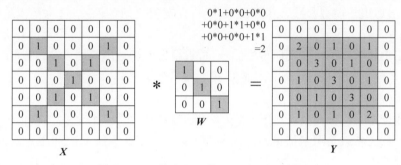

图 14.3　二维卷积运算 Padding 后示例图

池化层(Pooling Layer)的作用是对数据进行压缩(或称为选择),用一个像素代替原图中若干相邻的像素,在保留特征映射特征的同时压缩其大小,进而减少参数数量,避免数据参数冗余而出现过拟合。池化作用于数据中不同的区域,一般而言,池化窗口不会重叠操作,因此池化的步长等于滤波器的大小。假设滤波器的大小为 2×2,则池化的步长为 2。如图 14.4 所示,采用一个 2×2 大小的池化窗口,移动步长(Stride)为 2,最大池化(Max Pooling)表示在每一个窗口中找区域中的最大值,作为最后的特征图输出。池化层的本质是保留最显著的特征,把其他无用的信息丢掉,因此并不会对丢失的数据产生影响,反而会降低过拟合出现的概率。

实际上,池化操作在一定程度上肯定损失了部分图像特征,但是特征降维后大大减少了神经网络的运算量,加速了网络的训练与推理过程,同时降维后的特征还能保证网络最终的分类与拟合效果,因此池化操作是十分有意义的。

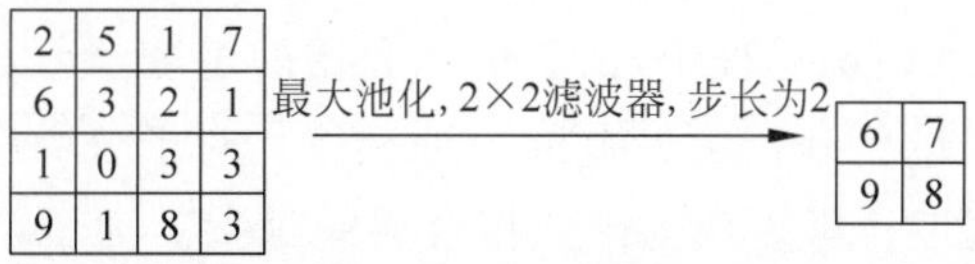

图 14.4　最大池化操作示意图

全连接层(Fully Connected Layer)是一个完全连接的神经网络,即输出的每个神经元都与上一层每一个神经元连接。全连接层的主要作用是进行分类,通过前面卷积层和池化层得出的特征,根据权重每个神经元反馈的比重不一样,最后通过调整权重和网络得到分类的结果。全连接层占据了神经网络 80% 的参数,因此对全连接层的优化就显得至关重要。

全连接层主要有两个作用:①特征组合,虽然卷积层的特征图经过池化层的压缩操作,但特征的数量依旧是很大的,因此在分类前需要对其进行特征组合,全连接层则会将特征进行非线性组合,有利于后续分类;②对图像特征实现分类,可以将全连接层看作卷积神经网的分类器,而卷积层和池化层就相当于特征提取器。

卷积神经网络的训练过程包含两部分:前向传播和反向传播。前向传播数据信息,反向传播误差。

前向传播是数据经过卷积神经网络不断提取特征进行分类的过程。

① 输入层输入数据→②数据进行预处理,送入卷积层→③卷积层进行特征提取→④激活函数对卷积层输出做非线性映射,送入池化层→⑤对数据进行下采样,减少模型参数,减轻过拟合→重复步骤③～⑤多次,将高维特征送入全连接层→将高维特征进行整理、组合送入输出层→输出层(多为全连接层)对图像进行分类。

反向传播是神经网络最常用的训练学习方法,是随机梯度下降应用的基础。利用损失函数计算最后一个全连接层输出值和数据真实值之间的误差,采用类似 BP 梯度下降法,将误差反向传播,逐层地更新模型参数,以降低输出层与真实值之间的误差,这也是模型训练自动调整参数的核心步骤。

算法不断重复前向传播和反向传播的步骤,直至损失函数降低到设定的值时,认为模型达到理想结果,才停止。这也是训练停止的步骤。

4. 损失函数

损失函数也称为目标函数,深度神经网络中很重要的一个工作就是选择损失函数。那么什么是损失函数呢? 就是用来估量模型的预测值 $f(x)$ 和真实值 Y 之间不一致的程度,而训练的目的就是使得损失函数的取值最小。它是一个非负实数值函数,通常用 $L(x)$ 表示。损失函数越小,模型的鲁棒性越好(鲁棒性是指模型的适用广泛性)。损失函数不仅能够影响网络训练的收敛速度,还能够影响网络的分类或拟合的准确度。常见的损失函数有对数损失函数、平方损失函数(最小二乘法)、指数损失函数、均方误差损失函数。对于拟合问题,通常选择均方误差最小化准则来衡量;对于分类问题,通常选择交叉熵函数作为目标函数。

5. 参数和超参数之间的区别

参数是算法随着时间而改变的参数,超参数是算法初始设定的值,参数的改变受限于超参数。

学习率是一个重要的超参数,对模型训练时间、性能等都有很大的影响。学习率需要依据具体的任务进行设置,设置过小会导致训练过程太慢,表现为随着迭代次数的增多损失函数下降不明显;设置过大会导致学习过程中出现较大的振荡,甚至模型训练失败。

6. 过拟合

过拟合是指在神经网络训练过程中,由于训练数据的过度学习,导致网络模型在训练集上表现良好,但是在测试集上的泛化能力较差的一种现象。对于分类应用,过拟合表现为分类准确性低;对于回归应用,过拟合则表现为函数拟合误差过大。为了减少过拟合现象,有以下三种常用的过拟合现象改善方法:①增加训练数据集,如果数据集太小,网络训练时就会对某些数据进行重复训练,导致过度学习产生网络过拟合;通过增加数据集样本,网络训练可以在更宽的数据范围内学习,降低数据重复学习率,进而减少网络过拟合;②正则化,基本思路是在原有损失函数的基础上,增加正则化项修正损失函数,来提高网络泛化能力,有 L_1 正则化、L_2 正则化;③丢弃技术,在神经网络训练过程中动态改变网络结构,每次迭代只对特定神经元有效,本质上也是降低网络参数更新速度。

7. 训练优化

将深度学习网络的优化过程分成两个部分:一是训练过程优化;二是对测试过程优化。

针对训练优化部分，主要介绍两种方法：一是激活函数的选择方法；二是多种目标函数的优化算法，包括基本优化算法、梯度方向调整优化算法、自适应学习率优化算法、步长和方向联合优化算法。针对测试集性能优化方面，介绍三种方法：一是提前终止策略；二是正则化方法；三是丢弃法。

经过上面的介绍，对深度学习有了一定的了解，那么我们应该知道深度学习实际上最重要的就是深度学习网络设计。而深度学习网络设计有三个核心问题：网络结构的定义、深度学习网络的目标函数、网络的优化算法。从数学角度来说，定义网络结构相当于定义了一套函数，设定了问题求解的范围。网络目标函数的选择决定了前一步设定的函数集合内，什么样的函数是最终需要寻找的好函数。目标函数选择与任务密切相关，但同一类型的任务也可以从不同角度来进行表征。三是优化算法，根据第二步确定的准则，如何找到最优的函数，其中包括优化算法的选择和数据训练两个子部分。

▶ 14.1.2 深度学习术语

在进一步学习 HALCON 深度学习之前，先来认识一下深度学习中常见的术语，如表 14.1 所示。

表 14.1 深度学习术语

英 文	中 文 释 义	详 细 解 释
data	数据	用于分类、分割、目标检测等深度学习任务的有关数据信息
label	标签	标签是用于定义图像类别的任意字符串。在 HALCON 中，这些标签由图片名（最终紧接着是下画线和数字的组合）或目录名给出，如'apple_01.png'、'pear.png'、'peach/01.png'等
annotation	标注	标注是数据中给定实例所代表的基本真值信息，以网络可识别的方式表示。在目标检测任务中，标注为一个实例的边界框和相应的标签
dataset: training, validation, and test set	数据集：训练集，验证集，测试集	训练集为算法直接对网络进行优化的数据。验证集为训练过程中评估网络性能的数据。测试集为网络推断（预测）时使用的数据
hyperparameter	超参数	超参数在常规训练过程中不能直接学习，即在开始训练前都有设定的值，以区别于在训练过程中优化的网络参数。或者从另一个角度来看，超参数是求解器特有的参数。例如，初始学习率或批次大小
learning rate	学习率，超参数之一	学习率是权重，在更新损失函数的参数时考虑梯度。简单地说，当我们想要优化一个函数时，梯度告诉我们要优化的方向，而学习率决定了我们沿着这个方向前进的距离
batch size	批处理大小，超参数之一	决定一个批次中处理的图像数量。受到硬件设备的限制
momentum	动量，超参数之一	动量项 $\mu \in [0,1)$，用于损失函数参数的优化。当损失函数参数更新（在计算梯度之后）时，增加前一个更新向量（对过去的迭代步骤）的分数 μ，具有阻尼振荡的作用，将超参数 μ 称为动量。当 μ 设置为 0 时，动量没有影响。简单地说，当更新损失函数参数时，仍然记得上一次更新所做的步骤，根据学习率在梯度的方向上前进一个长度的步长，并且重复上一次的步长，但是这次的步长是上一次步长的 μ 倍

(续表)

英　文	中文释义	详细解释
regularization	正则化,超参数之一。又名正则化参数,权重衰减参数	降低模型的复杂度,避免模型过拟合。所有损害优化的方法皆为正则化。一般通过在损失函数中添加额外项来防止神经网络过拟合的技术(通过惩罚大的权重来工作,即把权重推向零)。简单地说,正则化倾向于更简单的模型,更不容易拟合训练数据中的噪声,泛化性更好。在HALCON中,通过先验权重'weight_prior'控制正则化
epoch	历元,超参数之一	一个历元是整个训练数据上的单次训练迭代,即所有批次上的迭代。历元上的迭代不与单批次上的迭代相混淆。所有的训练数据都训练了一次叫作一个历元
errors	误差	当一个实例的推断类与真实类(例如,分类情况下的基本真值标签)不匹配时,称之为误差
top-k error	top-k 误差	对于给定的图像类别置信度,分类器推断该图像属于每个区分类别的可能性。因此,对于一幅图像,可以根据分类器分配的置信度值对预测的类别进行排序。top-k 误差表示在 k 个概率最大的预测类中,真实类不在预测类中的预测比例。在top-1 错误的情况下,检查目标标签是否以最高的概率与预测匹配。在 top-3 错误的情况下,检查目标标签是否与前三个预测(这三个标签对于这幅图像获得最高的概率)中的一个匹配
anchor	锚框	固定的边界框。锚框作为参考框,为网络待定位的对象提出边界框,一般用于分类任务
weights	权重	一般来说,权重是网络的自由参数,在训练过程中由于损失的优化而改变。一个带权重的层与它的输入值相乘或相加。与超参数相反,权重在训练过程中被优化并因此而改变
backbone	基网络	通常是深度学习模型的前几层,其输出可以作为后续层的输入
stochastic gradient descent(SGD)	随机梯度下降	SGD 是一种针对可微函数的迭代优化算法。SGD 的一个关键特征是仅基于包含随机采样数据的单个批次计算梯度,而不是所有数据。在深度学习方法中,该算法可以用来计算梯度来优化(即最小化)损失函数
Adam	自适应矩估计	一种基于一阶梯度的随机目标函数优化算法,自适应学习率。用来最小化损失函数
bounding box	包围框	包围盒是一种矩形框,用于定义图像中的一部分,并指定图像中对象的位置
class	类	类是网络区分的离散类别(例如,'苹果'、'桃'、'梨'等)。在HALCON中,一个实例的类是由它的标签给出的
classifier	分类器	在深度学习的语境下,将"分类器"一词指代如下:分类器将图像作为输入,并返回推断的置信度值,表示图像属于每个区分类的可能性
COCO	Common Objects in Context,即语境中的常见对象,一般表示 COCO 数据集	一个大规模的目标检测、分割和描述数据集。对于每一种不同的标注类型,都有一个通用的文件格式
confidence	置信度	置信度是一个数,表示一个实例对一个类的亲和力。在HALCON中,置信度是在[0,1]范围内给出的概率

第14章　机器视觉中的深度学习

(续表)

英　　文	中文释义	详　细　解　释
confusion matrix	混淆矩阵	混淆矩阵是将网络预测的类(top-1)与真实的类隶属关系进行比较的表。常被用于在验证或测试集上可视化网络的性能
data augmentation	数据增强	数据增强是在一个数据集中生成样本的变化副本,以增加数据集的丰富度。例如,通过翻转、旋转或缩放
feature pyramid	特征金字塔	一组特征图,其中每一个特征图都来自另一个层次,即它比前面的层次小
head	网络头,网络模型的顶部部分	特定的网络结构,附加在选定的金字塔层级上。这部分网络从总网络的前几部分中处理信息,以便产生空间可分辨的输出,例如,用于类别预测
inference phase	推理阶段	推理阶段是应用训练好的网络预测(推断)实例(可以是总的输入图像,也可以只是输入图像的一部分)并最终定位的阶段。与训练阶段不同的是,在推理阶段网络不再发生变化
intersection over union	交并比,IoU	交并比(IoU)是量化两个区域重叠程度的指标
level	层	层用于在特征金字塔网络中表示整个层组,其特征图具有相同的宽度和高度。从而使输入图像代表0级
non-maximum suppression	非极大值抑制	在目标检测中,非极大值抑制用于抑制重叠的预测边界框。当不同实例的重叠度超过给定的阈值时,只有具有最高置信度的实例被保留,而其他不具有最大置信度的实例被抑制
retraining	再训练,也叫 fine-tuning(精调整)	重新训练定义为更新一个已经预训练好的网络的权重,即在重新训练的过程中网络学习特定的任务。训练神经网络时,网络的参数往往需要进行 fine-tuning,也就是使用已用于其他目标、预训练模型的权重或者部分权重作为初始值开始训练,从而很快收敛到一个较理想的状态
underfitting	欠拟合	当模型过度泛化时会出现欠拟合现象。换句话说,模型无不足以描述任务的复杂性。当训练集的误差没有明显下降时一般就是模型欠拟合
transfer learning	迁移学习	迁移学习是指在已有网络的知识基础上构建网络的技术。具体来说,这意味着使用一个已经(预)训练好的网络及其权重,并将输出层适应到相应的应用程序中,以获得最终的网络。在 HALCON 中,再训练也称为迁移学习

▶ 14.1.3　深度学习步骤

深度学习包含分类、分割、检测等任务。一般来说,深度学习的步骤为:数据预处理→训练模型→模型评估→测试与部署(也称为推理),如图 14.5 所示。

数据预处理包含数据标注、拆分数据集。

数据标注:基本原则是希望输出什么结果就做什么样的标注。

拆分数据集:一般将数据集拆分为训练集、验证集、测试集。训练集是用于真正训练模型的数据。验证集是模型没有见过的数据,在训练过程中,实时反馈训练结果如何。测试集是模型训练完成之后,用来验证模型最终效果如何的数据集。

训练即训练过程,在训练之前,需要构建网络,即选用合适的网络结构,设置与训练相关的参数,如 batch size(批处理大小)、epoch(历元)、learning rate(学习率)等超参数。

测试与部署包含读取最佳模型，读取测试数据，测试输出结果。

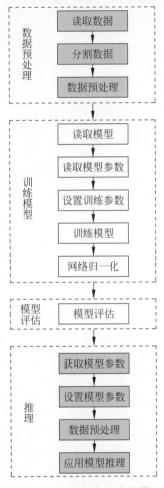

图 14.5 深度学习流程图

14.2 HALCON 深度学习

在 HALCON 中，实现了几种类型的深度学习方法：3D 抓取点检测、异常检测和全局上下文异常检测、分类、深度计数、深度 OCR、目标检测和实例分割、语义分割和边缘提取。本书重点介绍异常检测和全局上下文异常检测、分类、目标检测和实例分割、语义分割和边缘提取。

▶ 14.2.1 HALCON 深度学习助手

为了方便训练网络模型，MVTec 开发了深度学习工具（Deep Learning Tool，DLT），一款集图像标注、训练与评估一体化的工具，一定程度上降低了初学者学习深度学习的难度。在计算机中安装好 DLT 软件后，首次运行 DLT 时如图 14.6 所示，可见 DLT 已经包含 7 个项目，分别是异常检测（Example Anomaly Detection Juice Bottle）、分类（Example Classification Fruits）、深度 OCR（Example Deep OCR）、实例分割（Example Instance Segmentation Pills）、带角度的实例分割（Example Oriented Object Detection Screws）、目标检测（Example Object Detection Pills in Bags）、语义分割（Example Semantic Segmentation Pills）。

第14章 机器视觉中的深度学习

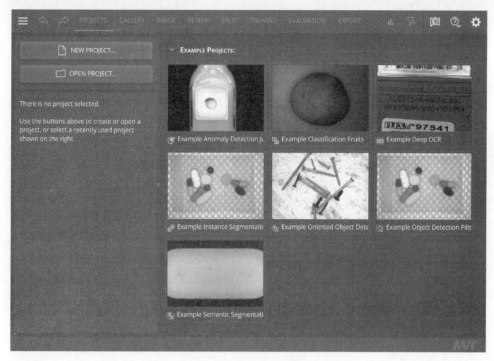

图 14.6 DLT 默认界面

安装后默认英文页面,可以通过以下步骤将语言改为中文。

(1) 单击右上角的"齿轮"符号 ,弹出"编辑用户首选项"窗口。

(2) 在"语言"下拉列表中选择"简体中文(zh_CN)"。

(3) 重启 DLT。

在使用 DLT 过程中,可以单击右上角的 按钮,单击"文档"跳转至浏览器页面(如图 14.7 所示),查看帮助文档。单击"使用和标注指南",进入使用和标注指南;单击"训练指南",进入训练相关指南。

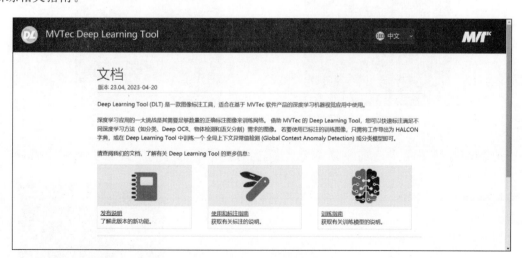

图 14.7 DLT 帮助界面

1. DLT 工具网络训练简介

下面以异常检测例子为例,简单介绍一下 DLT 的使用。在菜单栏的"项目"中,双击

Example Anomaly Detection Juice Bottle 就进入了果汁异常检测案例的图库。在图库中可以看到所有图像，左侧栏是图像、已选择、标签类别、拆分映射的具体信息，如图14.8所示。

图 14.8　DLT 图库界面（见彩插）

当单击选中图像时，左侧图像会显示该图像是属于训练、测试、验证中的哪一类，以及常规的图像名称、图像存放路径、图像大小的信息，如图14.9所示。

"标签类别"显示图像标签类别，异常检测案例中包含三个类别：1-good（好的），2-logical_anomaly（逻辑异常），3-structural_anomaly（结构异常）。

"拆分映射"在"拆分"菜单中可以调整和修改，当前页面只用来显示，如图14.10所示。

图 14.9　图像信息显示

图 14.10　拆分映射显示

选中图像，然后单击当前页面右侧的 🗑 图标，则会将选中的图像从项目中移除，如图14.11所示。

切换到"图像"菜单，可以一张张查看图像，如图14.12所示。

切换到"检查"菜单，可以快速检查图像，如图14.13所示。

切换到"拆分"菜单，可以将图像进行拆分，如图14.14所示。

图 14.11　从项目中移除所选图像

第14章 机器视觉中的深度学习

图 14.12 DLT 图像界面

图 14.13 DLT 检查界面

图 14.14 DLT 拆分数据

拆分完成后，如图 14.15 所示。

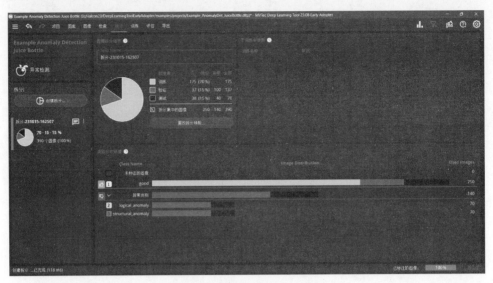

图 14.15　数据拆分后显示界面

切换到"训练"菜单，单击"创建模型"，弹出"保存项目"窗口，单击 Save as，进入设置模型参数步骤。

实际上，设置模型参数主要设置预训练模型、高级网络参数设置、配置参数、随机种子、训练参数、数据是否增强。神经网络的预训练模型提供了三种，GC-AD Combined、GC-AD Global、GC-AD Local，高级网络参数默认为 3。配置栏设置的是训练使用的设备，推荐使用 GPU。如图 14.16 所示，设置超参数，如 Epoch 数量、迭代次数、学习率等。

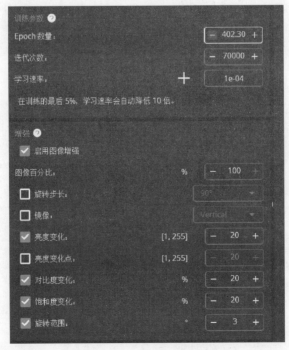

图 14.16　训练参数设置

单击当前页面的"结果",开始训练,实时查看训练结果,如图 14.17 所示。

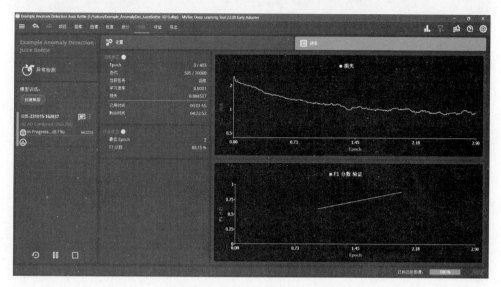

图 14.17 训练结果实时显示界面

训练结束后,开始评估。在"评估"页面可以查看综合得分、分数直方图、混淆矩阵、图像、图像详情(包含异常检测结果),如图 14.18 所示。

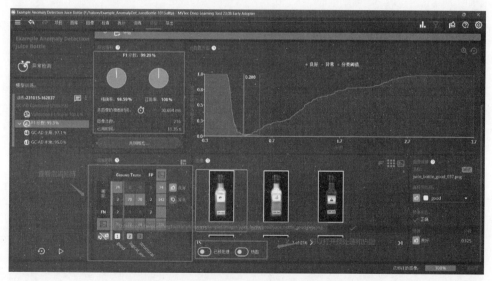

图 14.18 评估界面

当打开"已预处理""热图"之后,如图 14.19 所示。

经过上面的操作后,整个网络就训练好了,进行最后一步,切换到"导出"页面,将模型导出,保存为.hdl 文件,如图 14.20 所示。

2. DLT 自定义数据集网络训练简介

在实际的深度学习过程中,往往需要使用自定义的数据集,此时就需要自己完成标注的工作。这里以水果目标检测为例,标注自定义的数据,并且完成网络训练,该网络将会在后续例 14-3 中被使用。

第一步:新建项目,如图 14.21 所示。

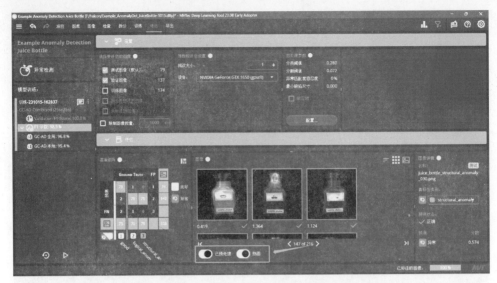

图 14.19 评估开启热图和预处理显示

图 14.20 导出模型并保存

第二步：单击 添加图像文件夹，添加完成后如图 14.22 所示。
第三步：双击第一张图，进入第一张图标注的过程，如图 14.23 所示。
第四步：在左侧创建好标签，然后一个个对象进行标注，标注完成如图 14.24 所示。
剩余图像的标注只需要重复对一个个对象进行标注即可。
注意：在标注的过程中，尽量用最小的框框选到该对象的所有区域，尤其是空白的地方不要太大。数据标注的准确性将影响深度学习的准确性。

第14章 机器视觉中的深度学习

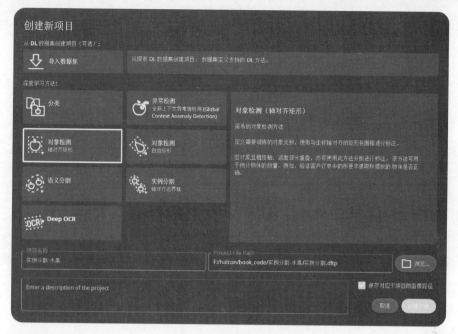

图 14.21 新建项目

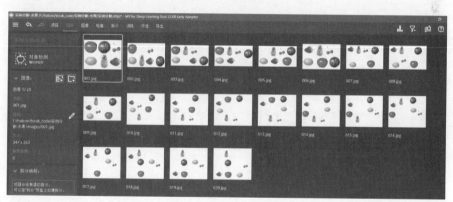

图 14.22 添加图像文件夹

图 14.23 开始标注

图 14.24　标注完成的图像

第五步：全部标注完之后，可以切换到"检查"页面，依次检查对象是否有标注错误，如图 14.25 所示。

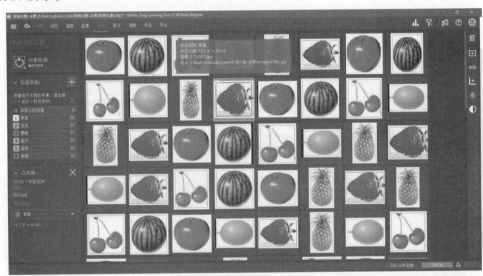

图 14.25　"检查"界面

第六步：对标注好的数据进行拆分，如图 14.26 所示。

拆分完成之后，如图 14.27 所示。

第七步：训练网络，实时查看训练结果，如图 14.28 所示。

第八步：模型评估。

第九步：模型导出并保存。

14.2.2　HALCON 深度学习推理案例

在 HALCON 中，有直接使用代码实现网络训练的例子（如 dl_anomaly_detection_workflow.hdev），为降低初学者的学习压力，本书只介绍使用 DLT 网络训练，在 HALCON 中用代码实现推理即可。

第14章 机器视觉中的深度学习

图14.26 数据拆分

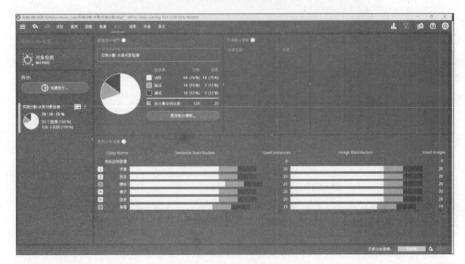

图14.27 数据拆分完成

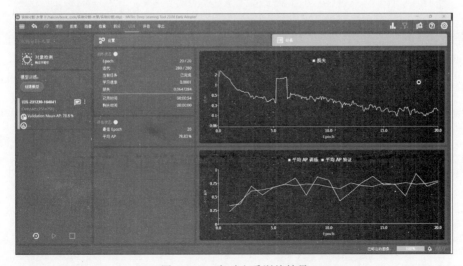

图14.28 实时查看训练结果

1. 异常检测和全局上下文异常

"异常"表示的是某种偏离规范或者未知的东西,而异常检测和全局上下文异常检测就是需要检测一幅图像是否包含异常。本质上,从已知的正常数据中进行学习正常图像的特征,训练好的模型会推断图像中只包含所学习到的特征的可能性有多大或者包含没有学习到的特征(而没有学习到的特征就被认为是异常),然后将推断结果作为灰度图返回,其像素值表示原图对应像素显示异常的可能性。全局上下文异常可以认为是异常检测中的特例。一般来说,异常检测的目标是结构异常(如划痕、裂缝、污染),而全局上下文异常检测除了结构异常之外,还需要检测逻辑异常(如图像内容错误、对象数量错误或位置错误等)。通常,全局上下文异常多为时间序列数据中的异常,即某个时间点的标点与前后时间段存在较大的差异,那么该异常为一个上下文异常点。HALCON中全局上下文异常检测模型通常由两个子网络组成,也可简化成一个子网络,以改善运行时间和内存的消耗。

用于全局上下文异常检测的有局部子网络和全局子网络。局部子网络(Local Subnetwork)一般用于较小局部尺度上检测异常,设计的目的是检测结构异常。如果是通过分析图像的单个块来识别异常,则可以通过局部子网络来检测。全局子网络(Global Subnetwork)一般用于大范围或全局尺度上检测异常,设计的目的是检测逻辑异常。如果需要看到图像的大部分或者全部来识别异常,则可以通过全局网络来检测。虽然局部子网络和全局子网络设计目的不同,但是实际上都可以用于检测结构异常和逻辑异常。

在异常检测中,如果Classes(类)是ok类,表示正常数据,class ID为0;如果是nok类,则表示异常数据,class ID为1。

作为推理和评估输出时,异常分数(anomaly_score)是指整幅图像包含异常的可能性,以此给出的像素分数。异常图像(anomaly_image)是指每个像素的值表示输入图像中其对应像素显示异常的可能性。对于异常检测,值位于[0,1],而对于全局上下文异常检测则无约束。

【例14-1】 果汁异常检测示例。

```
dev_update_off ()
dev_close_window ()
* 模型名称
TrainedModel := 'detect_juice_bottle_gc_anomalies.hdl'
* 测试图
list_files('测试图', ['files','follow_links'], ImageFiles)
* 读模型
read_dl_model(TrainedModel, DLModelHandle)
* 预处理参数
create_dl_preprocess_param_from_model(DLModelHandle, 'none', 'full_domain', [], [], [], DLPreprocessParam)
* 取得模型参数,主要是获得两个阈值
get_dl_model_param(DLModelHandle, 'meta_data', MetaData)
SegmentationThreshold := number(MetaData.anomaly_segmentation_threshold)
ClassificationThreshold := number(MetaData.anomaly_classification_threshold)
* 字典生成,仅仅是为了显示
DLDatasetInfo := dict{class_names: ['ok', 'nok'], class_ids: [0, 1]}
* 循环推理
list_image_files('测试图', 'default', 'follow_links', ImageFiles)
* 循环读图和推理
for Index := 0 to |ImageFiles| - 1 by 1
    read_image(Image, ImageFiles[Index])
    get_image_size(Image, Width, Height)
    gen_dl_samples_from_images(Image, DLSample)
    * 数据预处理
```

```
    preprocess_dl_samples(DLSample, DLPreprocessParam)
    *应用模型推理
    apply_dl_model(DLModelHandle, DLSample, ['anomaly_image_local', 'anomaly_image_global'],
    DLResult)
    *将图像调整为给定大小
    zoom_image_size(DLResult.anomaly_image_global, ImageZoom, Width, Height, 'constant')
    *获取推理结果中的全局异常图像
    get_dict_object(AnomalyImage, DLResult, 'anomaly_image_global')
    *将异常图像提取为区域
    threshold(ImageZoom, AnomalyRegion, SegmentationThreshold, 'max')
    *获取推理结果中的全局异常分数
    get_dict_tuple(DLResult, 'anomaly_score_global', AnomalyScore)
    dev_set_draw('margin')
    dev_display(Image)
    dev_display(AnomalyRegion)
    if (AnomalyScore < ClassificationThreshold)
        Text := 'OK'
        BoxColor := 'green'
    else
        Text := 'NOK'
        BoxColor := 'red'
    endif
    dev_disp_text(Text, 'window', 'top', 'left', 'black', ['box_color', 'shadow'], [BoxColor,'false'])
    stop()
endfor
```

程序执行结果如图 14.29 所示。

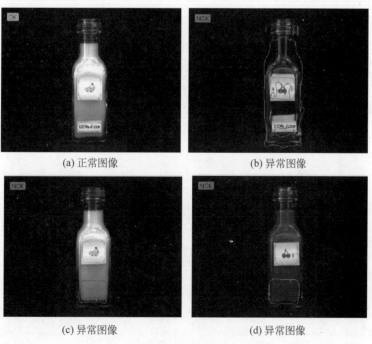

图 14.29　果汁异常推理程序执行结果

2. 分类

分类是指图像得到一组分配的置信度，置信度代表图像属于每个类别的可能性。如图 14.30 所示，图像经过网络之后，输出 3 个置信度（排名前 3 的类别，也称 top-3），数值最高的为最可能的类别，即该图像被识别为苹果。

在深度学习分类中,分类器需要知道具有哪些特征的是这个类别,另外一些特征的是另一个类别,所以需要对数据进行标注(在14.2.1节中的DLT自定义数据集网络训练简介中学过如何使用DLT进行数据标注),标注的标签被称为真值。在分类任务中,还需要了解几个参数:混淆矩阵、精度、召回率和F-分数(F-Score)。

混淆矩阵:以二分类为例,通过样本的采集与标注,我们是能够知道真实情况下,哪些数据结果是Positive(阳性),哪些数据结果是Negative(阴性)。分类器判断输出时,我们也能得到模型预测的哪些是Positive(阳性),哪些是Negative(阴性),由这4个值组成的矩阵就是混淆矩阵,如图14.31所示。

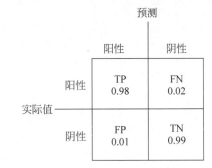

图 14.30　分类示意图　　　　　图 14.31　混淆矩阵

精度:是所有正确的预测阳性与所有预测阳性(真和假)的比例。

$$\text{precision} = \frac{\text{TP}}{\text{TP}+\text{FP}} \tag{14-2}$$

召回率:也叫"真阳性率",是所有正确的预测阳性与所有真实阳性的比例。

$$\text{recall} = \frac{\text{TP}}{\text{TP}+\text{FN}} \tag{14-3}$$

F-分数:精度和召回率的调和平均值,是分类器精度的度量。

$$F-\text{Score} = 2 \times \frac{\text{precision} \times \text{recall}}{\text{precision} + \text{recall}} \tag{14-4}$$

【例 14-2】　水果分类示例。

```
*1. 取得训练好的模型,模型从 DTL 里导出,放置于同一目录下
read_dl_model('model.hdl', DLModelHandle)
* 从模型得到相应的预处理参数(采用 DTL 训练时的,如图片大小、通道等)
create_dl_preprocess_param_from_model(DLModelHandle, 'none', 'full_domain', [], [], [],
DLPreprocessParam)
*2. 查询计算机硬件,如果查不到,抛出异常,终止后续执行
query_available_dl_devices(['runtime', 'runtime'], ['gpu', 'cpu'], DLDeviceHandles)
if (|DLDeviceHandles| == 0)
    throw ('No supported device found to continue.')
endif
* 默认将 GPU 方法赋值
DLDevice : = DLDeviceHandles[0]
* 赋值给模型参数
set_dl_model_param(DLModelHandle, 'device', DLDevice)
*3. 开始推理,首先指定同一目录下的文件夹,名字为"测试图",里面存放的是测试图像
list_image_files('测试图', 'default', 'follow_links', ImageFiles)
* 循环读图和推理
for Index : = 0 to |ImageFiles| - 1 by 1
    * 读图
```

```
    read_image(Image, ImageFiles[Index])
    * 拿到实际图像大小
    get_image_size(Image, Width, Height)
    * 生成为样本图像
    gen_dl_samples_from_images(Image, DLSample)
    * 根据预处理的参数处理为和训练时同一规格的图像
    preprocess_dl_samples (DLSample, DLPreprocessParam)
    * 将预处理的图像导入模型进行自推断,并输出结果 DLResult,这个参数非常重要
    apply_dl_model(DLModelHandle, DLSample, [], DLResult)
    * 在原图最中间显示名字和置信度
    * 显示信息依次为名称和置信度,图像坐标系,具体的位置。这里显然是居中显示,要留意的是 XY
    * 坐标
    dev_disp_text(DLResult.classification_class_names[0] + ' ' + DLResult.classification_
confidences[0], 'image', Height/2,Width/2, 'green', [], [])
    * 暂停函数
    stop()
endfor
```

程序执行结果如图 14.32 所示。

(a) 苹果　　　　　　　　(b) 香蕉

(c) 梨　　　　　　　　(d) 橙子

图 14.32　水果分类推理程序执行结果图

3. 目标检测

目标检测,也称对象检测。通过对象检测,希望找到图像中不同的实例,并且将它们分配给一个类,重叠的实例也可以被区分。实例分割是对象检测的一种特殊情况,其中,模型包含一个实例掩码,标记图像中实例的特定区域。

对象检测实际上有两个不同的任务:找到实例,然后对其进行分类。在 HALCON 中是由三部分组成的组合网络实现的,如图 14.33 所示。第一部分叫作基网络,包含预训练分类网络,它的任务是生成各种特征图,因此去掉了分类作用的分类层。这些特征图在不同的尺度上编码不同种类的信息,这些信息的复杂程度取决于它们在网络中的深度。同一层次的特征图具有相同宽度和高度的特征图。在第二部分中,将不同层次的基网络进行组合,获得包含较低和较高级别的特征图,这也是在第三部分使用的特征图。因此,第二部分也被称为特征金字

塔，第二部分和第一部分一起构成特征金字塔网络。第三部分是每个选定层次的额外网络，称为头。它将相应的特征图作为输入，进行定位和分类，同时减少重叠的预测边界框。注意第三部分需要每一个实例找到一个合适的边界框（锚点），同时对边界框内的图像部分进行分类。

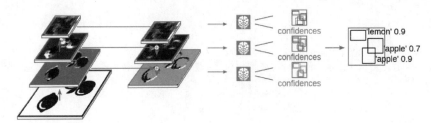

图 14.33　目标检测示意图

【例 14-3】 水果目标检测示例。

```
dev_close_window()
list_image_files('inferImages', 'default', 'follow_links', ImageFiles)
* 读取数据集
read_dict('水果检测.hdict', [], [], DLDataset)
* 读取模型
read_dl_model('dlt_model.hdl', DLModelHandle)
* 从模型导出预处理参数
create_dl_preprocess_param_from_model(DLModelHandle, 'none', 'full_domain', [], [], [], DLPreprocessParam)
* 预处理后的图片参数大小
image_width: = DLPreprocessParam.image_width
image_height: = DLPreprocessParam.image_height
* 创建窗口字典
WindowDict : = dict{}
for i : = 0 to |ImageFiles| - 1 by 1
    read_image(Image, ImageFiles[i])
    * 实际图片大小
    get_image_size(Image, Width, Height)
    gen_dl_samples_from_images(Image, DLSampleInference)
    preprocess_dl_samples(DLSampleInference, DLPreprocessParam)
    apply_dl_model(DLModelHandle, DLSampleInference, [], DLResult)
    Len: = |DLResult.bbox_confidence|
    * 可视化结果，在原图上显示，需要根据原图和预处理后的图片大小做还原，需要将整数还原为
    * 实数
    k1: = Width/real(image_width)
    k2: = Height/real(image_height)
    * 获取检测框的左上角和右下角坐标
    for j: = 0 to Len - 1 by 1
        row_tp: = int(DLResult.bbox_row1[j] * k2)      //左上角纵坐标
        col_tp: = int(DLResult.bbox_col1[j] * k1)      //左上角横坐标
        row_br: = int(DLResult.bbox_row2[j] * k2)      //右下角纵坐标
        col_br: = int(DLResult.bbox_col2[j] * k1)      //右下角横坐标
        dev_set_draw('margin')
        gen_rectangle1(Rectangle, row_tp, col_tp, row_br, col_br)
        dev_display(Image)
        dev_display(Rectangle)
        * 将名字和满意度都显示在原图
        dev_disp_text(DLResult.bbox_class_name[j] + ' ' + DLResult.bbox_confidence[j], 'image', k2 * DLResult.bbox_row1[j], k1 * (DLResult.bbox_col1[j]), 'black', [], [])
        stop()
    endfor
```

```
        dev_disp_text('按 (F5) 继续检测下一张图片', 'window', 'bottom', 'right', 'black', [], [])
        stop()
endfor
* 关闭可视化窗体
dev_display_dl_data_close_windows(WindowDict)
```

程序运行结果如图 14.34 所示。

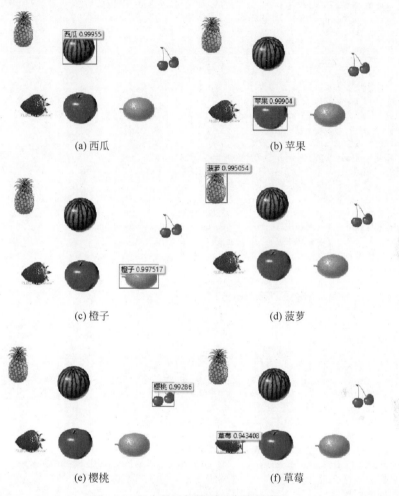

图 14.34　水果目标检测程序执行结果

4. 语义分割

语义分割是将输入图像的每个像素分配到某个类，其结果是输出一个图像，其中，像素值表示输入图像中对应像素的指定类别，如图 14.35 所示。为了使输入输出图像大小相同，分割网络包含两个组件：编码器和解码器。编码器（图像以压缩格式"编码"）决定输入使图像的特征是否完整，解码器将信息重构为所需的结果，将每个像素分配给一个类。当像素被分类时，同一类重叠的实例是不会被区分的。边缘提取是语义分割的一种特殊情况。在边缘提取中，模型被区分为两类："边缘"和"背景"。

图 14.35　语义分割示意图

【例 14-4】 药片语义分割示例。

```
*1. 取得训练好的模型,模型从 DTL 里导出,放置于同一目录下
read_dl_model('segment_pill_defects.hdl', DLModelHandle)
*从模型得到相应的预处理参数(采用 DTL 训练时的,如图片大小、通道等)
create_dl_preprocess_param_from_model(DLModelHandle, 'none', 'full_domain', [], [], [],
DLPreprocessParam)
*2. 查询计算机硬件,如果查不到,抛出异常,终止后续执行
query_available_dl_devices(['runtime', 'runtime'], ['gpu', 'cpu'], DLDeviceHandles)
if (|DLDeviceHandles| == 0)
    throw('No supported device found to continue.')
endif
*默认将 GPU 方法赋值
*设置 GPU 为默认方式
DLDevice := DLDeviceHandles[0]
*如果 GPU 不够大(表示为"set_dl_model_param 时内存不足的抛出异常",则设置 CPU 为默认方式
DLDevice := DLDeviceHandles[1]
*赋值给模型参数
set_dl_model_param(DLModelHandle, 'device', DLDevice)
*设置轮廓模式,是为了后面显示缺陷轮廓,方便用户查看
dev_set_draw('margin')
*3. 开始推理,首先指定同一目录下的文件夹,名字为 imgs,里面存放的是测试图片
list_image_files('imgs', 'default', 'follow_links', ImageFiles)
get_dl_model_param (DLModelHandle, 'class_names', ClassNames)
get_dl_model_param (DLModelHandle, 'class_ids', ClassIDs)
*循环读图和推理
for Index := 0 to |ImageFiles| - 1 by 1
    *读图
    read_image(Image, ImageFiles[Index])
    *实际图片大小
    get_image_size(Image, Width, Height)
    *生成为样本图片
    gen_dl_samples_from_images(Image, DLSample)
    *根据预处理的参数处理为和训练时同一规格图片
    preprocess_dl_samples(DLSample, DLPreprocessParam)
    *将预处理的图片导入模型进行自推断,并输出结果 DLResult,这个参数非常重要
    apply_dl_model(DLModelHandle, DLSample, [], DLResult)
    *缩放输出的语义图片和原图一样大小,为 ImageZoom
    zoom_image_size(DLResult.segmentation_image, ImageZoom, Width, Height, 'constant')
    *将语义分割了的图片进行二值化
    threshold(ImageZoom, ClassRegions, ClassIDs, ClassIDs)
    *根据面积特征将各种类型的区域像素面积值输出,这里是三种,输出数组,分别为好的、污染的、
    *损坏的区域面积值
    region_features(ClassRegions, 'area', Areas)
    *显示原图一次
    dev_display(Image)
    *循环显示缺陷区域(所以下标从 1 开始,因为 0 是 good)
    for ClassIndex := 1 to |Areas| - 1 by 1
        *如果缺陷区域面积超过 50px,则显示出来
        if(Areas[ClassIndex] > 50)
            *将各个缺陷对象区域选取出来
            select_obj(ClassRegions, ClassRegion, ClassIndex + 1 )
            dev_display(ClassRegion)
            *打散缺陷区域
            connection(ClassRegion, ConnectedRegions)
            *求各个区域的面积和中心坐标
            area_center(ConnectedRegions, Area, Row, Column)
            *根据区域个数进行循环
            for ConnectIndex := 0 to |Area| - 1 by 1
                *选择缺陷区域
```

```
                    select_obj(ConnectedRegions, CurrentRegion, ConnectIndex + 1)
                    * 显示缺陷名称和像素面积,显示方式:图像坐标系
                    dev_disp_text(ClassNames[ClassIndex] + '\narea: ' + Area[ConnectIndex] + 'px', \
                        'image', Row[ConnectIndex] - 10, Column[ConnectIndex] + 10, 'black',[],[])
                endfor
            endif
        endfor
        * 根据总面积 - good 面积,如果 > 0,说明有缺陷存在,显示红色字体 NG
        if (sum(Areas) - Areas[0] > 0)
            Text := 'NG'
            BoxColor := 'red'
            * 如果减值结果为 0,说明全部是 good,显示绿色字体 good
        else
            Text := 'OK'
            BoxColor := 'green'
        endif
        * 将上面的内容输出,采用 windows 坐标显示
        dev_disp_text(Text, 'window', 'top', 'left', 'black', ['box_color', 'shadow'], [BoxColor,'false'])
        stop ()
endfor
```

程序运行结果如图 14.36 所示。

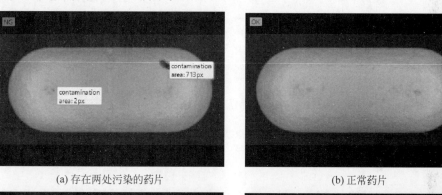

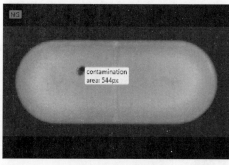

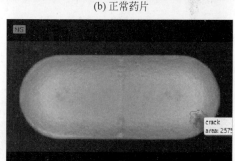

(a) 存在两处污染的药片　　　　　　　　　　(b) 正常药片

(c) 存在一处污染的药片　　　　　　　　　　(d) 存在一处裂纹的药片

图 14.36　药片语义分割程序执行结果图

14.3　HALCON 深度学习与 C# 联合编程案例

接下来,通过一个简单的例子进行界面封装来学习 HALCON 深度学习与 C# 联合编程。

视频讲解

【例 14-5】 深度学习与 C# 联合编程示例。

第一步：在 HALCON 中的代码编写后将代码导出为 C# 版本。HALCON 代码如下。

```
*首先指定同一目录下的文件夹,名字为 test,里面存放的是测试图片
list_image_files('test', 'default', 'follow_links', ImageFiles)
*读取模型
read_dl_model('model.hdl', DLModelHandle)
*从模型得到相应的预处理参数(采用 DLT 训练时的,如图片大小、通道等)
create_dl_preprocess_param_from_model(DLModelHandle, 'none', 'full_domain', [], [], [],
DLPreprocessParam)
*查询计算机硬件,如果查不到,抛出异常,终止后续执行
query_available_dl_devices(['runtime', 'runtime'], ['gpu', 'cpu'], DLDeviceHandles)
if (|DLDeviceHandles| == 0)
    throw('No supported device found to continue.')
endif
*赋值给模型参数
set_dl_model_param(DLModelHandle, 'device', DLDeviceHandles[0])
*循环读图和推理
for i := 0 to |ImageFiles| - 1 by 1
    *读图
    read_image(Image, ImageFiles[Index])
    *实际图片大小
    get_image_size(Image, Width, Height)
    *生成为样本图片
    gen_dl_samples_from_images(Image, DLSample)
    *根据预处理的参数处理为和训练时同一规格图片
    preprocess_dl_samples (DLSample, DLPreprocessParam)
    *将预处理的图片导入模型进行自推断,并输出结果 DLResult
    apply_dl_model(DLModelHandle, DLSample, [], DLResult)
    *在原图最中间显示名字和置信度
    *显示信息为名称和置信度,然后是图像坐标系,再就是具体的位置,这里显然是居中显示,这里要
    *留意的是 XY 坐标
    dev_disp_text(DLResult.classification_class_names[0] + ' ' + DLResult.classification_
confidences[0], 'image', Height/2,Width/2, 'green', [], [])
    *暂停函数
    stop()
endfor
```

第二步：新建一个 WinForm 项目，配置环境，将首选 32 位取消勾选。

第三步：如图 14.37 所示，完成界面布局，以及修改控件的属性，主要修改(name)属性，控件属性表如表 14.2 所示。

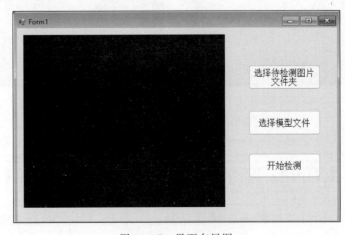

图 14.37 界面布局图

第14章 机器视觉中的深度学习

表 14.2 控件属性

控 件	名称（name）	控 件	名称（name）
"选择待检测图片文件夹"按钮	btn_read_img	"开始检测"按钮	btn_detection
"选择模型文件"按钮	btn_read_model	HWindowControl 窗口	hwControl

第四步：按照第 8 章介绍的方法将导出程序的外部函数部分拆分到另一个文件中。

第五步：将导出代码中声明变量部分代码复制到窗口类中，如图 14.38 所示。

```
public partial class Form1 : Form
{
    // Local iconic variables
    HObject ho_Image = null;

    // Local control variables
    HTuple hv_ImageFiles = new HTuple(), hv_DLModelHandle = new HTuple();
    HTuple hv_DLPreprocessParam = new HTuple(), hv_DLDeviceHandles = new HTuple();
    HTuple hv_i = new HTuple(), hv_DLSampleBatch = new HTuple();
    HTuple hv_DLResultBatch = new HTuple();
    int i=0;

1 个引用
public Form1()
{
    InitializeComponent();
    // Initialize local and output iconic variables
    HOperatorSet.GenEmptyObj(out ho_Image);
}
```

图 14.38 变量声明代码

由于例子内存消耗小，不需要考虑内存问题，因此将所有的变量都当作成员变量。再定义一个 int 类型变量，作为文件索引。

添加 SetFullImagePart() 函数，该函数是为了让图像适应窗口显示。

```
private void SetFullImagePart(HObject ho_Image)
{
    HTuple width;
    HTuple height;
    HOperatorSet.GetImageSize(ho_Image, out width, out height);
    double ratioWidth = (1.0) * width / hwControl.Width;      //图像与显示窗口的宽度比例
    double ratioHeight = (1.0) * height / hwControl.Height;   //图像与显示窗口的高度比例
    HTuple row1, row2, column1, column2;
    if (ratioWidth >= ratioHeight)
    {
        row1 = ((height - hwControl.Height * ratioWidth)) / 2;
        column1 = 0;
        row2 = row1 + hwControl.Height * ratioWidth;
        column2 = column1 + hwControl.Width * ratioWidth;
    }
    else
    {
        row1 = 0;
        column1 = ((width - hwControl.Width * ratioHeight)) / 2;
        row2 = row1 + hwControl.Height * ratioHeight;
        column2 = column1 + hwControl.Width * ratioHeight;
    }
    HOperatorSet.SetPart(hwControl.HALCONWindow, row1, column1, row2 - 1, column2 - 1);
}
```

第六步：在窗口设计器中双击"选择待检测图片文件夹"按钮，添加一个按钮单击事件的响应函数，如图 14.39 所示。

```csharp
private void btn_read_img_Click(object sender, EventArgs e)
{
    OpenFileDialog openFileDialog = new OpenFileDialog();
    openFileDialog.Filter = "文件夹|.";
    openFileDialog.RestoreDirectory = true;
    openFileDialog.Multiselect = false;
    openFileDialog.CheckFileExists = false;
    openFileDialog.CheckPathExists = true;
    openFileDialog.FileName = "请选择文件夹";
    openFileDialog.Title = "请选择文件夹";
    openFileDialog.ValidateNames = false;
    openFileDialog.InitialDirectory = Application.StartupPath;
    if (openFileDialog.ShowDialog() == DialogResult.OK)
    {
        string folderPath = Path.GetDirectoryName(openFileDialog.FileName);
        list_image_files(folderPath, "default", new HTuple(), out hv_ImageFiles);
        i = 0;
    }
    if (hv_ImageFiles.TupleLength() < 0)
    {
        MessageBox.Show("所选文件夹中没有图像！");
    }
}
```

图 14.39 按钮响应事件代码

第七步：利用 OpenFileDialog 类获取一个图片文件夹的路径。然后将获取的文件夹路径传给 list_image_files() 函数，获取文件夹里的图片路径，这个函数是 HALCON 代码导出来的。将索引设置为 0，即 i=0。

第八步：添加"选择模型文件"按钮代码。双击"选择模型文件"按钮，添加按钮的单击事件响应函数，代码如下。这里实现的功能与"选择待检测图片文件夹"按钮类似，获取文件路径后读入深度学习模型，根据这个模型创建字典，然后获取计算机设备参数并设置到模型中。

```csharp
private void btn_read_model_Click(object sender, EventArgs e)
{
    OpenFileDialog openFileDialog = new OpenFileDialog();
    openFileDialog.Filter = "hdl 文件(*.*)|*.hdl*";
    openFileDialog.RestoreDirectory = true;
    openFileDialog.FileName = "请选择一个深度学习模型";
    openFileDialog.Title = "请选择一个深度学习模型文件";
    openFileDialog.ValidateNames = false;
    openFileDialog.InitialDirectory = Application.StartupPath;
    if (openFileDialog.ShowDialog() == DialogResult.OK)
    {
        string folderPath = openFileDialog.FileName;
        hv_DLModelHandle.Dispose();
        HOperatorSet.ReadDlModel(folderPath, out hv_DLModelHandle);
        hv_DLPreprocessParam.Dispose();
        create_dl_preprocess_param_from_model(hv_DLModelHandle, "none", "full_domain",
            new HTuple(), new HTuple(), new HTuple(), out hv_DLPreprocessParam);
        hv_DLDeviceHandles.Dispose();
        HOperatorSet.QueryAvailableDlDevices((new HTuple("runtime")).TupleConcat("runtime"),
            (new HTuple("gpu")).TupleConcat("cpu"), out hv_DLDeviceHandles);
        if ((int)(new HTuple((new HTuple(hv_DLDeviceHandles.TupleLength())).TupleEqual(
            0))) != 0)
```

```
            {
                throw new HALCONException("error!");
            }
        }
        using (HDevDisposeHelper dh = new HDevDisposeHelper())
        {
            HOperatorSet.SetDlModelParam(hv_DLModelHandle, "device",
                hv_DLDeviceHandles.TupleSelect(0));
        }
    }
}
```

第九步：添加"开始检测"按钮代码。通过每次单击"开始检测"按钮识别一张图，再单击一次"开始检测"按钮识别下一张图，这也是在第七步定义一个索引成员变量的原因。同时，HALCON中为了方便编程，每执行一行代码都会自动显示输出的图像，但是导出来的代码没有这个功能，因此还需要手动添加显示图像的代码。双击"开始检测"按钮，添加按钮单击响应函数。具体代码如下。

```
private void btn_detection_Click(object sender, EventArgs e)
{
    if (i < hv_ImageFiles.TupleLength() - 1)
    {
        using (HDevDisposeHelper dh = new HDevDisposeHelper())
        {
            ho_Image.Dispose();
            HOperatorSet.ReadImage(out ho_Image, hv_ImageFiles.TupleSelect(i));
            SetFullImagePart(ho_Image);
            hwControl.HALCONWindow.DispObj(ho_Image);
            i++;
        }
        hv_DLSampleBatch.Dispose();
        gen_dl_samples_from_images(ho_Image, out hv_DLSampleBatch);
        preprocess_dl_samples(hv_DLSampleBatch, hv_DLPreprocessParam);
        hv_DLResultBatch.Dispose();
        HOperatorSet.ApplyDlModel(hv_DLModelHandle, hv_DLSampleBatch, new HTuple(),
            out hv_DLResultBatch);
        using (HDevDisposeHelper dh = new HDevDisposeHelper())
        {
            HOperatorSet.DispText(hwControl.HALCONWindow, ((((hv_DLResultBatch.
TupleGetDictTuple(
                "classification_class_names"))).TupleSelect(0)) + " ") + (((hv_
DLResultBatch.TupleGetDictTuple(
                "classification_confidences"))).TupleSelect(0)), "image", 12, 2, "black",
                new HTuple(), new HTuple());
        }
    }
    else
    {
        MessageBox.Show("文件夹中的图片已检测完成!");
    }
}
```

至此，HALCON深度学习与C#联合编程就完成了。

程序执行结果如图 14.40 所示。

(a) 程序首次执行结果

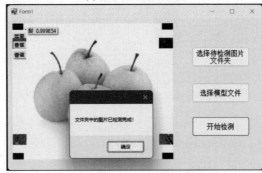

(b) 文件夹中图片均检测完结果

图 14.40　HALCON 深度学习与 C♯联合编程程序执行结果

习题

14.1　什么是深度学习？深度学习一般包含哪些步骤？

14.2　什么是参数？什么是超参数？

14.3　尝试使用 DLT 工具实现自定义数据集标注并且训练网络。

参 考 文 献

［1］ 肖苏华. 机器视觉技术基础［M］. 北京：化学工业出版社，2021.
［2］ 郭岩. 数字图像空间域频域，深度理解图像变换的原理和过程公式［EB/OL］.［2022-05-29］. https://zhuanlan.zhihu.com/p/521590771.
［3］ 邱锡鹏. 神经网络与深度学习［M］. 北京：机械工业出版社，2020.
［4］ 屈丹，张文林，杨绪魁. 实用深度学习基础［M］. 北京：清华大学出版社，2022.
［5］ 白创. 深度学习及加速技术入门与实践［M］. 北京：机械工业出版社，2023.
［6］ 王方浩. CNN（卷积神经网络）介绍［EB/OL］.［2022-04-09］. https://zhuanlan.zhihu.com/p/67206089.
［7］ MvTec. Deep Learning Tool［EB/OL］.［2023-08-10］. https://www.mvtec.com/products/deep-learning-tool.
［8］ Chainbees. Qt 基础［EB/OL］.［2024-02-21］. https://blog.csdn.net/qq_33867131/article/details/129118051.
［9］ MvTec. HALCON Operator Reference［EB/OL］.［2024-02-09］. https://www.mvtec.com/doc/halcon/2311/en/.
［10］ Orion_CCY. Halcon 卡尺测量（2D Metrology）详解［EB/OL］.（2023-12-15）［2024-02-29］. https://blog.csdn.net/zeroCCY/article/details/135019739.

图书资源支持

感谢您一直以来对清华版图书的支持和爱护。为了配合本书的使用,本书提供配套的资源,有需求的读者请扫描下方的"书圈"微信公众号二维码,在图书专区下载,也可以拨打电话或发送电子邮件咨询。

如果您在使用本书的过程中遇到了什么问题,或者有相关图书出版计划,也请您发邮件告诉我们,以便我们更好地为您服务。

我们的联系方式:

清华大学出版社计算机与信息分社网站:https://www.shuimushuhui.com/

地　　址:北京市海淀区双清路学研大厦 A 座 714

邮　　编:100084

电　　话:010-83470236　010-83470237

客服邮箱:2301891038@qq.com

QQ:2301891038(请写明您的单位和姓名)

资源下载: 关注公众号"书圈"下载配套资源。

书圈

清华计算机学堂

观看课程直播